应用型人才培养精品教材

新一代信息技术

	陈万钧	吴秀英		主 编
王 凯	刘 刚	涂平生	黄飞翔	副主编
	黄 刚	周梦洁	陈 华	
	赖 薇	萧 巍	王玉健	参 编
	郭 翔	刘万灯	蔡 燕	

U0273086

電子工業出版社

Publishing House of Electronics Industry

北京 · BEIJING

内 容 简 介

本书是一本以新一代信息技术为主的教材，内容主要涉及人工智能、物联网、大数据、区块链、云计算、5G、工业互联网、虚拟现实、计算机网络、Office 2016。本书编者将新一代信息技术知识点进行梳理、整合，通过通俗易懂的语言与应用案列来讲解新一代信息技术，让读者掌握在新一代信息技术产业大发展的环境下各行业相关岗位的新一代信息技术与技能。

本书既可作为高等院校、职业技术学院各专业的信息素养教材，也可作为广大计算机爱好者参加全国计算机等级考试（一级）的参考用书。

未经许可，不得以任何方式复制或抄袭本书之部分或全部内容。
版权所有，侵权必究。

图书在版编目（CIP）数据

新一代信息技术 / 陈万钧，吴秀英主编. —北京：电子工业出版社，2021.9
ISBN 978-7-121-41974-4

Ⅰ. ①新…　Ⅱ. ①陈…　②吴…　Ⅲ. ①信息技术—高等职业教育—教材　Ⅳ. ①TP3

中国版本图书馆 CIP 数据核字（2021）第 186415 号

责任编辑：左　　雅
印　　刷：大厂聚鑫印刷有限责任公司
装　　订：大厂聚鑫印刷有限责任公司
出版发行：电子工业出版社
　　　　　北京市海淀区万寿路 173 信箱　邮编 100036
开　　本：787×1 092　1/16　印张：16.25　字数：416 千字
版　　次：2021 年 9 月第 1 版
印　　次：2021 年 9 月第 1 次印刷
定　　价：49.80 元

前　　言

随着新一代信息技术的快速发展，新时代大学生应具备较为扎实的新一代信息技术与技能。为了更好地让学生理解和掌握新一代信息技术的相关知识，我们编写了这本《新一代信息技术》。

本书采用模块化知识结构，案例及习题资源较为丰富，实例密切联系生活实际应用，通俗易懂，本书还结合了全国计算机等级考试（一级）MS Office 的相关考点，学生在课中和课后进行练习可以达到较为理想的学习效果。

本书层级清晰，案例步骤详细，图文并茂，简单易学，既可作为高等院校、职业技术学院的信息素养教材，也可作为广大计算机爱好者参加全国计算机等级考试（一级）的自学参考用书。

本教材由陈万钧、吴秀英担任主编，王凯、刘刚、涂平生、黄飞翔、黄刚、周梦洁、陈华担任副主编，赖薇、萧巍、王玉健、郭翔、刘万灯、蔡燕参与编写。几位编者是多年从事电子信息大类教学工作的一线双师型教师，专业理论与实践水平较高。虽在编写中力求谨慎，但限于时间仓促，书中难免存在疏漏之处，恳请同行和读者批评指正，便于今后修改完善。

编　者

目　　　录

第1章　人工智能

【案例导读】

人工智能时代即将来临，你准备好了吗?

案例一　集合最新IT技术的人工智能医护机器人进驻武汉成抗疫利器

2020年2月，在湖北省武汉市抗击新冠肺炎疫情的关键时期，武汉同济医院光谷院区E3区4楼病区，新来了"奇特"的医疗队员——集合了最新IT技术的人工智能医护机器人。它可以实现隔离病房遥控查房、5G技术远程医疗等。

这台机器人配备了激光雷达、红外雷达、5G通信及机器人集群控制技术。每台人工智能医护机器人都具备3D视觉识别传感器和人工智能AI芯片。这位四方脑袋、细长身体的"医疗队员"，灵活地穿梭在病区走道与病房之间，无所畏惧。

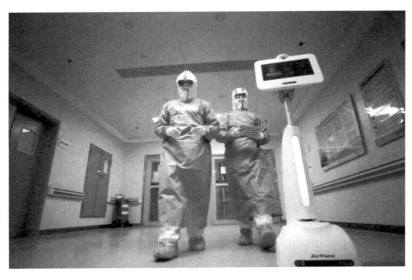

这是上海交通大学医学院与其附属瑞金医院共同研发、具有自主知识产权的新一代人工智能机器人，名叫"瑞金小白"。"瑞金小白"可以成为医生的替身，代替医生进入危险区域，完成查房、指导、沟通患者等工作。医生在隔离病房外通过手机App访问部署在病房内的医护机器人。这在一定程度上免去了医生多次穿脱防护服，同时降低了进出隔离区所带来的感染风险，在节省医疗资源的同时，提升医疗服务响应效率。

通过5G通信技术及机器人集群控制技术，远在上海的各学科专家可以随时通过远程会诊平台与部署在武汉各医院的机器人进行连接，实现多地、跨院区的多学科远程会诊。这样一来，上海乃至全国的优质医疗资源能够迅速、便捷地集中到武汉新冠肺炎疫情防控一线。

每台医护机器人都安装了3D视觉识别传感器和人工智能AI芯片。通过人工智能算法，机器人可以发现医护人员在感染病区活动过程中、在穿脱防护服过程中出现的安全隐患，并及时加以提醒，降低感染风险。

"瑞金小白"已被部署在武汉三院、金银潭医院、同济医院最危险的感染病房一线进行值守，机器人具有全天候工作、无惧环境伤害的特性，从而成为抗疫利器。

案例二　阿尔法鹰眼，能识别情绪的人工智能，让谎言无处可藏

阿尔法鹰眼，是一家非常年轻的公司，2016年成立于浙江宁波。阿尔法鹰眼有着世界领先的生物情感识别技术，是人工智能高科技公司。其最大的特点是可通过视频检测的方式准确识别人类真实的情绪。阿尔法鹰眼分析识别预警系统，通过最新的图像技术来监测人的心理、生理上的状态，并进行独创性测定和预警，广泛应用于安全检查、安保等安防、反恐领域，如海关、机场、火车站/汽车站/地铁站、平安城市、智慧城市等。针对心理、生理状态的潜在可疑人员和危险人员，进行检测、记录、分析、识别以实现安全管控，真正做到让坏人无处可藏。在人工智能领域，阿尔法鹰眼不再是冰冷的数据，而是能读懂人心的"智者"，是中国智慧的代表。

阿尔法鹰眼行业应用：反恐缉私禁毒视侦测谎

阿尔法鹰眼分类安检快速通关一体化产品线及解决方案

人脸技术

预警+测谎技术

反恐级安检核验技术

固定式

车载式

100多年前，亚里士多德等科学家、生物学家，已经知道某些运动的每个参数表征着某些情感特征。阿尔法鹰眼图像技术正是以这些理论为基础开发的人工智能图像识别技术。阿尔法鹰眼采用情感计算算法，当人有喜、怒、哀、乐等情绪产生的时候，内心会有一些情绪的波动，外在表现为一些肌肉的微振动，这种微振动由于频率非常低，很难被人的眼睛所察觉，而阿尔法鹰眼采用一种非常特殊的方式，能够让摄像头准确捕捉到这种情绪的波动，并且将其识别出来，在有意掩盖自己真实情感的人身上有很好的效果，阿尔法鹰眼的识别能够做到去伪存真。

阿尔法鹰眼能够做到 30ms 计算一次情绪变化，相当于在瞬间便能判断一个人的情绪变化。在央视《机智过人》节目中，阿尔法鹰眼就表现出了令人震惊的人类真实情感识别能力，不仅轻松通过主持人的故意刁难，还在更高难度的考验中战胜了心理学领域的专家。

在广州白云机场，阿尔法鹰眼找出了私自携带枪果入境的机长；在北京南站，阿尔法鹰眼精准识别出吸毒人员；在义乌火车站，阿尔法鹰眼帮助警方抓获盗窃人员……未来，阿尔法鹰眼还可能更多地被应用于医疗、金融、招聘等场景。

□危险情绪分析识别预警系统

国门、省门、城门、院门等出入口安检系统

①阿尔法鹰眼预警系统
②人脸对比与布控系统
③反恐级人&车&货物安检系统
④阿尔法鹰眼测谎系统

案例三 阿里巴巴公司的"鹿班"让设计更美好

2018 年，在 CCTV 综艺节目《机智过人》中，阿里人工智能设计师"鹿班"与真人设计师正面 PK，上演了一场智能系统与人的较量，在设计圈引发一阵轩然大波。节目中，鹿班接受了设计领域的两轮检验，在两轮 PK 中，嘉宾和观众都无法识别出哪一幅作品是鹿班设计的。可见，从理论上来说，人工智能已经在设计领域达到人类水准。

鹿班是由阿里巴巴智能设计实验室自主研发的一款设计产品。基于图像智能生成技术，鹿班可以改变传统的设计模式，使其在短时间内完成大量 Banner 图、海报图和会场图的设计，提高工作效率。用户只需任意输入想达成的风格、尺寸，鹿班就能代替人工完成素材分析、抠图、配色等耗时耗力的设计项目，实时生成多套符合要求的设计解决方案。它可以帮助用户更好地设计产品宣传或广告图片，非常适合于电商用户使用。

深度学习在图像领域的快速发展是智能设计的技术基础，阿里巴巴智能设计实验室依托达摩院机器智能技术，通过对人类过往大量设计数据的学习，训练出一个设计大脑——Luban。与人学习的过程类似，作为 AI 设计师的鹿班也是从模仿开始的，当输入海量设计海报、Banner 等信息之后，它会对其中的背景、主体、修饰等元素进行识别，由此理解它们之间的关系。随后，鹿班会像"照猫画虎"一样对这些素材进行组合，尝试风格不同的组合后，这些随机生成的图片会通过机器来判断并进行打分，生成一系列最优结果并反馈给神经网络，并最终成为阿里电商平台对外展示的海报、Banner 等图像。

根据用户输入的需求,机器从无到有经过规划、多轮大规模计算,生成符合用户需求和专业标准的视觉图像。

实际上,从 2016 年以来,遇到"双十一"等大型活动,打开淘宝就会看到那些各式各样充满设计风格的海报作品,其中有很多就是机器生成的,并且没有两张是完全一样的。在 2017 年"双十一"中,鹿班一天就能完成 4 000 万张海报,平均每秒 8 000 张,刷新了人们对 AI 创意能力的认知。

鹿班提供了一键生成、智能创作、智能排版、设计拓展四大功能。一键生成功能可以让没有设计基础的用户生成想要的海报,输入 Logo、风格、行业后即可输出;智能创作是设计师创建自己的主题,输入自己创作的系列作品后,通过训练机器生成系统新的效果风格;智能排版是把图片素材、文案、尺寸、Logo 等输入后,自动生成一个成品的海报;设计拓展是设计生成后，可以自动调整图片的尺寸，省去了设计师放在这些琐碎细节上的心力。

案例四　全国首辆商用级无人驾驶微循环电动车"阿波龙"开始运营

"阿波龙"（Apolong）是由百度公司和金龙客车合作生产的全国首辆商用级无人驾驶微循环电动车。

2018 年 7 月 4 日，百度公司董事长兼首席执行官李彦宏宣布："百度和金龙客车合作的全球首款 L4 级量产自动驾驶巴士'阿波龙'正式量产下线。"

2018 年 8 月 20 日，无人驾驶的小型巴士"阿波龙"满载乘客行驶在厦门软件园三期道路上，开展首次市民体验活动。这台外形"呆萌"的无人驾驶巴士没有司机，没有方向盘和驾驶位，也没有刹车和油门踏板，车厢内有三排座椅，简洁时尚。"阿波龙"车身长 4.3 米，宽 2 米，共设计座位 8 个，站立位 6 个，乘客总人数 14 人，并设置自动车门开关，采用纯电动力，续航里程超过 100 千米。"阿波龙"可自动完成变道和转弯等操作，吸引不少市民登车体验。

打开自动感应门上车后，安全员通过 iPad 放下手刹，"阿波龙"缓缓启动，很快车辆便以每小时 20 公里的速度行驶。车子行至路口、斑马线或转弯处时，会减速慢行，"一停二看三通过"，在直行道路上则会加速。整个开放测试路段全长 2 公里，不时会有人和车辆从"阿波龙"周围经过、阻挡，它都能及时感应，做出减速或者停车处理。"感觉很平稳、舒适，即使在转弯等路况下，也没有颠簸感。"市民说。

2018 年 10 月 12 日，首台"阿波龙"无人驾驶小巴顺利进入武汉市武汉开发区龙灵山公园，百度在全国的首个无人驾驶商业示范运营项目正式进入运行阶段。

"阿波龙"在设计上颠覆了传统汽车概念，全新构建电动化、电子化及智能化的新形态，是全国首辆无方向盘、无油门、无刹车踏板的原型车。它前后安装有激光雷达、超声波雷达等传感器，因此不会像人一样"开小差"，能持续监测路面情况、周围物体，具有车流判断、路牌识别、避障等能力。

"阿波龙"车身采用了 RTM 轻型复合材料、整体全弧玻璃、宽幅电动门、自动无障碍爱心通道等新材料和新工艺。车辆顶端及车身两侧配有 16 线激光雷达，通过传感器发射的激光脉冲，"看清"周围的情况。在车头和车尾顶部，装有 5 个单目摄像头和一组双目摄像头，可精确识别路面交通线、车辆、行人等。

"阿波龙"无人车量产后，初期主要针对封闭场景内的使用及针对"最后一公里"通勤，随后计划在景区、园区、机场等半封闭和封闭区域使用，车速限制在每小时 20～40 千米内运行。

【查阅与思考】

1. 讲述几个你所看到的人工智能应用实例，说明一下人工智能的发展前景和中国的独特优势。

2. 查阅人工智能的应用实例并与同学交流，思考一下为什么中国人工智能一定能走在世界前列？

1.1　人工智能概况

人工智能正在快速地改变着人们的生活、学习和工作，把人类社会带入一个全新的、智能化的、自动化的时代。人们在享受人工智能带来便捷生活的同时，需要全面而深入地了解人工智能的基本知识与研究领域，以便更好地了解社会的发展趋势，把握未来的发展机会。

1.1.1　人工智能定义

人工智能（Artificial Intelligence，AI）也就是人造智能，对人工智能的理解可以分为两部分，即"人工"和"智能"。人工的（Artificial）也就是人造的、模拟的、仿造的、非天然的，这部分的概念相对易于理解，争议性也不大。而对于"智能"的定义，争议较多，因为这涉及其他诸如意识（Consciousness）、自我（Self）、思维（Mind）等问题。人类唯一了解的智能是人类本身的智能，这是普遍认同的观点，斯腾伯格（R. Sternberg）就智能这个主题给出了以下定义：智能是个人从经验中学习、理性思考、记忆重要信息，以及应付日常生活需求的认知能力。

由于人们对自身智能的理解都非常有限，对构成人的智能的必要元素的了解也非常有限，所以就很难定义什么是"人工"制造的"智能"。人工智能的研究往往涉及对人的智能本身的研究，而其他关于动物或其他人造系统的智能也普遍被认为是人工智能相关的研究课题。从字面上来解释，"人工智能"是指用计算机（机器）来模拟或实现的智能，因此人工智能又可称为机器智能。当然，这只是对人工智能的一般解释，关于人工智能的科学定义，学术界目前还没有统一的认识。

广义地讲，人工智能是关于人造物的智能行为，而智能行为包括知觉、推理、学习、交流和在复杂环境中的行为。2003 年，Stuart russel 和 Peter norvig 则把已有的一些人工智能定义为 4 类：像人一样思考的系统、像人一样行动的系统、理性思考的系统、理性行动的系统。

上述定义虽然都指出了人工智能的一些特征，但它们都是描述性的，用于解释人工智能；而如何来界定一台计算机（机器）是否具有智能，它们都没有提及。因为要界定机器是否具有智能，必然要涉及什么是智能的问题，但这却是一个难以准确回答的问题。所以，尽管人们给出了关于人工智能的不少说法，但都没有完全或严格地用智能的内涵或外延来定义人工智能。

【拓展阅读】

图灵测试

关于如何界定机器智能，早在人工智能学科还未正式诞生之时的 1950 年，计算机科学创始人之一的英国数学家阿兰·图灵（Alan Turing，图 1-1）就提出了现在称为"图灵测试"（Turing Test）的方法。在这个模拟游戏中，一位人类测试员会使用电传设备，通过文字与密室里的一台机器和一个人自由对话，如图 1-2 所示。如果测试员无法分辨与之对话的两个对象谁是机器、谁是人，则参与对话的机器就被认为具有智能（会思考）。在 1952 年，图灵还提出了更具体的测试标准：如果一台机器能在五分钟之内骗过 30% 以上的测试者，不能辨别其机器的身份，就可以判定它通过了图灵测试。

图 1-1 阿兰·图灵

图 1-2 图灵测试模拟游戏

图 1-3 中显示的是某一次图灵测试中的对话内容。可以发现，人工智能的回答可谓是天衣无缝，它在逻辑推理方面丝毫不弱于人类。但是在情感方面，人工智能有着天然的缺陷，它只是理性地思考问题，而不会安慰人，也就是缺乏所谓的同理心。

图 1-3 图灵测试内容

虽然图灵测试的科学性受到过质疑，但是它在过去数十年一直被广泛认为是测试机器智能的重要标准，对人工智能的发展产生了极为深远的影响。当然，早期的图灵测试是假设被测试对象位于密室中。后来，与人对话的可能是位于网络另外一端的聊天机器人。随着智能语音、自然语言处理等技术的飞速发展，人工智能已经能用语音对话的方式与人类交流，而不被发现，比如通过 Google Duplex 个人助理来帮助用户在真实世界预约美发沙龙和餐馆。以下是部分通过图灵测试的项目与产品：

2016 年清华大学实验室作诗机器人"薇薇"通过图灵测试。

2018 年阿里 AI 文案通过图灵测试。

2018 年谷歌人工智能新应用 Duplex 通过图灵测试。

2020 年滴滴自动驾驶通过图灵测试。

1.1.2　人工智能的研究领域

人工智能概念是以爆炸式、碾压式的姿态进入大众视野的。2016 年 3 月，谷歌公司的人工智能程序"阿尔法狗（AlphaGo）"以高超的运算能力和缜密的逻辑判断，4：1 战胜了世界围棋冠军李世石，给大众带来了极大的震撼。2017 年 10 月，新版本的 AlphaZero 在没有先验知识的前提下，通过三天自学就以 100：0 的比分碾压了上个版本的 AlphaGo，人工智能再次进入人们的视野，但这次大众不再激动，因为人们已经被折服了。时至今日，人们已经丝毫不怀疑人工智能将给人类历史带来巨大变革，但大众关心的是人工智能到底能给人们带来哪些变革，强大的人工智能会成为造福人类的天使，还是会成为统治人类的魔鬼。

人工智能是一门新的技术科学，是研究、开发用于模拟、延伸和扩展人的智能（如学习、推理、思考、规划等）的理论、方法、技术及应用系统，主要包括探索计算机实现智能的原理，并生产出一种新的能以人类智能相似的方式做出反应的智能机器，该领域的研究包括机器人、语言识别、图像识别、自然语言处理和专家系统等。

人工智能从诞生以来，理论和技术日益成熟，应用领域也不断扩大，从当前来看，无论是各种智能穿戴设备，还是各种进入家庭的陪护、安防、学习机器人，以及智能家居、医疗系统，这些改变人们生活方式的新事物都是人工智能的研究与应用成果。随着数据量爆发性的增长及深度学习的兴起，人工智能已经并将继续在金融、汽车、零售及医疗等方面发挥极为重要的作用。人工智能在智能风控、智能投顾、市场预测、信用评级等金融领域都有了成功的应用。谷歌、百度、特斯拉、奥迪等科技和传统行业巨头纷纷开展自动驾驶的研究，阿尔法巴智能驾驶公交系统也已于 2017 年 12 月在深圳上线运行。医疗领域，人工智能算法被应用到新药研制、提供辅助诊疗、癌症检测等方面。在商业零售领域，人工智能将协助商店选址、自动客服、实时定价促销、搜索、销售预测、补货预测等。

人工智能产业链中包括基础层、技术层、应用层。

基础层的核心是数据的收集与运算，是人工智能发展的基础。基础层主要包括智能芯片、智能传感器等，为人工智能应用提供数据支撑及算力支撑。

技术层以模拟人的智能相关特征为出发点，构建技术路径。通常认为，计算机视觉、智能语音用以模拟人类的感知能力；自然语言处理、知识图谱用于模拟人类的认知能力。

应用层指的是人工智能在行业、领域中的实际应用。目前人工智能已经在多个领域中取得了较好的应用，包括安防、教育、医疗、零售、金融、制造业等，如图 1-4 所示。

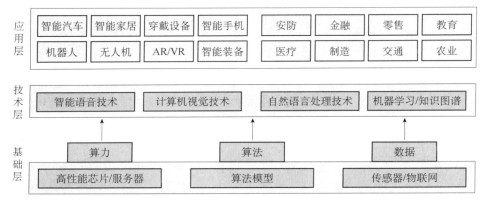

图 1-4 人工智能产业链

虽然人工智能已经在多个行业领域中取得了巨大的成功，但在人工智能技术向各行各业渗透的过程中，由于使用场景复杂度的不同、技术发展水平的不同，而导致不同产品的成熟度也不同。比如在安防、金融、教育等行业的核心环节已有人工智能成熟产品，技术成熟度和用户心理接受度都较高；个人助理和医疗行业在核心环节已出现试验性的初步成熟产品，但由于场景复杂，涉及个人隐私和生命健康问题，当前用户心理接受度较低；自动驾驶和咨询行业在核心环节则尚未出现成熟产品，无论是技术方面还是用户心理接受度方面都还没有达到足够成熟的程度。参照中科院发布的《2019 人工智能发展白皮书》，表 1-1 列出了不同行业在人工智能数据基础、技术基础、应用基础方面的对比。

表 1-1 各行业中人工智能基础及产品成熟度

各行业的 AI 基础	安防	金融	零售	交通	教育	医疗	制造	健康	通信	旅游	文娱	能源	地产
可获取的数据量	★★	★★	★★	★★	★★	★	★☆	★☆	★☆	★	★	★	☆
数据历史积累程度	★★	★★	★☆	★☆	★☆	☆	★	★☆	★	★☆	☆	★☆	★☆
数据储存流程成熟度	★★	★★	★	☆	★☆	☆	★☆	★	★	★	☆	☆	☆
数据整洁度	★★	★★	☆	★☆	☆	★	★★	★☆	☆	★	☆	★	★
数据记录与说明文档	★★	★☆	★	★★	☆	★☆	★☆	★	★☆	★	★	★	☆
工作流自动化程度	★★	★☆	☆	☆	★	☆	★★	★	★	☆	☆	★☆	☆
IT 系统对 AI 友好度	★★	★☆	☆	☆	★	★☆	☆	★	☆	★	☆	★	☆
AI 应用场景清晰程度	★★	★★	★☆	★★	★★	★★	★★	★★	☆	★	☆	★	★
AI 运用准备的成熟度	★☆	★☆	★	★☆	☆	☆	★	★	☆	★★	☆	★☆	☆
AI 应用部署的历史经验	★☆	★☆	★	★☆	☆	☆	★☆	★	★	☆	☆	★	☆
AI 解决方案供应商情况	★☆	★☆	★	★★	★☆	★☆	★☆	★★	★★	★☆	☆	☆	★☆
组织机构战略与文化	★★	★☆	★★	★★	★☆	★☆	☆	★	★	☆	★	★	☆
总分	★★	★★	★★	★☆	★☆	★☆	★☆	★	★	★	★	★	★
★★：较成熟　★☆：接近成熟　★：有一定的基础　☆：相对较弱													

从表 1-1 中可以看出，在人工智能技术向各行各业渗透的过程中，安防和金融行业的人工智能使用率最高，零售、交通、教育、医疗、制造、健康行业次之。安防行业一直围绕着视频监控在不断改革升级，在政府的大力支持下，我国已建成集数据传输和控制于一体的自动化监控平台，随着计算机视觉技术实现突破，安防行业便迅速向智能化前进。金融行业拥有良好的数据积累，在自动化的工作流与相关技术的运用上有不错的成效，组织机构的战略与文化也较为先进，因此人工智能技术也得到了良好的应用。零售行业在数据积累、人工智能应用基础、组织结构方面均有一定基础。交通行业则在组织基础与人工智能应用基础上优势明显，并已经开始布局自动驾驶技术。教育行业的数据积累虽然薄弱，但行业整体对人工智能持重点关注的态度，同时也开始在实际业务中结合人工智能技术，因此未来发展可期。医疗与健康行业拥有多年的医疗数据积累与流程化的数据使用过程，因此在数据与技术基础上有着很强的优势。制造行业虽然在组织机构上的基础相对薄弱，但拥有大量高质量的数据积累以及自动化的工作流，为人工智能技术的介入提供了良好的技术铺垫。

虽然人工智能已经在多个领域中得到了广泛应用，但对个人或者中小企业来讲，要想独立进行人工智能的应用开发，并不是一件容易的事情，需要对算法及应用场景都有较深入的理解。好在当前部分优秀的人工智能开放平台提供了较好的机会，我们并不一定需要理解算法，可以直接借助开放平台上的成熟模型来构建自己的应用。

截至 2019 年 9 月，国内共有 15 家知名企业建设了国家级人工智能开放平台，如表 1-2 所示。教材摘选部分知名企业的人工智能开放平台，介绍它们开放出来的部分通用技能。

表 1-2　国内部分人工智能领军企业的开放平台

序号	公司	平台特性	人工智能开放平台地址
1	阿里	城市大脑	https://ai.aliyun.com/
2	百度	自动驾驶	https://ai.baidu.com/
3	腾讯	医疗影像	https://ai.qq.com/
4	科大讯飞	智能语音	https://www.xfyun.cn/
5	商汤科技	智能视觉	https://www.sensetime.com/
6	华为	基础软件	https://developer.huawei.com/consumer/cn/hiai
7	上海依图	视觉计算	—
8	上海明略	智能营销	—
9	中国平安	普惠金融	—
10	海康威视	视频感知	—
11	京东	智能供应链	—
12	旷视	图像感知	—
13	360 奇虎	安全大脑	—
14	好未来	智慧教育	—
15	小米	智能家居	—

借助人工智能开放平台上提供的开放接口，即便是没有任何人工智能基础知识的爱好者，也能够开发一些人工智能基本应用。以下介绍自然语言处理、语音识别、计算机视觉、专家系统等人工智能典型技术应用。

1. 自然语言处理

自然语言处理是一门融语言学、计算机科学、数学于一体的科学。自然语言处理并不是研究自然语言，而在于研制能有效地实现自然语言通信的计算机系统，特别是其中的软件系统，是计算机科学、人工智能、语言学关注计算机和人类（自然）语言之间的相互作用的领域。自然语言处理的目的是实现人与计算机之间用自然语言进行有效通信的各种理论和方法。

2. 语音识别

语音识别技术所涉及的领域包括信号处理、模式识别、概率论和信息论、发声机理和听觉机理、人工智能等。与机器进行语音交流，让机器明白你在说什么，这是人们长期以来梦寐以求的事情，如今人工智能将这一梦想变为现实，并带它走入了人们的日常生活。

3. 计算机视觉

计算机视觉是一门研究如何使机器"看"的科学，更进一步地说，就是指用摄影机和计算机代替人眼对目标进行识别、跟踪和测量等机器视觉，并进一步做图形处理，使计算机处理成为更适合人眼观察或传送给仪器检测的图像。通过计算机视觉，计算机将处理更适合人眼观察或传送给仪器检测的图像。计算机视觉的主要任务是通过对采集的图片或者视频进行处理以获得相应场景的三维信息。

4. 专家系统

专家系统是人工智能中最重要的也是最活跃的一个应用领域，它是指内部含有大量的某个领域专家水平的知识与经验，利用人类专家的知识和解决问题的方法来处理该领域问题的智能计算机程序系统。专家系统通常根据某领域一个或多个专家提供的知识和经验，进行推理和判断，模拟人类专家的决策过程，去解决那些需要人类专家处理的复杂问题。

5. 各领域交叉使用

其实人工智能的四大方面应用或多或少都涉及其他领域，然而交叉应用最突出的方面还是智能机器人。机器人是自动执行工作的机器装置。它既可以接受人类指挥，又可以运行预先编排的程序，也可以根据由人工智能技术制定的原则纲领行动。它的任务是协助或取代人类的工作，如生产业、建筑业，或是危险的工作。

人工智能是一个涵盖所有机器智能的术语。人工智能正带来创造更智能、更强大机器的大胆机遇。未来几年，人工智能必将进一步改变商业和生活。

1.1.3　人工智能的发展历程

1. 发展历程

了解人工智能向何处去，首先要知道人工智能从何处来。1956 年夏，麦卡锡（John McCarthy）、明斯基（Marvin Lee Minsky）等科学家在美国达特茅斯学院开会研讨"如何用机器模拟人的智能"，首次提出"人工智能（Artificial Intelligence，AI）"这一概念，标志着人工智能学科的诞生。

人工智能是研究开发能够模拟、延伸和扩展人类智能的理论、方法、技术及应用系统的一门新的技术科学，研究目的是促使智能机器会听（语音识别、机器翻译等）、会看（图像识别、文字识别等）、会说（语音合成、人机对话等）、会思考（人机对弈、定理证明等）、会学习（机器学习、知识表示等）、会行动（机器人、自动驾驶汽车等）。

人工智能充满未知的探索道路曲折起伏。如何描述人工智能自 1956 年以来 60 余年的发展历程，学术界可谓仁者见仁、智者见智。本书将人工智能的发展历程划分为以下 6 个阶段：

一是起步发展期：20 世纪 50 年代中期—20 世纪 60 年代初。人工智能概念提出后，相继取得了一批令人瞩目的研究成果，如机器定理证明、跳棋程序等，掀起人工智能发展的第一个高潮。

二是反思发展期：20 世纪 60 年代—70 年代初。人工智能发展初期的突破性进展大大提升了人们对人工智能的期望，人们开始尝试更具挑战性的任务，并提出了一些不切实际的研发目标。然而，接二连三的失败和预期目标的落空（例如，无法用机器证明两个连续函数之和还是连续函数、机器翻译闹出笑话等），使人工智能的发展走入低谷。

三是应用发展期：20 世纪 70 年代初—80 年代中。20 世纪 70 年代出现的专家系统模拟人类专家的知识和经验解决特定领域的问题，实现了人工智能从理论研究走向实际应用、从一般推理策略探讨转向运用专门知识的重大突破。专家系统在医疗、化学、地质等领域取得成功，推动人工智能进入应用发展的新高潮。

四是低迷发展期：20 世纪 80 年代中—90 年代中。随着人工智能的应用规模不断扩大，专家系统存在的应用领域狭窄、缺乏常识性知识、知识获取困难、推理方法单一、缺乏分布式功能、难以与现有数据库兼容等问题逐渐暴露出来。

五是稳步发展期：20 世纪 90 年代中—21 世纪初。由于网络技术特别是互联网技术的发展，加速了人工智能的创新研究，促使人工智能技术进一步走向实用化。1997 年国际商业机器公司（简称 IBM）深蓝超级计算机战胜了国际象棋世界冠军卡斯帕罗夫，2008 年 IBM 提出"智慧地球"的概念等，都是这一时期的标志性事件。

六是蓬勃发展期：2011 年至今。随着大数据、云计算、互联网、物联网等信息技术的发展，泛在感知数据和图形处理器等计算平台推动以深度神经网络为代表的人工智能技术飞速发展，大幅跨越了科学与应用之间的"技术鸿沟"，诸如图像分类、语音识别、知识问答、人机对弈、无人驾驶等人工智能技术实现了从"不能用、不好用"到"可以用"的技术突破，迎来爆发式增长的新高潮。

2. 近年人工智能主要事件及科技公司在人工智能领域的布局

近年人工智能主要事件和国内外科技巨头在人工智能领域布局见表 1-3 和表 1-4。

表 1-3　近年人工智能主要事件

时　间	事　件
1997 年	● IBM 的国际象棋机器人深蓝战胜国际象棋世界冠军卡斯帕罗夫
2005 年	● Stanford 开发的一台机器人在一条沙漠小径上成功地自动行驶了约 210 千米，赢得了 DARPA 挑战大赛头奖
2006 年	● Hinton 提出多层神经网络的深度学习算法 ● Eric Schmidt 在搜索引擎大会上提出"云计算"概念
2010 年	● Google 发布个人助理 Google Now
2011 年	● IBM Waston 参加智力游戏《危险边缘》，击败最高奖金得主 Brad Rutter 和连胜纪录保持者 Ken Jennings ● 苹果发布语音个人助手 Siri

时 间	事 件
2013 年	● 深度学习算法在语音和视觉识别领域获得突破性进展
2014 年	● 微软亚洲研究院发布人工智能小冰聊天机器人和语音助手 Cortana ● 百度发布 Deep Speech 语音识别系统
2015 年	● Facebook 发布了一款基于文本的人工智能助理 M
2016 年	● Google AlphaGo 以比分 4：1 战胜围棋九段棋手李世石 ● Google 发布语音助手 Assistant
2017 年	● Google AlphaGo 以比分 3：0 完胜排名世界第一的围棋九段棋手柯洁 ● 苹果在 WWDC 上发布 Core ML、ARKit 等组件 ● 百度 AI 开发者大会正式发布 Dueros 语音系统，无人驾驶平台 Apollo1.0 自动驾驶平台 ● 华为发布全球第一款 AI 移动芯片麒麟 970 ● iPhone X 配备前置 3D 感应摄像头（TrueDepth），脸部识别点达到 3 万个，具备人脸识别、解锁和支付等功能

表 1-4　国内外科技巨头在人工智能领域布局

类别	公司	涉足领域	内容
国外	谷歌	图形和语音识别	收购数字图片分析软件开发商 Jetpac
		深度学习技术	收购 DNNresearch，收购 Deepmin，招募 Hinton，2015 年 11 月，发布第二代深度学习系统"TensorFlow"
		无人驾驶	谷歌无人车，谷歌 X 实验室研发
		智能家居	收购 Nest：推出智能家居平台 Brillo
		其他	机器翻译，网页推荐排序，智能聊天机器人，智能回复邮件等
	Facebook	深度学习技术	招募 Yann Lecun，成立人工智能研究中心及三个人工智能实验室，开源了大量 Torch 的尝试学习模块和扩展
		应用	收购 Wit.Al 公司，Messenger 上进行语音转录，开发人工智能系统，Moneypenny（简称 M）的人工智能助理
	苹果	应用	收购 VocallQ，收购 Coherent Navigation，收购 Mapsense
	微软	深度学习	推出人工智能 Adam，图片识别精确度比现有系统高两倍；2015 年 8 月发布全球人工智能战略计划
		人工智能机器人	推出微软智能机器人"小冰"，Windows10 中嵌入 Cortana，2015 年 2 月，微软发布了人工智能产品 Torque
	IBM	类脑芯片	TRUENORTH 类脑芯片
		人工智能平台	建立人工智能平台 Watson，收购医疗、天气等公司获取大量数据和算法
	亚马逊	应用	仓储机器人 KIVA，AMAZON　Echo
国内	百度	智能驾驶	厚度无人车
		深度学习	成立北美研究中心，深度学习研究院，招募吴恩达
		应用	"Deep Speech"的语音识别系统，"智能读图"系统，可使用人脑思维方式识别搜索图片中的物体和其他内容
		助手类	度秘
	阿里	人工智能平台	2015 年 8 月发布首个可视化人工智能平台 DTPAI

类别	公司	涉足领域	内容
国内	阿里	大数据挖掘	阿里小 Ai，金融领域大数据挖掘
		服务平台	人工智能服务产品"阿里小蜜"
	腾讯	应用	自动化新闻写作机器人 Dreamwriter
		应用	腾讯优图，云搜，文智中文语义平台
		深度学习	腾讯智能计算与搜索实验室，专注于搜索技术、自然评议处理、数据挖掘和人工智能四大研究领域
	科大讯飞	语音识别	语音识别应用
		智能家居	与 JD 合作智能硬件
		讯飞超脑	基于类人神经网络的认知智能引擎，预期成果是实现世界上第一个中文认知智能计算机引擎

（来源：国金证券研究院）

3. 人工智能流派

人工智能也是一个概念，而要使一个概念成为现实，自然要实现概念的三个功能。人工智能的三个学派关注于如何才能让机器具有人工智能，并根据概念的不同功能给出不同的研究路线。专注于实现 AI 指名功能的人工智能学派称为符号主义，专注于实现 AI 指心功能的人工智能学派称为连接主义，专注于实现 AI 指物功能的人工智能学派称为行为主义。

1）符号主义

符号主义的代表人物是 Simon 与 Newell，他们提出了物理符号系统假设，即只要在符号计算上实现了相应的功能，那么在现实世界中就实现了对应的功能，这是智能的充分必要条件。因此，符号主义认为，只要在机器上是正确的，现实世界就是正确的。说得更通俗一点，指名对了，指物自然正确。

在哲学上，关于物理符号系统假设也有一个著名的思想实验，即前面中提到的图灵测试。图灵测试要解决的问题就是如何判断一台机器是否具有智能。实现符号主义面临的现实挑战主要有三个：第一个是概念的组合爆炸问题。每个人掌握的基本概念大约有 5 万个，其形成的组合概念却是无穷的。因为常识难以穷尽，推理步骤可以无穷。第二个是命题的组合悖论问题。两个都是合理的命题，合起来就变成了无法判断真假的命题了。第三个也是最难的问题，即经典概念在实际生活当中是很难得到的，知识也难以提取。上述三个问题成了符号主义发展的瓶颈。

2）连接主义

连接主义认为大脑是一切智能的基础，主要关注于大脑神经元及其连接机制，试图发现大脑的结构及其处理信息的机制，揭示人类智能的本质机理，进而在机器上实现相应的模拟。前面已经指出知识是智能的基础，而概念是知识的基本单元，因此连接主义实际上主要关注于概念的心智表示以及如何在计算机上实现其心智表示，这对应着概念的指心功能。2016 年发表在 *Nature* 上的一篇学术论文揭示了大脑语义地图的存在性，文章指出概念都可以在每个脑区找到对应的表示区，确确实实概念的心智表示是存在的。因此，连接主义也有其坚实的物理基础。

连接主义是目前最为大众所知的一条 AI 实现路线。在围棋上，采用了深度学习技术的 AlphaGo 战胜了李世石，之后又战胜了柯洁。在机器翻译上，深度学习技术已经超过了人的翻译水平。在语音识别和图像识别上，深度学习也已经达到了实用水准。客观地说，深度学习的研究成就已经取得了工业级的进展。

但是，这并不意味着连接主义就可以实现人的智能。更重要的是，即使要实现完全的连接主义，也面临极大的挑战。到现在为止，人们并不清楚人脑表示概念的机制，也不清楚人脑中概念的具体表示形式、表示方式和组合方式等。现在的神经网络与深度学习实际上与人脑的真正机制距离尚远。

3）行为主义

行为主义假设智能取决于感知和行动，不需要知识、表示和推理，只需要将智能行为表现出来就好，即只要能实现指物功能就可以认为具有智能了。这一学派的早期代表作是Brooks的六足爬行机器人。

行为主义路线实现的人工智能也不等同于人的智能。对于行为主义路线，其面临的最大实现困难可以用"莫拉维克悖论"来说明。所谓"莫拉维克悖论"，是指对计算机来说困难的问题是简单的、简单的问题是困难的，最复杂的反而是人类技能中那些无意识的技能。目前，模拟人类的行动技能面临很大挑战。比如，在网上看到波士顿动力公司人形机器人可以做高难度的后空翻动作，大狗机器人可以在任何地形负重前行，其行动能力似乎非常强。但是这些机器人都有一个大的缺点：能耗过高、噪音过大。

1.2　人工智能的价值

人工智能是引领未来的战略性高科技，作为新一轮产业变革的核心驱动力，它将催生新技术、新产品、新产业、新模式，引发经济结构重大变革，深刻改变人类生产生活方式和思维模式，实现社会生产力的整体跃升。

1.2.1　人工智能的应用价值

随着人工智能理论和技术的日益成熟，应用范围不断扩大，既包括城市发展、生态保护、经济管理、金融风险等宏观层面，也包括工业生产、医疗卫生、交通出行、能源利用等具体领域。专门从事人工智能产品研发、生产及服务的企业迅速成长，真正意义上的人工智能产业正在逐步形成、不断丰富，相应的商业模式也在持续演进和多元化。

人工智能逐渐渗透到各行各业，带动了各行业的创新，使行业领域迅速发展。人工智能引发各大产业巨头进行新的布局，开拓新的业务。人工智能与互联网技术相结合，并进行细分领域的人工智能新产品研发和人工智能技术研发，带给传统行业新的发展机遇，带来新的行业创新，推动大众创业、万众创新。

1.2.2　人工智能的社会价值

1. 人工智能带来产业模式的变革

人工智能在各领域的普及应用，触发了新的业态和商业模式，最终带动产业结构的深刻变化。其主要应用如图1-5所示。

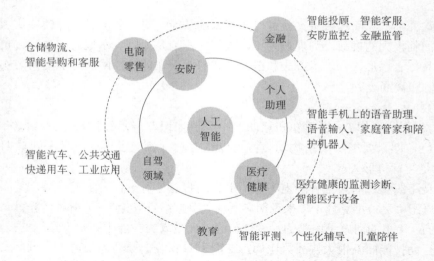

图 1-5　人工智能的主要应用领域

2. 人工智能带来智能化的生活

人工智能的到来，将带给人们更加便利、舒适的生活。比如智能家居，使人们的生活更加幸福，如图 1-6 所示。

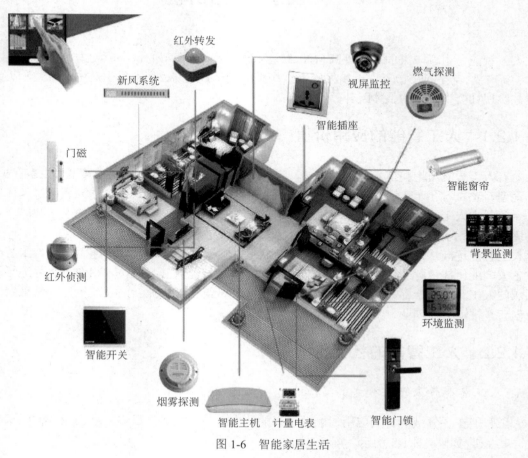

图 1-6　智能家居生活

1.3 人工智能发展中的伦理问题

随着人工智能的发展，机器承担着越来越多的来自人类的决策任务，引发了许多关于社会公平、伦理道德的新问题。人工智能技术正变得越来越强大，那些最早开发和部署机器学习、人工智能的企业开始公开讨论其创造的智能机器给伦理道德带来的挑战。

虽然这些机器人可能离我们的目标还很遥远，但人工智能已经带来了伦理道德上的挑战。随着商业和政府越来越多地依靠人工智能系统做决策，技术上的盲点和偏见会很容易导致歧视现象的出现。2018 年，ProPublica 的一份报告显示，美国一些州使用的风险评分系统在通知刑事审判结果中对黑人存在偏见。同样，霍维茨描述了一款由微软提供的商用情绪识别系统，该系统在对小孩子的测试中表现很不准确，原因在于训练该系统的数据集图片很不恰当。

谷歌的研究员玛雅·古帕呼吁业界要更加努力地提出合理的开发流程，以确保用于训练算法的数据公正、合理、不偏不倚。在很多时候，数据集都是以某种自动化的方式生成的，这种流程并不是很合理，需要考虑更多因素以确保收集到的数据都是有用的。如果仅从少数群体中选样，即使样本足够大，也无法确保得到的结果很准确。

无论是在学术界还是在工业界，研究人员对机器学习和人工智能所带来的伦理挑战做了大量研究。加州大学伯克利分校、哈佛大学、剑桥大学、牛津大学和一些研究院都启动了相关项目以应对人工智能对伦理和安全带来的挑战。2016 年，亚马逊、微软、谷歌、IBM 和 Facebook 联合成立了一家非营利性的人工智能合作组织以解决此问题（苹果于 2017 年 1 月加入该组织）。这些公司也正在各自采取相应的技术安全保障措施，古帕强调谷歌的研究人员正在测试如何纠正机器学习模型的偏差，如何保证模型避免产生偏见；霍维茨描述了微软内部成立的人工智能伦理委员会，他们旨在考虑开发部署在公司云上的新决策算法，该委员会的成员目前全是微软员工，但他们也希望外来人员加入以应对共同面临的挑战；谷歌也已经成立了自己的人工智能伦理委员会。

尽管今天普通人对人工智能的担心有夸张的成分，但人工智能技术的飞速发展的确给未来带来了一系列挑战。其中，人工智能发展最大的问题，不是技术上的瓶颈，而是人工智能与人类的关系问题，这催生了人工智能的伦理学和跨人类主义的伦理学问题。准确来说，这种伦理学已经与传统的伦理学之间发生了较大的偏移，其原因在于，人工智能的伦理学讨论的不再是人与人之间的关系，也不是与自然界的既定事实（如动物、生态）之间的关系，而是人类与自己所发明的一种产品构成的关联。

1.4 人工智能的未来与展望

人工智能发展的终极目标是类人脑思考。目前的人工智能已经具备学习和储存记忆的能力，人工智能最难突破的是人脑的创造力。而创造力的产生需要以神经元和突触传递为基础的一种化学环境。目前的人工智能是以芯片和算法框架为基础的。若在未来能再模拟出类似于大脑突触传递的化学环境，计算机与化学结合后的人工智能，将很可能带来另一番难以想象的未来世界。新一代人工智能发展规划如图1-7所示。

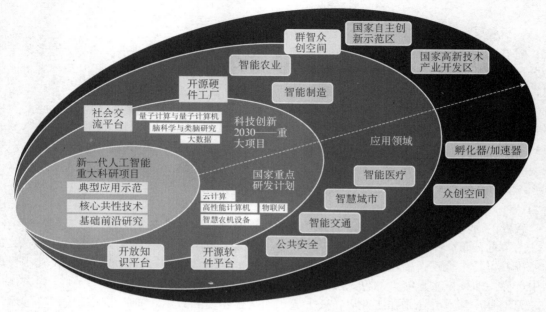

图1-7 新一代人工智能发展规划

1. 从专用智能到通用智能

如何实现从专用智能到通用智能的跨越式发展，既是下一代人工智能发展的必然趋势，也是研究与应用领域的挑战问题。

2. 从机器智能到人机混合智能

人类智能和人工智能各有所长，可以互补。所以人工智能是一个非常重要的发展趋势，是从 AI（Artificial Intelligence）到 AI（Augmented Intelligence），两个 AI 含义不一样。人类智能和人工智能不是零和博弈，"人＋机器"的组合将是人工智能演进的主流方向，"人机共存"将是人类社会的新常态。

3. 从"人工＋智能"到自主智能系统

人工采集和标注大样本训练数据，是这些年来深度学习取得成功的一个重要基础或者重要人工基础。比如要让人工智能明白一幅图像中哪一块是人、哪一块是草地、哪一块是天空，都要人工标注好，非常费时费力。此外还有人工设计深度神经网络模型、人工设定应用场景、用户需要人工适配智能系统等。所以有人说，目前的人工智能有多少智能，取决于付出多少人工，这话不太精确，但确实指出了问题。下一步发展趋势是怎样以极少人工来获得最大程度的智能。人类看书可学习到知识，机器还做不到，所以一些机构（如谷歌），开始试图创建自动机器学习算法，来降低 AI 的人工成本。

4．学科交叉将成为人工智能能创新源泉

深度学习知识借鉴了大脑的原理：信息分层、层次化处理。所以，人工智能与脑科学交叉融合非常重要。*Nature* 和 *Science* 都有这方面的成果报道。比如 *Nature* 发表了一个研究团队开发的一种自主学习的人工突触，它能提高人工神经网络的学习速度。但大脑到底是怎么处理外部视觉信息或者听觉信息的，从很大程度上来说还是一个黑箱，这就是脑科学面临的挑战。这两个学科的交叉有巨大创新空间。

5．人工智能产业将蓬勃发展

国际知名咨询公司预测，2016 年到 2025 年人工智能的产业规模将几乎呈直线上升。我国在《新一代人工智能发展规划》中提出，2030 年人工智能核心产业规模超过 1 万亿元，带动相关产业规模超过 10 万亿元。这个产业是蓬勃发展的，前景光明。

6．人工智能的法律法规将更加健全

大家很关注人工智能可能带来的社会问题和相关伦理问题，联合国还专门成立了人工智能和机器人中心这样的监察机构。

7．人工智能将成为更多国家的战略选择

人工智能作为引领未来的战略性技术，世界各国都高度重视，纷纷制定人工智能发展战略，力争抢占该领域的制高点。美国是世界上第一个将人工智能上升到战略层面的国家。此外，英国、德国、法国、韩国、日本等国也相继发布了人工智能相关战略，构筑人工智能发展的先发优势。

中国政府也高度重视人工智能产业的发展，2017 年人工智能首次写入中国政府工作报告，国务院印发《新一代人工智能发展规划》，标志着人工智能已经上升至国家战略高度。规划提出构筑我国人工智能发展的先发优势，加快建设创新型国家和世界科技强国，制定了"三步走"的战略目标，提出了发展人工智能的六大重点任务。从科技理论创新、产业智能化、社会智能化、军民融合、基础设施建设以及科技前瞻布局六个方面梳理了社会全行业与人工智能渗透融合的路径，同时配套发布了资源配置方案和发展保障措施以确保落实发展规划。

8．人工智能教育将会全面普及

中国政府发布了《中国教育现代化 2035》《加快推进教育现代化实施方案（2018—2022 年）》《高等学校人工智能创新行动计划》，全面谋划人工智能时代教育中长期改革发展蓝图。

时任教育部部长的陈宝生在国际人工智能与教育大会上做的主旨报告指出：将把人工智能知识普及作为前提和基础。及时将人工智能的新技术、新知识、新变化提炼概括为新的话语体系，根据大、中、小学生的不同认知特点，让人工智能新技术、新知识进学科、进专业、进课程、进教材、进课堂、进教案、进学生头脑，让学生对人工智能有基本的意识、基本的概念、基本的素养、基本的兴趣。有了普及，就有了丰厚的土壤，就有可能长出参天大树。还需要引导老师，在教师职前培养和在职培训中设置相关知识和技能课程，培养教师实施智能教

育的能力。还要在非学历继续教育培训中、在全民科普活动中，增设有关人工智能的课程和知识，进一步推进全民智能教育，提升全民人工智能素养。

这八大宏观发展趋势，既有科学研究层面，也有产业应用层面，还有国家战略和政策法规层面。在科学研究层面特别值得关注的趋势是从专用智能到通用智能，从人工智能到人机混合智能，学科交叉借鉴脑科学等。

第2章 物联网技术

【案例导读】

比尔·盖茨的科技豪宅"未来屋"

　　这所被称为"未来屋"的神秘科技之宅，从本质上来说其实就是智能家居。"未来屋"展示了人类未来智能生活场景，包括厨房、客厅、家庭办公、娱乐室、卧室等一应俱全。室内的触摸板能够自动调节整个房间的光亮、背景音乐、室内温度等，就连地板和车道的温度也都是由自计算机自动控制的，此外房屋内部的所有家电都通过无线网络连接，同时配备了先进的声控及指纹技术，进门不用钥匙，留言不用纸笔，墙上有耳，随时待命。尽管盖茨之家至今已经有相当长的一段时间，从目前来看，其所构建的智能家居系统与理念还是具有一定的引领性的。

　　访客从一进门开始，就会领到一个内建微芯片的胸针，通过它可以自动设定客人的偏好，如温度、灯光、音乐、画作、电视节目、电影爱好等。整个建筑根据不同的功能分为12个区，各区通道都设有"机关"，来访者通过时，特制胸针中设置的客人信息，会被作为来访资料储存到计算机中，地板中的传感器能在15cm范围内跟踪人的足迹，当感应有人来到时自动打开系统，离去时自动关闭系统。无论客人走到哪里，计算机都会根据接收到的客人数据满足客人需求，甚至预见客人的需求，将环境调整到宾至如归的境地。当你踏入一个房间，藏在壁纸后方的扬声器就会响起你喜爱的旋律，墙壁上则投射出你熟悉的画作；此外你也可以使用一个随身携带的触控板，随时调整感觉。甚至当你在游泳池戏水时，水下都会传来悦耳的音乐。

科技赋予这所房子严谨的安全屏障，入口安装先进的微型摄像机，除主人外，其他人进入会通过摄像机系统通知主人，由主人向计算机下达命令，开启大门，发送胸针，方可进入。除了更好的服务访客的功效外，胸针还扮演了安全屏障中的重要角色，来访者如果没有胸针，就会被系统确认为入侵者，计算机就会通过网络进行报警。

此外，当一套安全系统出现故障时，另一套备用系统就会自动启动，只要主人需要，按下"休息"按钮，设置在房子四周的智能报警系统便开始工作。如果需要，那些隐藏在暗处的摄像机甚至可以做到无死角拍摄。发生火灾同样不必担心，住宅的消防系统会通过通信系统自动对外报警，并显示最佳的营救方案，切断有危险的电力系统，并根据火势分配供水。

随着社会经济水平的发展，人们日益追求个性化、自动化、快节奏、充满乐趣的生活方式，生活家居的人性化、智能化不再是富豪巨头的专属。智能电子技术、计算机网络与通信技术的应用，正在给人们的家居生活带来全新的感受，家居智能化已经成为一种趋势。

物联网是新一代信息技术的重要组成部分，也是信息化时代的重要发展阶段。物联网通过智能感知、识别技术与普适计算等通信感知技术，广泛应用于网络的融合中，也因此被认为继计算机、互联网之后世界信息产业发展的又一次浪潮。

物联网（Internet of Things，IoT）概念最早于 1999 年由美国麻省理工学院提出。物联网是互联网的外延。互联网是通过计算机、移动终端等设备将人联网所形成的一种全新的人际连接方式；而物联网则是在互联网的基础上，将其用户端延伸和扩展到物与物、物与人，所有物品通过传感器、芯片及无线模组使物体联网，并进行信息互换与通信。

2.1 初识物联网

"物联网"被称为是继计算机和互联网之后的第三次信息技术革命。物联网的发展也依赖于一些重要领域的动态技术革新，包括射频识别（RFID）技术、无线传感器技术、纳米技术等。所有这些技术融合到一起，形成了物联网。

2.1.1 漫画物联网

什么是物联网？通过如图 2-1 所示的一张漫画来了解物联网。

1. 什么是物联网

从任何时间、任何地点连接任何人，发展到连接任何物体，万物的连接就形成了物联网。

2. "物"之间如何沟通

如漫画中的电冰箱、电灯、电烙铁、汽车等,现实世界中的很多"物"都将会通过网络互相连接,由计算机进行自动控制,按照人所设计的逻辑使很多工作自动化、智能化。

3. 物联网的作用

每分每秒,无数的"物"(如汽车、灯光、电话、洗衣机、人)在互相交换数据,计算机开展大数据分析,为人类的生活提供一定的最优的决策。

4. 物联网的存在带来了什么问题

以图 2-2 所示的一款新研发的点滴医疗装置来说,该装置联网后,医疗人员从远程就能通过计算机调整用药,一旦被黑客入侵,黑客就能控制点滴释放大量药剂,来危害患者。

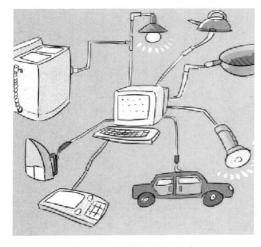
图 2-1　漫画物联网概念

图 2-2　点滴医疗装置

云端运算及联网家电等物联网应用日渐普及,黑客手法多变,促使全球安全备受挑战。比起计算机,物联网装置接触到更多的个人隐私,甚至涉及人身安全与国家安全,这些装置衍生的安全问题必须受到正视。

2.1.2　物联网的定义

物联网指的是将无处不在的末端设备(Devices)和设施(Facilities),包括具备"内在智能"的传感器、移动终端、工业系统、数控系统、家庭智能设施、视频监控系统等和"外在使能"(Enabled)的,如贴上 RFID 的各种资产(Assets)、携带无线终端的个人与车辆等"智能化物件或动物"或"智能尘埃"(Mote),通过各种无线或有线的长距离或短距离通信网络实现互联互通(M2M)、应用大集成(Grand Integration)以及基于云计算的 SaaS 营运等模式,在内网(Intranet)、专网(Extranet)和互联网(Internet)环境下,采用适当的信息安全保障机制,提供安全可控乃至个性化的实时在线监测、定位追溯、报警联动、调度指挥、预案管理、远程控制、安全防范、远程维保、在线升级、统计报表、决策支持、领导桌面(集中展示的 Cockpit Dashboard）等管理和服务功能，实现对"万物"的高效、节能、安全、环保的"管、控、营"一体化。

2.1.3　物联网的特点

物联网是各种感知技术的广泛应用。物联网上部署了海量的多种类型传感器，每个传感器都是一个信息源，不同类别的传感器所捕获的信息内容和信息格式不同。传感器获得的数据具有实时性，按一定的频率周期性地采集环境信息，不断更新数据。物联网具有如下特点。

1. 全面感知

利用无线射频识别（RFID）、传感器、定位器和二维码等手段随时随地对物体进行信息采集和获取。感知的事物囊括了 PC、手机、智能卡、传感器、仪器仪表、摄像头、轮胎、牙刷、手表、工业原材料、工业中间产品、压力、温度、湿度、体积、质量、密度等。

2. 可靠传递

通过各种电信网络和互联网融合，对接收到的感知信息进行实时远程传送，实现信息的交互和共享，并进行各种有效的处理。网络的随时、随地可获得性大为增强，接入网络的关于人的信息系统互联互通性也更高，并且人与物、物与物的信息系统也达到了广泛的互联互通，信息共享和相互操作性达到更高水平。

3. 智能处理

利用云计算、模糊识别等各种智能计算技术，对随时接收到的跨地域、跨行业、跨部门的海量数据和信息进行分析处理，提升对物理世界、经济社会各种活动和变化的洞察力，实现智能化的决策和控制，提高人类的工作效率，改善工作流程，以获取更加新颖、系统全面的观点和方法来看待和解决特定问题。

2.2　物联网体系架构

物联网是在互联网和移动通信网等网络通信的基础上，针对不同领域的需求，利用具有感知、通信和计算的智能物体自动获取现实世界的信息，将这些对象互联，实现全面感知、可靠传输、智能处理，构建人与物、物与物互联的智能信息服务系统。物联网架构有物联网网络架构、物联网技术体系、物联网标准化体系等几个方面。下面简要介绍物联网网络架构和物联网技术体系。

2.2.1　物联网网络架构

物联网网络架构由感知层、网络层和应用层组成，如图 2-3 所示。

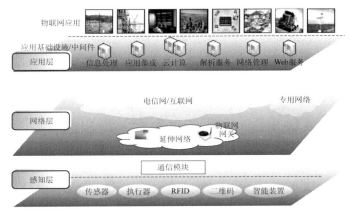

图 2-3　物联网网络架构

感知层实现对物理世界的智能感知识别、信息采集处理和自动控制，并通过通信模块将物理实体连接到网络层和应用层，是物联网的基础，主要包括传感器、执行器、RFID、二维码等。

网络层主要实现信息的传递、路由和控制，包括延伸网络、接入网和核心网，网络层可依托电信网和互联网，也可以依托行业专用网络。

应用层包括应用基础设施/中间件和各种物联网应用。应用基础设施/中间件为物联网应用提供信息处理、计算等通用基础服务设施、能力及资源调用接口，以此为基础实现物联网在众多领域的各种应用，包括信息处理、应用集成、云计算、解析服务、网络管理、Web 服务等。物联网发展的根本目标是为人们提供丰富的应用，包括公众服务、行业服务、个人家庭服务。

2.2.2　物联网技术体系

物联网涉及感知、控制、网络通信、微电子、计算机、软件、嵌入式系统、微机电等技术领域，因此物联网涵盖的关键技术也非常多，为了系统分析物联网技术体系，本书将物联网技术体系划分为感知关键技术、网络通信关键技术、应用关键技术、共性技术和支撑技术，如图 2-4 所示。

1. 感知关键技术

感知关键技术是物联网感知物理世界并获取信息和实现物体控制的首要环节。传感器将物理世界中的物理量、化学量、生物量转化成可供处理的数字信号。识别技术实现对物联网中物体标识和位置信息的获取。

2. 网络通信关键技术

网络通信关键技术主要实现物联网数据信息和控制信息的双向传递、路由和控制，重点包括低速近距离无线通信技术、低功耗路由、自组织通信、无线接入增强、IP 承载、网络传送、异构网络融合接入以及认知无线电等技术。

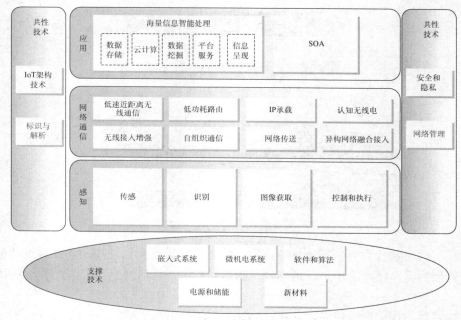

图 2-4　物联网技术体系

3. 应用关键技术

海量信息智能处理综合运用高性能计算、人工智能、数据库和模糊计算等技术，对收集的感知数据进行通用处理，重点涉及数据存储、云计算、数据挖掘、平台服务、信息呈现等。

面向服务的体系架构（Service-oriented Architecture，SOA）是一种松耦合的软件组件技术，它将应用程序的不同功能模块化，并通过标准化的接口和调用方式联系起来，实现快速可重用的系统开发和部署。SOA 可提高物联网架构的扩展性，提升应用开发效率，充分整合和复用信息资源。

4. 支撑技术

物联网支撑技术包括嵌入式系统、微机电系统、软件和算法、电源和储能、新材料等技术。

5. 共性技术

物联网共性技术涉及网络的不同层面，主要包括 IoT 架构技术、标识和解析、安全和隐私、网络管理等技术。

2.3　物联网的应用领域

万物互联会为我们带来哪些奇妙的变化呢？车联网能让你的爱车更懂你的想法，智慧景区能让你的旅行更舒心自在，智慧港口、智慧小区、智慧水利等物联网应用，正给人们的生活带来无限惊喜。而随着 5G 时代的来临，物联网产业将迎来更快速的发展。物联网技术，正在为人们开启万物互联奇妙天地！

物联网应用涉及国民经济和人类社会生活的方方面面，物联网具有实时性和交互性的特点，因此，物联网的应用领域主要有城市管理（智能交通、智能建筑、文物保护和数字博物馆、古迹、古树实时监测、数字图书馆和数字档案馆）、数字家庭、定位导航、现代物流管理、食品安全控制、零售、数字医疗、防入侵系统等，如图 2-5 所示。

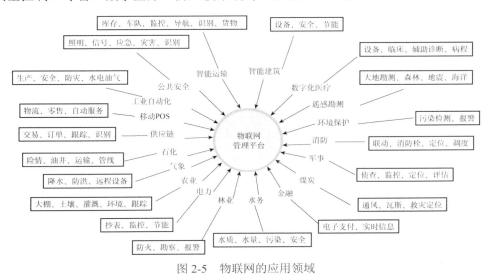

图 2-5　物联网的应用领域

2.3.1　物联网在教育领域的应用

物联网在教育领域的出现将有助于开发能够提高教学质量的创新应用。

1. 教育管理

物联网在教育管理中可用于人员考勤、图书管理、设备管理等方面。比如带有 RFID 标签的学生证可以监控学生进出各个教学设施的情况，以及行动路线。又比如将 RFID 用于图书管理，通过 RFID 标签可方便地找到图书，并在借阅图书的时候方便获取图书信息而不用把书一本一本拿出来扫描。将物联网技术用于实验设备管理可以方便跟踪设备的位置和使用状态。

2. 智慧校园

物联网在校园内还可用于校内交通管理、车辆管理、校园安全、智能建筑、学生生活服务等领域，有助于营造智能化教学环境。例如，在教室里安装光线传感器和控制器，根据光线强度和学生的位置，调整教室内的光照度。控制器也可以和投影仪、窗帘导轨等设备整合，根据投影工作状态决定是否关上窗帘，降低灯光亮度。

3. 信息化教学

利用物联网建立泛在学习环境。可以利用智能标签识别需要学习的对象，并且根据学生的学习行为记录，调整学习内容，这是对传统课堂和虚拟实验的拓展，在空间和交互环节上，通过实地考察和实践，增强学生的体验。例如，生物课的实践性教学中需要学生识别校园内的各种植物，可以为每类植物粘贴带有二维码的标签，学生在室外寻找到这些植物后，除了可以知道植物的名字，还可以用手机识别二维码从教学平台上获得相关植物的扩展内容。

2.3.2 物联网在智能家居领域的应用

出门忘记带钥匙，不确定到底有没有锁门？不想半夜起床摸黑开灯？突遇降雨忘记关家里窗户？相信不少人都有过类似的困扰，而智能家居正是为了解决所有不便而生的。

智能家居（见图2-6）利用先进的计算机、网络通信、自动控制等技术，将与家庭生活有关的各种应用有机地结合在一起，通过综合管理，让家庭生活更舒适、安全、有效和节能。智能家居不仅具有传统的居住功能，还能提供舒适安全、高效节能、具有高度人性化的生活空间；将被动静止的家居设备转变为具有"智慧"的工具，提供全方位的信息交换功能，帮助家庭与外部保持信息交流畅通，优化人们的生活方式，帮助人们有效地安排时间，增强家庭生活的安全性，并为家庭节省能源费用。

(a) 智能门禁　　　　　　　　　　　　(b) 智能家居App控制

图 2-6　智能家居

智能门锁，可自主设置指纹、密码、刷卡、钥匙、手机远程开锁，开锁后智能安防自动撤防，联动智能灯光亮起、音乐系统播放欢迎音乐、窗帘慢慢打开，推门不再面对漆黑的环境，同时会收到开锁提示。指纹开锁会根据回家者的不同身份、不同时间段，记录详细开锁信息，当出现非法入侵时手机 App 等会及时收到提示信息。

智能家居让传统的家电设备告别孤岛式功能，通过搜集室内环境、空气质量指数，及时调整新风系统的工作模式，开启中央空调或者地暖等家居系统，根据室内光线的明暗自动调节灯光模式。智能冰箱定期监测冰箱内食品的保质期，提示过期信息，同时还能自动生成菜谱，帮助用户制订购物计划。

智能家居系统的情景模式功能，按照生活中的不同情景，满足个性定制化的功能需求，让生活更轻松便捷。离家模式，所有开启的灯光和背景音乐自动关闭，风扇和空调等所有家用电器立即关闭，窗帘自动缓缓关闭，同时联动开启安防功能，让你离家无忧。回家模式，安防功能等一并联动解除、客厅背景音乐渐渐响起、客厅电动窗帘自动打开，电视自动打开播放，若室内照度低，客厅和餐厅主灯自动开启。在沐浴、做饭、用餐、阅读时都可以享受背景音乐带来的轻松快乐，根据不同的场景可以设置不同音乐，各个房间互不干扰。

室内生活环境若湿度过大，则会造成家具受潮、墙壁发霉，滋生细菌，对人体的健康造成危害，如湿疹、风湿性关节炎等。在长江中下游地区的梅雨季节，这种现象尤为严重。而室内环境过于干燥，会造成地板、墙壁开裂，人体皮肤干燥、咽痛等。实验测定，最宜人的室内温湿度是：冬天温度为 18 至 25℃，湿度为 30%至 80%；夏天温度为 23 至 28℃，湿度为 30%至 60%。智能家居系统可以根据预设好的人体最舒适的温湿度，智能判断是否需要自动开启中央空调、加湿器等设备。

舒适、健康的居住环境有利于家人身体健康，同时提升生活品质。

2.3.3 物联网在智慧交通领域的应用

交通被认为是物联网所有应用场景中最有前景的应用之一。随着城市化的发展，交通问题越来越严重，而传统的解决方案已无法满足新的交通问题，因此，智能交通应运而生。智能交通指的是利用先进的信息技术、数据传输技术以及计算机处理技术等有效地集成到交通运输管理体系中，使人、车和路能够紧密的配合，改善交通运输环境来提高资源利用率等。

根据实际的行业应用情况，总结了物联网在智慧交通领域的八大应用场景。

1. 智能公交

智能公交通过 RFID、传感等技术，实时了解公交车的位置，实现弯道及路线提醒等功能。同时结合公交的运行特点，通过智能调度系统，对线路、车辆进行规划调度，实现智能排班。

2. 共享自行车

共享自行车是通过配有 GPS 或 NB-IoT 模块的智能锁，将数据上传到共享服务平台，实现车辆精准定位，实时掌控车辆运行状态等。

3. 车联网

利用先进的传感器、RFID 以及摄像头等设备，采集车辆周围的环境以及车自身的信息，将数据传输至车载系统，实时监控车辆运行状态，包括油耗、车速等。

4. 充电桩

运用传感器采集充电桩电量、状态监测以及充电桩位置等信息，将采集到的数据实时传输到云平台，通过 App 与云平台进行连接，实现统一管理等功能。

5. 智能红绿灯

通过安装在路口的一个雷达装置，实时监测路口的行车数量、车距以及车速，同时监测行人的数量以及外界天气状况，动态地调控交通灯的信号，提高路口车辆通行率，减少交通信号灯的空放时间，最终提高道路的承载力。

6. 汽车电子标识

汽车电子标识，又叫电子车牌，通过 RFID 技术，自动地、非接触地完成车辆的识别与监控，将采集到的信息与交管系统连接，实现车辆的监管以及解决交通肇事、逃逸等问题。

7. 智慧停车

在城市交通出行领域，由于停车资源有限、停车效率低下等问题，智慧停车应运而生。智慧停车以停车位资源为基础，通过安装地磁感应、摄像头等装置，实现车牌识别、车位的查找与预订及使用 App 自动支付等功能。

8. 高速无感收费

通过摄像头识别车牌信息，将车牌绑定至微信或者支付宝，根据行驶的里程，自动通过微信或者支付宝收取费用，实现无感收费，提高通行效率、缩短车辆等候时间等。

以物联网、大数据、人工智能等为代表的新技术能有效地解决交通拥堵、停车资源有限、红绿灯变化不合理等问题，最终使得智能交通得以实现。智慧交通如图 2-7 所示。

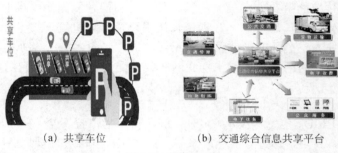

(a) 共享车位   (b) 交通综合信息共享平台

图 2-7 智慧交通

2.3.4 物联网在智慧医疗领域的应用

物联网技术在医疗领域的应用潜力巨大，能够帮助医院实现对人的智慧化医疗和对物的智慧化管理工作，能够满足医疗健康信息、医疗设备与用品、公共卫生安全的智能化管理与监控等方面的需求，从而解决医疗平台支撑薄弱、医疗服务水平整体较低、医疗安全生产隐患等问题。智慧医疗如图 2-8 所示。

物联网技术在医疗行业中有多方面的用途，其基本内容包括人员管理智能化、医疗过程智能化等。

1. 人员管理智能化

患者的监护跟踪安全系统，可实现对病人流动管理、出入控制与安全；婴儿安全管理系统、医护人员管理系统，可加强出入婴儿室和产妇病房人士的管理，对控婴管理、母亲与护理人员身份的确认，在偷抱或误抱时及时发出报警，同时可对新生婴儿身体状况信息进行记录和查询，确认掌握新生婴儿安全。

2. 医疗过程智能化

依靠物联网技术通信和应用平台，实现包括实时付费以及网上诊断、网上病理切片分析、设备的互通等，以及挂号、诊疗、查验、住院、手术、护理、出院、结算等智能服务。

3. 供应链管理智能化

药品、耗材、器械设备等医疗相关产品在供应、分拣、配送等各个环节的供应链管理系统，依靠物联网技术，实现对医院资产、血液、医院消毒物品等的管理。产品物流过程涉及很多企业不同信息，企业需要掌握货物的具体地点等信息，从而做出及时反应。在药品生产上，通过物联网技术实施对生产流程、市场的流动以及病人用药的全方位的检测。依靠物联网技术，可实现对药品的智能化管理。

4. 医疗废弃物管理智能化

可追溯化是用户可以通过界面采集数据、提炼数据、获得管理功能，并进行分析、统计、报表，以做出管理决策，这也为企业提供了一个数据输入、导入、上载的平台。

5. 健康管理智能化

实行家庭安全监护，实时得到病人的全面医疗信息。而远程医疗和自助医疗，可及时采集信息并高度共享，可缓解资源短缺、资源分配不均等问题。

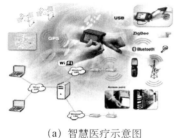 

（a）智慧医疗示意图　　　　　　　　　　（b）药品智能化管理

图 2-8　智慧医疗

2.4　我国物联网的发展方向

1. 加速掌握物联网产业生态核心环节，利用垂直一体化模式打造产业生态体系

物联网平台成为产业生态构建的核心关键环节，掌握物联网平台就掌握了物联网生态的主动权。垂直一体化布局成为打造产业生态的重要模式。虽然物联网平台的重要性日益凸显，但由于物联网中企业众多，平台阵营林立，使得仅依靠平台难以打造完整的产业生态。通过"云—端—网"的多要素垂直一体化布局，覆盖产业的各环节，为用户提供整体方案，更有利于生态的打造。在布局方式上，一是单个企业利用自身优势，在不同环节同时布局，协同推进，如华为推出的"1+2+1"物联网战略；二是通过产业链上下游企业之间的合作进行一体化布局，如 Jasper 平台与电信运营商之间开展的合作；三是通过参与全球开源生态，将自身产品与开源操作系统、开源网络协议进行结合，实现一体化布局。

2. 持续推动物联网与行业发展的深度融合和规模应用

在智能制造方面，利用 RFID、传感器等技术，建设信息物理系统和工业互联网；在智能交通和车联网方面，加快车联网示范区建设，开展智能交通、自动驾驶、汽车电子标识等应用示范和推广；在健康服务方面，建立临床数据应用中心，开展智能可穿戴设备远程健康管理、老人看护等应用；在节能环保方面，运用物联网提升能源管理智能化水平，开展污染源监控和生态环境监测。引导骨干企业发挥引领作用，加快制定关键技术标准，带动技术、产品、解决方案不断成熟，成本不断下降，应用快速推广。

3. 依托市场和技术创新优势，推动产业链上下游联动发展

加强上下游协同，扩大生态影响力。一是与硬件企业合作，规范硬件驱动程序接口和 API 接口；二是加强与应用开发者合作，不断将算法和代码结合特定场景进行优化；三是加强与平台运营企业合作，配合平台侧实现状态查询、传感器管理、故障诊断与远程恢复等功能。

4. 加快构建本土物联网传感及芯片产业体系，持续增强产业综合竞争力

设计方面，重点攻关模拟仿真、EDA 工具、软件算法、MEMS 与 IC 联合设计等核心技术；制造方面，突破核心硅基 MEMS 加工、与 IC 集成等技术，提升工艺一致性水平，探索柔性制造模式；封测方面，推动器件级、晶圆级封装和系统级测试技术，鼓励企业研发个性化、大规模、高可靠测试设备。此外，鼓励企业布局面向未来发展的新型传感器制造、集成、智能化等技术，逐步构建高水准的技术创新体系。

第3章　大数据

【案例导读】

案例一　得数据者得天下

人们的衣食住行都与大数据有关，每天的生活也都离不开大数据，每个人都被大数据裹挟着。大数据提高了人们的生活品质，为每个人提供创新平台和机会。

大数据通过数据整合分析和深度挖掘，发现规律，创造价值，进而建立起物理世界到数字世界再到网络世界的无缝链接。大数据时代，线上与线下、虚拟与现实、软件与硬件跨界融合，将重塑人们的认知和实践模式，开启一场新的产业突进与经济转型。

国家行政学院常务副院长马建堂说："大数据其实就是海量的、非结构化的、以电子形态存在的数据，通过数据分析，能产生价值，带来商机。"而《大数据时代》的作者维克多·舍恩伯格这样定义大数据："大数据是人们在大规模数据的基础上可以做到的事情，而这些事情在小规模数据的基础上无法完成。"

1. 大数据是"21世纪的石油和金矿"

工业和信息化部原部长苗圩在为《大数据领导干部读本》作序时形容大数据为"21世纪的石油和金矿"，是一个国家提升综合竞争力的又一关键资源。

"从资源的角度看，大数据是'未来的石油'；从国家治理的角度看，大数据可以提升治理效率、重构治理模式，将掀起一场国家治理革命；从经济增长角度看，大数据是全球经济低迷环境下的产业亮点；从国家安全角度看，大数据能成为大国之间博弈和较量的利器。"

马建堂在《大数据领导干部读本》序言中这样界定大数据的战略意义：大数据可以大幅提升人类认识和改造世界的能力，正以前所未有的速度颠覆着人类探索世界的方法，焕发出变革经济社会的巨大力量。"得数据者得天下"已成全球普遍共识。

总之，国家竞争焦点因大数据而改变，国家间竞争将从资本、土地、人口、资源转向对大数据的争夺，全球竞争版图将分成数据强国和数据弱国两大新阵营。

苗圩说，"数据强国主要表现为拥有数据的规模、活跃程度及解释、处置、运用的能力。数字主权将成为继边防、海防、空防之后另一大国博弈的空间。谁掌握了数据的主动权和主导权，谁就能赢得未来。新一轮的大国竞争，并不只是在硝烟弥漫的战场，更是通过大数据增强对整个世界局势的影响力和主导权。"

2. 大数据可促进国家治理变革

专家们普遍认为，大数据的渗透力远超人们的想象，它正改变甚至颠覆我们所处的时代，将对经济社会发展、企业经营和政府治理等方面面产生深远影响。

的确，大数据不仅是一场技术革命，还是一场管理革命。它提升人们的认知能力，是促进国家治理变革的基础性力量。在国家治理领域，在打造阳光政府、责任政府、智慧政府建设上都离不开大数据，大数据为解决以往的"顽疾"和"痛点"提供强大支撑。大数据还能将精准医疗、个性化教育、社会监管、舆情检测预警等以往无法实现的环节变得简单、可操作。

中国行政体制改革研究会副会长周文彰认同大数据是一场治理革命。他说："大数据将通过全息数据呈现，使政府从'主观主义''经验主义'的模糊治理方式，迈向'实事求是''数据驱动'的精准治理方式。在大数据条件下，'人在干、云在算、天在看'，数据驱动的'精准治理体系''智慧决策体系''阳光权力平台'都将逐渐成为现实。"

马建堂也说，对于决策者而言，大数据能实现将整个苍穹尽收眼底，可以解决"坐井观天""一叶障目""瞎子摸象"和"城门失火，殃及池鱼"等问题。另外，大数据是人类认识世界和改造世界能力的升华，它能提升人类"一叶知秋""运筹帷幄，决胜千里"的能力。

专家们认为，大数据时代开辟了政府治理现代化的新途径：大数据助力决策科学化，公共服务个性化、精准化；实现信息共享融合，推动治理结构变革，从一元主导到多元合作；大数据催生社会发展和商业模式变革，加速产业融合。

3. 中国具备数据强国潜力

2015年是中国建设制造强国和网络强国承前启后的关键之年。今后的中国，大数据将充当越来越重要的角色，中国也具备成为数据强国的优势条件。

马建堂说："近年来，党中央、国务院高度重视大数据的创新发展，准确把握大融合、大变革的发展趋势，出台了《关于促进大数据发展的行动纲要》，为我国大数据的发展指明了方向，可以看作是大数据发展的'顶层设计'和'战略部署'，具有划时代的深远影响。"

工信部为构建大数据产业链，推动公共数据资源开放共享，将大数据打造成经济提质增效的新引擎。另外，中国是人口大国、制造业大国、互联网大国、物联网大国，这些都是最活跃的数据生产主体，未来几年成为数据大国也是逻辑上的必然结果。中国成为数据强国的潜力极为突出，2010年中国数据占全球比例为10%，2013年占比为13%，2020年占比达18%。

届时，中国的数据规模将超过美国，位居世界第一。专家指出，中国在许多应用领域已与主要发达国家处于同一起跑线上，具备了厚积薄发、登高望远的条件，在新一轮国际竞争和大国博弈中具有超越的潜在优势。中国应顺应时代发展趋势，抓住大数据发展带来的契机，拥抱大数据，充分利用大数据提升国家治理能力和国际竞争力。

　　随着信息科技的不断发展，信息的获取、存储、处理和传递越来越普及、越来越快捷，产生的数据也越来越庞大、越来越重要，一个崭新的时代正悄然来临。世界正从信息时代迈向大数据时代，数据挖掘与分析等大数据技术所展现的巨大价值，正激发大众对大数据孜孜不倦的探索。

案例二　行业大数据应用

1. 大数据应用案例之：医疗行业

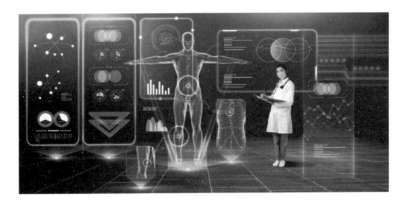

　　（1）Seton Healthcare 是采用 IBM 最新沃森技术进行医疗保健内容分析预测的首个客户。该技术允许企业找到大量病人相关的临床医疗信息，通过大数据处理，更好地分析病人的信息。

　　在加拿大多伦多的一家医院，针对早产婴儿，每秒钟有超过 3 000 次的数据读取。通过这些数据分析，医院能够提前知道哪些早产儿出现问题并且有针对性地采取措施，避免早产婴儿夭折。

　　它让更多的创业者更方便地开发产品，比如通过社交网络来收集数据的健康类 App。也许未来数年后，它们搜集的数据能让医生给你的诊断变得更为精确，比方说不是通用的成人每日三次，一次一片，而是检测到你的血液中药剂已经代谢完成会自动提醒你再次服药。

（2）大数据配合乔布斯癌症治疗。乔布斯是世界上第一个对自身所有 DNA 和肿瘤 DNA 进行排序的人。为此，他支付了高达几十万美元的费用。他得到的不是样本，而是包括整个基因的数据文档。医生按照所有基因按需下药，最终这种方式帮助乔布斯延长了好几年的生命。

2. 大数据应用案例之：能源行业

（1）在欧洲，智能电网已经做到了终端，也就是所谓的智能电表。在德国，为了鼓励人们利用太阳能，政府会在家庭的屋顶上安装太阳能，除了卖电给你，当你的太阳能有多余电的时候还可以买回来。通过电网每隔五分钟或十分钟收集一次数据，收集来的这些数据可以用来预测客户的用电习惯等，从而推断出在未来 2～3 个月时间里，整个电网大概需要多少电。有了这个预测后，就可以向发电或者供电企业购买一定数量的电。因为电有点像期货一样，如果提前买就会比较便宜，买现货就比较贵。通过这个预测后，可以降低采购成本。

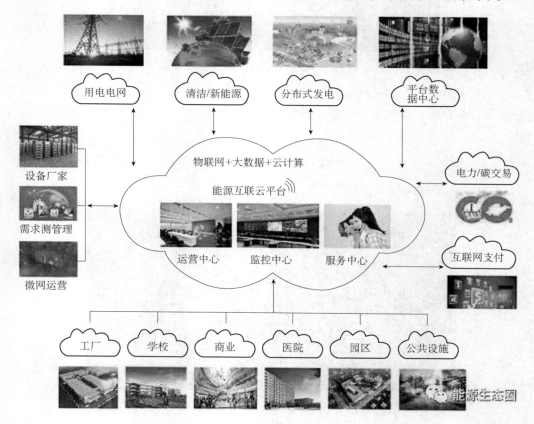

（2）丹麦的维斯塔斯风能系统（Vestas Wind Systems）运用大数据，系统依靠的是 Big Insights 软件和 IBM 超级计算机，分析出应该在哪里设置涡轮发电机，事实上这是风能领域的重大挑战。在一个风电场 20 多年的运营过程中，准确的定位能帮助工厂实现能源产出的最大化。为了锁定最理想的位置，Vestas 分析了来自各方面的信息：风力和天气数据、湍流度、地形图、公司遍及全球的 2.5 万多个受控涡轮机组发回的传感器数据。这样一套信息处理体系赋予了公司独特的竞争优势，帮助其客户实现投资回报的最大化。

3. 大数据应用案例之：通信行业

法国电信-Orange 集团旗下的波兰电信公司 Telekomunikacja Polska 是波兰最大的语音和宽带固网供应商，希望通过有效的途径来准确预测并解决客户流失问题。他们决定进行客户细分，方法是构建一张"社交图谱"，分析客户数百万个电话的数据记录，特别关注"谁给谁打了电话"以及"打电话的频率"两个方面。"社交图谱"把公司用户分成几大类，如"联网型""桥梁型""领导型"以及"跟随型"。这样的关系数据有助电信服务供应商深入洞悉一系列问题，如哪些人会对可能"弃用"公司服务的客户产生较大的影响？挽留最有价值客户的难度有多大？运用这一方法，公司客户流失预测模型的准确率提升了47%。

4. 大数据应用案例之：网络营销行业

很多企业在做 SEM 的过程中，都有这样的感触：每年都会花费大量的预算在 SEM 推广中，但是因为关键词投入产出无法可视化，常常花了很多钱却不见具体的回报。在竞争如此激烈的 SEM 市场中，企业需要一个高效的数据分析工具来尽可能地帮企业优化 SEM 推广，例如 BDP，来帮企业节省不必要的支出，提升整体的经营绩效。企业可借助数据平台提供的网络营销整合解决方案，打通各个搜索引擎营销（SEM）、在线客服系统和 CRM 系统，营销竞价人员无须掌握复杂的编程技术，简单拖曳即可生成报表，观察每个关键词的投入和产出，分析每个页面的转化，有效降低投放成本。通过 BDP 实况分析数据，可以快速洞悉对手关键词的投放时段、地域及排名，并对其进行可视化的分析，实时监控自己和竞争对手的投放情况，了解对手的投放策略，支持自定义设置数据更新的时间点、监控频次和时段，及时调整策略。知己知彼，才能百战不殆。

3.1 大数据概述

大数据泛指大规模、超大规模的数据集，因可从中挖掘出有价值的信息而备受关注，但利用传统方法无法进行有效分析和处理。《华尔街日报》将大数据、智能化生产和无线网络革命称为引领未来繁荣的三大技术变革。"世界经济论坛"报告指出大数据为新财富，价值堪比石油。因此，目前世界各国纷纷将开发利用大数据作为夺取新一轮竞争制高点的重要举措。

3.1.1 大数据是怎么来的

布拉德·皮特（Brad Pitt）主演的《点球成金》是美国的一部奥斯卡获奖影片，讲述的是皮特扮演的棒球队总经理利用计算机数据分析技术，对球队进行了翻天覆地的改造，使一支不起眼的小球队取得了巨大的成功，如图3-1所示。其成功的秘诀：一是基于历史数据，利用数据建模定量分析不同球员的特点，合理搭配，重新组队；二是打破传统思维，通过分析比赛数据，寻找"性价比"最高的球员。

图 3-1　电影《点球成金》剧照

1. 数据及其价值

数据是所有能输入计算机并被计算机程序处理的符号的总称。人们通过观察现实世界中的自然现象、人类活动，都可以形成数据，如图3-2所示。

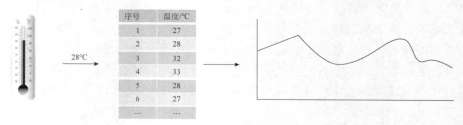

图 3-2　数据的形成

如何从数据中获取价值呢？如图 3-3 所示是北京市出租车运行数据，基础数据来源于北京市交通委。从图 3-3 中可看出，北京出租车总量保持不变，载客率逐年上升。相比于 2007 年、2008 年，2012 年、2013 年载客率上升了 10%～20%，高峰时段载客率超过 60%。由此发现规律，进而进行预测：以前是司机苦于没活，现在是乘客在高峰时段打不到车，主管部门有必要采取调控措施。

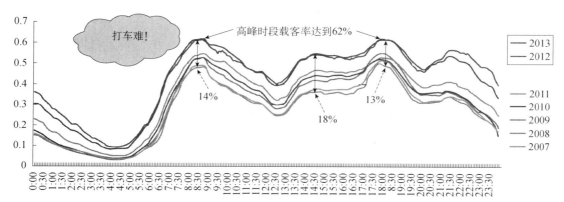

图 3-3　北京市出租车运行数据

2. 大数据概念的起源

大数据概念起源于美国，是由思科、威睿、甲骨文、IBM 等公司倡议发展起来的。当前，从 IT 技术到数据积累，都已经发生重大变化。

尽管"大数据"这个词直到最近才受到人们的高度关注，但早在 1980 年，著名未来学家托夫勒在其所著的《第三次浪潮》中就热情地将"大数据"称颂为"第三次浪潮的华彩乐章"。《自然》杂志在 2008 年 9 月推出了名为"大数据"的封面专栏。从 2009 年开始，"大数据"才成为互联网技术行业中的热门词汇。

对"大数据"进行收集和分析的设想，来自于世界著名的管理咨询公司麦肯锡。麦肯锡公司发现了各种网络平台记录的个人海量信息具备潜在的商业价值，于是投入大量人力物力进行调研，在 2011 年 6 月发布了关于"大数据"的报告，该报告对"大数据"的影响、关键技术和应用领域等都进行了详尽的分析。该公司在《大数据：创新、竞争和生产力的下一个前沿领域》报告中称："数据，已经渗透到当今每一个行业和业务职能领域，成为重要的生产因素。人们对于海量数据的挖掘和运用，预示着新一波生产率增长和消费者盈余浪潮的到来。"麦肯锡公司的报告得到了金融界的高度重视，而后逐渐受到了各行各业的关注。

数据不再是社会生产的"副产物"，而是可被二次乃至多次加工的原料，从中可以探索更大的价值，数据变成了生产资料。大数据技术是以数据为本质的新一代革命性信息技术，在数据挖掘过程中，能够带动理念、模式、技术及应用实践的创新。

3. 大数据的来源

大数据通常是大小在 PB 或 EB 级的数据集。这些数据集有各种各样的来源，如图 3-4 所示。下面从来自人类活动、来自计算机、来自物理世界三个方面加以介绍。

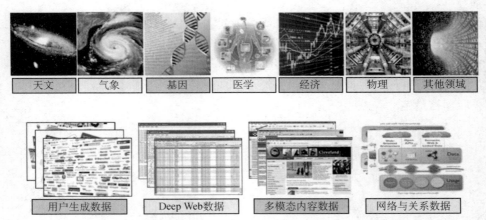

图 3-4　大数据的来源

（1）来自人类活动。人们通过社会网络、互联网、健康、金融、经济、交通等活动过程所产生的各类数据，包括微博、病人医疗记录、文字、图形、视频等信息，呈现出爆炸式增长的趋势，如图 3-5 所示。2020 年，地球上每个人每秒会产生 1.7MB 数据。

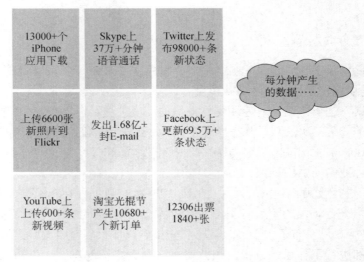

图 3-5　数据爆炸式增长

（2）来自计算机。各类计算机信息系统产生的数据，以文件、数据库、多媒体等形式存在，也包括审计、日志等自动生成的信息。例如，全球数据总量 2000 年为 800TB，2010 年为 600EB，2011 年为 1.8ZB，2012 年为 2.7ZB，2020 年为 35ZB。全球每天产生大量数据，如 Twitter 为 7TB，Facebook 为 10TB。IDC 预计全球数据量年增 50 倍。

（3）来自物理世界。这包括各类数字设备、科学实验与观察所采集的数据，如摄像头不断产生的数字信号、医疗物联网不断产生的人的各项特征值、气象业务系统采集设备所采集的海量数据等。

3.1.2　大数据的定义

1. 定义 1

维基百科对大数据的定义简单明了：大数据是指利用常用软件工具捕获、管理和处理数据所耗时间超过可容忍时间的数据集。也就是说，大数据是一个体量特别大、数据类别特别多的数据集，并且这样的数据集无法用传统数据库工具对其内容进行抓取、管理和处理。

2. 定义 2

Gartner 的定义（3V 定义）：大数据是大容量、高速度和多种类的信息资产，需要新的处理形式来实现决策的增强、洞察力发现和流程优化。

3. 定义 3

当数据的规模和性能要求成为数据管理分析系统的重要设计和决定因素时，这样的数据就被称为大数据。

该定义不是简单地以数据规模来界定大数据，而是考虑数据查询与分析的复杂程度。从目前计算机硬件的发展水平看，针对简单查询（如关键字搜索），数据量在 TB 至 PB 级时可称为大数据；针对复杂查询（如数据挖掘），数据量在 GB 至 TB 级时可称为大数据。

4. 定义 4

大数据有两个不同于传统数据集的基本特征：
（1）大数据不一定存储于固定的数据库，而是分布在不同地方的网络空间中。
（2）大数据以半结构化或非结构化数据为主，具有较高的复杂性。

3.1.3　大数据的 3V 和 5V 特征

从字面来看，"大数据"这个词可能会让人觉得只是容量非常大的数据集合而已。但容量只不过是大数据特征的一个方面，如果只拘泥于数据量，就无法深入理解当前围绕大数据所进行的讨论。因为"用现有的一般技术难以管理"这样的状况，并不仅仅是由于数据量增大这一个因素造成的。

IBM 说："可以用 3 个特征相结合来定义大数据：数量（Volume，或称容量）、种类（Variety，或称多样性）和速度（Velocity），或者就是简单的 3V，即庞大容量、极快速度和种类丰富的数据"，如图 3-6 所示。

1. Volume（数量）

用现有技术无法管理的数据量，从现状来看，基本上是指从几十 TB 到几 PB 这样的数量级。当然，随着技术的进步，这个数值也会不断变化。

最初考虑到数据的容量，是指被大数据解决方案所处理的数据量大，并且在持续增长。数据容量大能够影响数据的独立存储和处理需求，同时还能对数据准备、数据恢复、数据管理的操作产生影响。如今，我们存储所有事物的数据数量正在急剧增长中，包括环境数据、

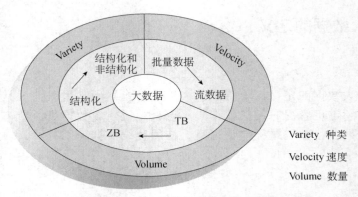

图 3-6　按数量、种类和速度来定义大数据

财务数据、医疗数据、监控数据等。有关数据量的对话已从 TB 级别转向 PB 级别，并且不可避免地会转向 ZB 级别。可是，随着可供企业使用的数据量不断增长，可处理、理解和分析的数据的比例却不断下降。

典型的生成大量数据的数据源包括：

- 在线交易，如官方在线销售点和网银。
- 科研实验，如大型强子对撞机和阿塔卡玛大型毫米及次毫米波阵列望远镜。
- 传感器，如 GPS 传感器、RFID 标签、智能仪表或者信息技术。
- 社交媒体，如 Facebook、Twitter、微信、QQ 等。

2. Variety（种类、多样性）

数据多样性指的是大数据解决方案需要支持多种不同格式、不同类型的数据。数据多样性给企业带来的挑战包括数据聚合、数据交换、数据处理和数据存储等。

随着传感器、智能设备以及社交协作技术的激增，企业中的数据也变得更加复杂，因为它不仅包含传统的关系型数据，还包含来自网页、互联网日志文件（包括单击流数据）、搜索索引、社交媒体论坛、电子邮件、文档、主动和被动系统的传感器数据等原始、半结构化和非结构化数据。

种类表示所有的数据类型。其中，爆发式增长的一些数据，如互联网上的文本数据、位置信息、传感器数据、视频等，用企业中主流的关系型数据库是很难存储的，它们都属于非结构化数据。

当然，在这些数据中，有一些是过去就一直存在并保存下来的。和过去不同的是，除了存储，还需要对这些大数据进行分析，并从中获得有用的信息，如监控摄像机中的视频数据。近年来，超市、便利店等零售企业几乎都配备了监控摄像机，最初目的是防范盗窃，但现在也出现了使用监控摄像机的视频数据来分析顾客购买行为的案例。

例如，德国高级文具制造商万宝龙（Montblanc）过去是凭经验和直觉来决定商品陈列布局的，现在尝试利用监控摄像头对顾客在店内的购买行为进行分析。通过分析监控摄像机的数据，将最想卖出去的商品移动到最容易吸引顾客目光的位置，使得销售额提高了20%。

德国电信子公司 T-Mobile 也在其全美 1 000 家店中安装了带视频分析功能的监控摄像机，可以统计来店人数，还可以追踪顾客在店内的行动路线、在展台前停留的时间，以及试用了哪一款手机、试用了多长时间等，对顾客在店内的购买行为进行分析。

3. Velocity（速度，速率）

数据产生和更新的频率或速度，也是衡量大数据的一个重要特征。在大数据环境中，数据产生得很快，在极短的时间内就能聚集起大量的数据集。从企业的角度来说，数据产生的速率代表数据从进入企业边缘到能够马上进行处理的时间。处理快速的数据输入流，需要企业设计出弹性的数据处理方案，同时也需要具有强大的数据存储能力。有效处理大数据需要在数据变化的过程中对它的数量和种类进行分析，而不只是在它静止后进行分析。

根据数据源的不同，速率不可能一直很快。例如，核磁共振扫描图像不会像高流量 Web 服务器的日志条目生成速度那么快，如一分钟内能够生成下列数据：35 万条推文、300 小时的 YouTube 视频、1.71 亿份电子邮件，以及 330GB 飞机引擎的传感器数据。

又如，遍布全国的便利店在 24 小时内产生的 POS 机数据、电商网站中由用户访问所产生的网站点击流数据、高峰时达到每秒近万条的微信短文、全国公路上安装的交通堵塞探测传感器和路面状况传感器（可检测结冰、积雪等路面状态）等，每天都在产生着庞大的数据。

IBM 在 3V 的基础上又归纳总结了第四个 V——Veracity（真实和准确）。"只有真实而准确的数据才能让对数据的管控和治理真正有意义。随着社交数据、企业内容、交易与应用数据等新数据源的兴起，传统数据源的局限性被打破，企业愈发需要有效的信息治理以确保其真实性及安全性。"

IDC（互联网数据中心）说："大数据是一个貌似不知道从哪里冒出来的大的动力，但实际上，大数据并不是新生事物。然而，它确实正在进入主流，并得到重大关注，这是有原因的。廉价的存储、传感器和数据采集技术的快速发展、通过云和虚拟化存储设施增加的信息链路，以及创新软件和分析工具，正在驱动着大数据。大数据不是一个'事物'，而是一个跨多个信息技术领域的动力/活动。大数据技术描述了新一代的技术和架构，其被设计用于通过使用高速（Velocity）的采集、发现和分析，从超大容量（Volume）的多样（Variety）数据中经济地提取价值（Value）。"

这个定义除了揭示大数据传统的 3V 基本特征，即大数据量、多样性和高速之外，还增添了一个新特征：价值。考虑到非结构化数据的较低信噪比需要，数据真实性（Veracity）随后也被添加到这个特征列表中。最终，其目的是执行能够及时向企业传递高价值、高质量结果的分析。

除了数据真实性和时间，价值也受如下几个生命周期相关的因素的影响：

- 数据是否存储良好？
- 数据有价值的部分是否在数据清洗的时候被删除了？
- 数据分析时我们提出的问题是正确的吗？
- 数据分析的结果是否准确地传达给了做决策的人员？

大数据实现的主要价值可以基于下面 3 个评价准则中的 1 个或多个进行评判：

- 它提供了更有用的信息吗？
- 它改进了信息的精确性吗？
- 它改进了响应的及时性吗？

总之，大数据是个动态的定义，不同行业根据其应用的不同有着不同的理解，其衡量标准也在随着技术的进步而改变。

3.1.4　大数据相关术语

（1）数据湖：是集中式存储的数据库，允许以原样存储（无须预先对数据进行结构化处理）所有数据，并运用不同类型的处理方法，如数据挖掘、实时分析、机器学习和可视化等。

（2）数据治理：指从使用零散数据变为使用统一主数据，从具有很少或没有组织和流程治理到组织范围内的综合数据治理，从数据混乱到主数据条理清晰的处理过程。数据治理是一种数据管理理念，是确保组织在其数据生命周期中存在高数据质量的能力。

（3）集群计算：集群是使用多个计算机（如典型的个人计算机或工作站）、多个存储设备冗余互联，组成对用户来说单一的、有高可用性的系统。集群计算用于实现负载均衡、并行计算等。

（4）黑暗数据：指被用户收集和处理但又不用于任何有意义用途的数据，可能永远被埋没和隐藏，因此称为黑暗数据，其可能是社交网络信息流、呼叫中心日志、会议笔记等。有学者估计企业60%～90%的数据都可能是黑暗数据。

（5）大数据采集与预处理技术：数据的采集是进行数据分析和应用的前提。数据采集的方法手段比较多样，可通过互联网收集、数据库复制、数据采购和移动终端上传等方式进行。采集的数据一般类型多样、格式不一，且部分数据不可直接使用，需要进行数据清洗等预处理操作。

（6）大数据存储与管理技术：相对于传统的数据，大数据数量庞大，且类型多样，通过分布式存储技术可解决存储问题，同时可对数据进行有效索引并快速查找。

（7）大数据分析与挖掘技术：通过对数据进行挖掘与分析，可以找到不同的数据对象潜在的相互关系和影响，也可以发现事物发展的性质和规律，为用户的决策提供科学依据。

（8）大数据可视化技术：认知和心理学专家研究发现，人类对图表的学习和认知速度远比文字要快。可通过面向文本、网络（图）、时空数据、多维数据的可视化技术，将数据分析结果形象地展现给最终用户，提供友好的、便于用户接受的界面。

（9）大数据安全技术：传统方式主要采用防火墙、用户访问控制、文件权限控制、数据校验和加密技术保障数据安全。在大数据环境下，安全形势愈加严峻，拟态计算、量子加密等新技术也在用于数据安全防护。

3.1.5　大数据与云计算、物联网、互联网之间的关系

大数据的产生有其必然性，主要归结于互联网、移动设备、物联网和云计算等快速崛起，全球数据量大幅提升。要真正了解大数据的概念，就必须了解大数据与云计算、物联网、互联网之间的关系。

《互联网进化论》一书中提出"互联网的未来功能和结构将与人类大脑高度相似，也将具备互联网虚拟感觉、虚拟运动、虚拟中枢、虚拟记忆神经系统"，并绘制了一幅互联网虚拟大脑结构图，形象生动地描绘了大数据、物联网、云计算等之间的关系，如图3-7所示。从图3-7中可以看出，物联网对应互联网的感觉和运动神经系统，是数据的采集端；云计算是互联网核心硬件层和软件层的集合，对应互联网的中枢神经系统，是数据的处理中心；大数据代表

互联网信息层（数据海洋）是互联网产生智慧和意识的基础。物联网、传统互联网和移动互联网在源源不断地汇聚数据和接收数据。

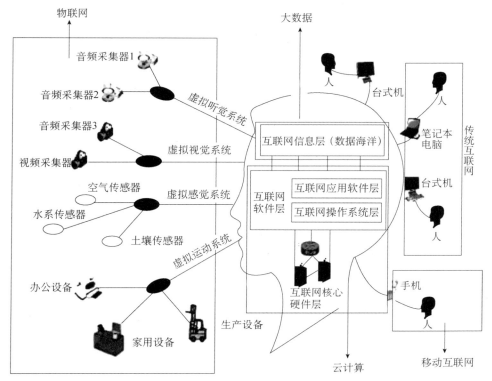

图 3-7 大数据、云计算、物联网和互联网之间的关系

大数据着眼于"数据"，关注实际业务。云计算着眼于"计算"，关注 IT 解决方案，提供 IT 基础架构，看重数据处理能力。云计算为大数据提供有力的工具和途径，大数据为云计算提供用武之地。

物联网作为新一代信息技术的重要组成部分，是互联网的应用拓展，广泛应用于智能交通、环境保护、政府工作、公共安全、平安家居、智能消防、气象灾害预报、工业监测、个人健康、照明管控、情报收集等诸多领域。物联网、移动互联网和传统互联网每天都产生海量数据，为大数据提供数据来源，而大数据则通过云计算的形式，对这些数据进行分析处理，提取有用的信息，即大数据分析。

3.2 大数据的成长及挑战

在大数据时代，数据存在多源异构、分布广泛、动态增长、先有数据后有模式等诸多特点。正是这些与传统数据不同的特点，使得大数据时代的数据管理面临新的挑战。目前大数据处理和分析工具相当落后，问题很严重：在大数据背景下，传统的数据分析软件都是失效的。利用目前的主流软件工具，无法在合理的时间内撷取数据、管理数据、处理数据，并整理成帮助企业经营或为主管部门决策提供支持的数据。

3.2.1　大数据的成长

IT（Information Technology）时代（又称信息时代）与 DT（Data Technology）时代（又称数据时代）是承前启后的两个时代。信息时代是数据时代的基石和前奏，数据时代是信息时代的传承和发展，并以一种全新的方式正在颠覆人们工作、生活和娱乐的模式。

1. 互联网技术推动了大数据的泛在化

通常来讲，互联网发展经历了研究网络、运营网络和商业运营网络三个阶段。互联网的重要性不仅在于其规模庞大，而且在于其能够提供全新的全球信息服务基础设施。此外，互联网彻底改变了人类的思维模式和工作、生活方式，促进了社会各行业的发展，成为时代的重要标志之一。互联网产生的数据量不断增加，尤其是电子政务、社交媒体、网上购物等应用实时提供和处理越来越多的网络数据，在数据处理、传输与应用方面提出了新的问题。这种趋势加上其他网络数据源的普及，大数据的泛在化就成为必然的结果。

2. 存储技术支撑了大数据的大容量化

自从世界上第一台计算机出现以来，计算机存储设备也在不断更新，从水银延迟线、磁带、磁鼓、磁芯，到如今的半导体存储器、磁盘、光盘和纳米存储器，存储容量不断扩大，而存储器的价格也在不断下降。自 2005 年亚马逊公司推出云服务平台后，一种新型的网络存储方式—云存储，逐渐应用推广，用户可以获取更大的存储容量。云存储通过允许用户访问云中的存储资源来扩大用户的存储容量，而用户可以随时随地通过任何连接到网络的设备轻松连接到云端读取数据。

3. 计算能力加速了大数据的实时化

信息产业的发展也正如摩尔所预言的那样，定期推出具有不断优化的操作系统和性能更强大的计算机。硬件厂商每开发一款运算能力更强的芯片，软件服务商就会开发更加便捷的操作系统，极大地提升了信息处理速度。尤其是超级计算机和云计算的产生，使得对数据的计算能力极大加强，为大数据的实时化处理提供了可能。

【拓展阅读】

预判发货

2014 年年初，亚马逊公司宣布了一项新专利：预判发货技术，即消费者在浏览商品尚未下单付款时，公司就将消费者心仪的商品打包交付运输，从而可以将消费者等待的时间从数天缩短到数小时。

该技术原理是根据消费者以往的搜索记录和消费记录等大数据，推算出消费者的消费偏好、经济水平、消费习惯等，甚至可从浏览某件商品的时间推断消费者对某类商品和品牌的青睐程度，进而分析消费者购买某种商品的可能性，当可能性大于某个标准时，亚马逊公司就会自动发货。

为了提高预判发货的准确性，降低物流成本，亚马逊公司采取了一些措施。例如，刚上市的畅销商品能吸引大量的消费者购买，往往会采用预判发货；对于经常在亚马逊网站购物且购买力较强的消费者，更加倾向于预判发货。此外，还会根据消费者浏览商品的时间、购买商品的数量等推算其犹豫时间，对于犹豫时间较短的消费者，也会预判发货。

3.2.2 挑战与机遇

尽管大数据给人类的生产生活带来了翻天覆地的变化，但是受数据质量、分析技术和接受程度的局限，大数据在新时代面临着以下挑战与机遇。

1. 数据的挑战与机遇

在实际应用中，大数据的获取较难，同时质量也难以保证。通常在收集数据时，仅针对某几个具体指标进行，如果长期依赖于部分维度的数据进行分析，预测结果就会因为数据的不全面而产生偏差。在庞大的物联网中，设备有一定的损坏率，这些设备会收集一些错误或偏差很大的数据，同时采集数据的终端传感器若存在误差，也将导致数据的准确性降低。此外，数据在网络中传输有一定的误码率，尽管这些错误率非常低，但如果长期不进行数据的校验，或者少部分关键性信息发生错误，就会对数据分析结果产生较大影响。

但也要看到，针对某些特定领域的总体决策问题，大数据使得"全样本"数据的获取成为可能，传统"小数据"分析需要的数据假设前提将不复存在。同时，呈指数级增长的非结构化数据和实时流数据的盛行，使得大数据的数据处理对象发生了极大变化。通过处理速度极快的数据采集、挖掘与分析，从异构、多源的大数据中获取高价值信息，提供实时精准的预警预测，形成支持决策的"洞察力"，将是大数据给予的最好机遇，也是大数据系统的发展方向。

2. 技术的挑战与机遇

目前，数据挖掘与分析的算法可采用机器学习的方法。机器学习依赖于收集的大数据不断地进行迭代学习并更新学习模型的参数，其局限性是难以创造新的知识，只能挖掘数据固有的规律和联系。学习效果的好坏还取决于学习模型的选择，良好的学习模型能收获较好的学习结果；若模型选择不当，则即使计算迭代的次数再多，也难以得到理想的结果。同时，在利用大数据驱动决策时，需要将决策问题模型化，做出一些合理性假设，忽略影响不大的因素，抓住关键问题和主要矛盾。在这个过程中，某些合理性假设未必合理，这将导致决策结果出现偏差。

同时，大数据的出现使得传统数据存储管理和挖掘分析技术难以适应时代发展要求。这需要大数据研究者和使用者应用新的管理分析模式，从非结构化数据和流数据中挖掘价值、探求知识。大数据需要存储，加速了 HDFS、BigTable 等技术；大量的并发数据事务处理，催生了 NoSQL 数据库；众多的数据需求分析处理，发展了 MapReduce、Hadoop 等大数据处理技术。此外，大数据与人工智能、地理信息、图像处理等多个研究领域交叉融合，展现了基于数据驱动的大数据技术的美好前景。

3. 用户的挑战与机遇

大数据驱动模式不同于以往依赖于相关领域专家和领导者的经验驱动模式，其分析与决策过程大大降低了专家和领导者的地位和作用，进而影响到领导层部分人员的切身利益。由于这个原因，其对大数据的接受过程会相对缓慢。同时，大数据应用需要建立大数据仓库和大数据系统，前期会投入较高的经济成本，其运营程度的好坏也会影响其在分析决策过程中的作用。若部分领导者不愿进行大规模的投入，就会影响大数据驱动决策的推广和实施。

运用大数据产生的效益与机遇也是不可小觑的。目前，各行业企业只是刚刚进入大数据应用阶段，运用大数据辅助决策对于绝大部分行业来说，都是新时期竞争优势的创造源泉。有调查显示，数据驱动型企业在生产率和盈利水平等方面普遍优于同行业竞争者。数据驱动的系统在处理特定问题时，可以比人类做出更优的决策，如金融领域的某些系统基于大数据可以做出相当高比例的投资决策。从目前至可预见的将来，能更好地运用大数据的组织或企业将可能迸发出更多的创新性，并更好地维持决策的灵活性；整个社会对于数据驱动应用和决策的依赖性会越来越高。

3.3　大数据技术及应用

大数据作为信息金矿，对其进行采集、传输、处理和应用的相关技术就是大数据处理技术，这是使用非传统工具对大量的结构化、半结构化和非结构化数据进行处理，从而获得分析和预测结果的一系列数据处理技术，简称大数据技术。

曾流传的美国超市中啤酒和尿布捆绑销售、超市男经理比女生父亲更早获知其怀孕等故事，听起来有些匪夷所思，其真实性也有待考证，但大数据揭示看似毫不相关的两件事背后的关联是不足为奇的，其应用的确对人类生活产生了巨大影响，尤其体现在商业和民生领域。

【拓展阅读】

啤酒和尿布

沃尔玛是美国的一家大型超市，其高层管理人员在分析以往的销售数据时发现了一件趣事："啤酒"和"尿布"经常出现在同一购物车内进行结算。根据这个分析结果，超市的管理人员把啤酒和尿布放在距离相近的货架上，结果两件商品的销售量都得到了较大的提升。后来经过深入的调查发现，在有婴儿的家庭中，大多是母亲在家照顾婴儿，父亲外出购买家庭和婴儿的各类生活用品。由于父亲喜欢喝啤酒，就会顺手买一些带回家，所以这两件商品就会出现在同一个购物车中而进行结算。这是一个数据挖掘与分析的典型应用，数据分析师通过分析数据之间的关联性，发现了事物之间潜在的联系，进而为决策提供支持，取得了较好的决策效果，赢得了商业利益。

（1）精准营销：企业基于各类渠道收集的用户信息进行商品分析和预测，挖掘和分析用户需求，进而提供个性化服务。例如，淘宝、京东等电商可以通过用户的浏览记录来预测用户对商品购买的潜在需求，进行适时精准的推送。

（2）城市大脑：城市区域根据当前环境、交通、人员等数据，结合不同事件，做出最优化的决策。例如，基于交通大数据，救护车可以实时获取道路的拥堵信息，途经的交通信号灯会为之优化调整状态，从而选择通行时间最短的路线。

3.3.1 大数据技术框架

根据大数据处理的生命周期，大数据技术体系涉及大数据采集与预处理、大数据存储与管理、大数据计算模式与系统、大数据分析与挖掘、大数据可视化分析、大数据隐私与安全等几个方面，大数据技术框架如图3-8所示。

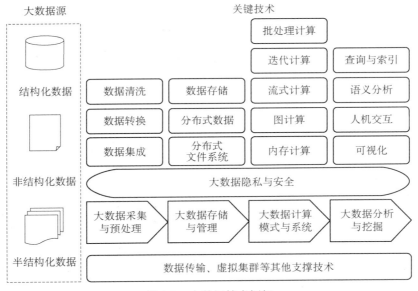

图3-8 大数据技术框架

1. 大数据采集与预处理

大数据的一个重要特点就是数据源多样化，包括数据库、文本、图片、视频、网页等各类结构化、非结构化及半结构化数据。因此，大数据处理的第一步是从数据源采集数据并进行预处理和集成操作，为后续流程提供统一的高质量的数据集。现有数据抽取与集成方法可分为以下4种：基于物化或ETL引擎方法、基于联邦数据库引擎或中间件方法、基于数据流引擎方法和基于搜索引擎方法。

常用ETL工具负责将异构数据源中的数据，如关系数据、平面数据文件等抽取到临时中间层后进行清洗、转换、集成，最后加载到数据仓库或数据集中，成为联机分析处理、数据挖掘的基础。

由于大数据的来源不一，在异构数据源的集成过程中需要对数据进行清洗，以消除相似、重复或不一致数据。针对大数据的特点，数据清洗和集成技术采用了非结构化或半结构化数据的清洗及超大规模数据的集成方案。

2. 大数据存储与管理

数据存储与大数据应用密切相关。大数据给存储系统带来了3个方面的挑战：一是存储规模大，通常达到 PB 甚至 EB 级；二是存储管理复杂，需要兼顾结构化、非结构化和半结构化数据；三是数据服务的种类和水平要求高。

大数据存储与管理，需要对上层应用提供高效的数据访问接口，存取 PB 甚至 EB 级的数据，并且对数据处理的实时性、有效性提出了更高要求，传统技术手段根本无法应付。某些实时性要求较高的应用，如状态监控，更适合采用流处理模式，直接在清洗和集成后的数据源上进行分析。而大多数其他应用需要存储，以支持后续更深度的数据分析流程。根据上层应用访问接口和功能侧重点的不同，存储和管理软件主要包括文件系统和数据库。在大数据环境下，目前最适用的技术是分布式文件系统、分布式数据库及访问接口和查询语言。

目前，一批新技术被提出来应对大数据存储与管理的挑战，具有代表性的研究包括分布式缓存（包括 CARP、mem-cached）、基于 MPP 的分布式数据库、分布式文件系统（GFS、HDFS）以及各种 NoSQL 分布式存储方案（包括 MongoDB、CouchDB、HBase、Redis、Neo4j 等）。各大数据库厂商如 Oracle、IBM、Greenplum 等都已经推出支持分布式索引和查询的产品。

3. 大数据计算模式与系统

大数据计算模式指根据大数据的不同数据特征和计算特征，从多样性的大数据计算问题和需求中提炼并建立的各种高层抽象或模型，它的出现有力地推动了大数据技术和应用的发展。

大数据处理的主要数据特征和计算特征维度有数据结构特征、数据获取方式、数据处理类型、实时性或响应性能、迭代计算、数据关联性和并行计算体系结构特征。根据大数据处理多样性需求和上述特征维度，目前已有多种典型、重要的大数据计算模式和相应的大数据计算系统及工具。

大数据查询分析计算模式可提供实时或准实时的数据查询分析能力，以满足企业日常的经营管理需求。大数据查询分析计算的典型系统包括 Hadoop 下的 HBase 和 Hive、Facebook 开发的 Cassandra、Google 公司的交互式数据分析系统 Dremel、Cloudera 公司的实时查询引擎 Impala。最适合完成大数据批处理的计算模式是 Google 公司的 MapReduce。

流式计算是一种实时性计算模式，需要对一定的时间窗口内应用系统产生的新数据完成实时的计算处理，避免数据堆积和丢失。尽可能快地对最新数据做出分析并给出结果是流式计算的目标，其模型如图 3-9 所示。采用流式计算的大数据应用场景有网页点击数实时统计；电力、金融、道路监控及互联网行业的访问日志处理等，它们同时具有高流量的流式数据和积累的大量历史数据，因而在提供批处理数据模式的同时，系统还需要具备高实时性的流式计算能力。

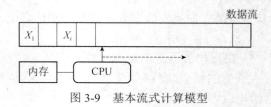

图 3-9　基本流式计算模型

内存计算是指 CPU 直接从内存而不是硬盘上读取数据，并进行计算、分析，它是对传统数据处理方式的一种加速。内存计算非常适合处理海量数据，以及需要实时获得结果的数据。用内存计算完成实时的大数据处理已成为大数据计算的一个重要发展趋势。分布内存计算的典型开源系统是 Spark。SAP 公司的 HANA 则是一个全内存式的基于开放式架构设计的内存计算系统，也是一个高性能大数据管理平台。此外，还有 Oracle 的 TimesTen 和 IBM 的 solidDB。

4. 大数据分析与挖掘

由于大数据环境下数据呈现多样化、动态异构，而且比小样本数据更有价值等特点，需要通过大数据分析与挖掘技术来提高数据质量和可信度，帮助理解数据的语义，提供智能的查询功能。

针对大数据环境下非结构化或半结构化数据挖掘问题，业界提出了图片文件的挖掘技术，以及大规模文本文件的检索与挖掘技术。

5. 大数据可视化分析

数据分析是大数据处理的核心，但是用户往往更关心结果的展示。如果分析结果正确，但是没有采用适当的解释方法，则所得到的结果很可能让用户难以理解，极端情况下甚至会误导用户。由于大数据分析结果具有海量、关联关系极其复杂等特点，采用传统的解释方法基本不可行。目前常用的方法是可视化技术和人机交互技术。

可视化技术能够迅速和有效地简化与提炼数据流，帮助用户交互筛选大量的数据，有助于用户更快更好地从复杂数据中得到新的发现。用形象的图形方式向用户展示结果，已作为最佳结果展示方式之一率先被科学与工程计算领域采用。常见的可视化技术有原位分析（In Situ Analysis）、标签云（Tag Cloud）、历史流（History Flow）、空间信息流（Spatial Information Flow）、不确定性分析等。可以根据具体的应用需要选择合适的可视化技术。例如，通过数据投影、维度降解和电视墙等方法来解决大数据显示问题。

以人为中心的人机交互技术也是大数据分析结果展示的一种重要技术，能够让用户在一定程度上了解和参与具体的分析过程。既可以采用人机交互技术，利用交互式的数据分析过程来引导用户逐步进行分析，使用户在得到结果的同时更好地理解分析结果的由来；也可以采用数据起源技术，帮助追溯整个数据分析过程，有助于用户理解结果。

6. 大数据隐私与安全

近年来，手机应用、智能摄像头、Wi-Fi 等泄露用户隐私现象时有发生。如今，支撑智能时代的大数据、云计算、人工智能等技术，既是创新发展的助推器，也是滋生网络安全问题的催化剂。在智能时代，新技术是帮凶，也是克星。信息安全的这场攻防战永无止境。

国家密码行业标准化技术委员会主任委员徐汉良建议，将密码技术与数据标识相结合，通过信任管理、访问控制、数据加密、可信计算、密文检索等措施，构建集传输、分析、应用于一体的数据安全体系，解决隐私保护、数据源真实、防身份假冒等问题。

英国励讯集团全球副总裁 Flavio Villanustre 认为，在数据流通方面，建议通过匿名化，让脱敏数据去掉标签；也可通过"差别隐私"机制，在数据中加入一些"噪声"，以保护数据的外部识别。

在用户数据保护方面，企业作为数据的收集者、控制者，既做"运动员"又做"裁判员"，显然难以解决问题。因此不能光靠企业自律，要让法律推动内生机制生成。尤其是通过以个人信息保护法为核心的一整套机制作为保障，形成有效的外部威慑。

3.3.2　大数据处理工具和技术发展趋势

1. 大数据处理工具

现有的大数据处理工具大多是对开源的 Hadoop 平台进行改进并将其应用于各种场景。Hadoop 完整生态系统中各子系统都有相应的大数据处理的改进产品。常用大数据处理工具见表 3-1，这些工具有的已经投入商业应用，有的是开源软件。在已经投入商业应用的产品中，绝大部分也是在开源 Hadoop 平台的基础上进行功能的扩展，或者提供与 Hadoop 的数据接口。

表 3-1　常用大数据处理工具

种类		工具示例
平台	Local	Hadoop、MapR、Cloudera、Hortonworks、BigInsights、HPCC
	Cloud	AWS、Google Compute Engine、Azure
数据库	SQL	MySQL（Oracle）、MariaDB、PostgreSQL、TokuDB、Aster Data、Vertica
	NoSQL	HBase、Cassandra、MongoDB、Redis
	NewSQL	Spanner、Megastore、F1
数据仓库		Hive、HadoopDB、Hadapt
数据收集		ScraperWiKi、Needlebase、bazhuayu
数据清洗		DataWrangler、Google Refine、OpenRefine
数据处理	批处理	MapReduce、Dyrad
	流式计算	Storm、S4、Kafka
	内存计算	Drill、Dremel、Spark
查询语言		HiveQL、Pig Latin、DryadLINQ、MRQL、SCOPE
统计与机器学习		Mahout、Weka、R、RapidMiner
数据分析		Jaspersoft、Pentaho、Splunk、Loggly、Talend
可视化分析		Google Chart API、Flot、D3、Processing、Fusion Tables、Gephi、SPSS、SAS、R、Modest Maps、OpenLayers

2. 基于云的数据分析平台

目前大部分企业所分析的数据量在 TB 级。按照目前数据的发展速度，很快将会进入 PB 时代。企业希望能将自己的各类应用程序及基础设施转移到云平台上。就像其他 IT 系统那样，大数据的分析工具和数据库也将走向云计算。基于云的数据分析平台框架如图 3-10 所示。云计算能为大数据带来哪些变化呢？

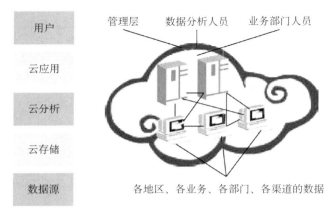

图 3-10　基于云的数据分析平台框架

（1）云计算为大数据提供了可以弹性扩展、相对便宜的存储空间和计算资源，使得中小企业也可以像亚马逊一样通过云计算来完成大数据分析。

（2）云计算 IT 资源庞大、分布较为广泛，是异构系统较多的企业及时准确处理数据的有力方式，甚至是唯一的方式。

当然，大数据要走向云计算，还有赖于数据通信带宽的提高和云资源池的建设，需要确保原始数据能迁移到云环境，以及资源池可以随需弹性扩展。数据分析集逐步扩大，企业级数据仓库将成为主流，未来还将逐步纳入行业数据、政府公开数据等多源数据。

随着政府和行业数据的开放，更多的外部数据将进入企业级数据仓库，使得数据仓库规模更大，数据的价值也更大。

3. 大数据技术发展趋势

目前，大数据相关的技术和工具非常多，它们成为大数据采集、存储、处理和呈现的有力"武器"，给企业提供了更多的选择。随着大数据的不断发展和研究，大数据各个环节的技术发展呈现出新的趋势，如表 3-2 表示。

表 3-2　大数据技术发展趋势

主要技术	发展趋势
采集与预处理	（1）数据源的选择与高质量原始数据的采集方法 （2）多源数据的实体识别和解析方法 （3）数据清洗和自动修复方法 （4）高质量数据的整合方法 （5）数据演化的溯源管理
存储与管理	（1）大数据索引和查询技术 （2）实时/流式大数据存储与处理
计算模式与系统	（1）Hadoop 改进后与其他计算模式和平台共存 （2）混合计算模式成为大数据处理的有效手段
数据分析与挖掘	（1）更复杂和大规模的分析与挖掘 （2）大数据实时分析与挖掘 （3）大数据分析与挖掘的基准测试

主要技术	发展趋势
可视化分析	（1）原位分析 （2）人机交互 （3）协同与众包可视分析 （4）可扩展性与多级层次问题 （5）不确定性分析和敏感分析 （6）可视化与自动数据计算挖掘结合 （7）面向领域和大众的可视化工具库
数据隐私与安全	（1）NoSQL有待进一步完善 （2）APT攻击研究 （3）社交网络的隐私保护 （4）数字水印技术 （5）风险自适应访问控制 （6）数据采集、存储、分析3个过程"三权分立"
其他	（1）大数据高效传输架构和协议 （2）大数据虚拟机集群优化研究

3.3.3　大数据的应用

1. 商品零售大数据

在美国，有一位父亲怒气冲冲地跑到 Target 卖场，质问为何将带有婴儿用品优惠券的广告邮件，寄给他正在念高中的女儿。然而后来证实，他的女儿果真怀孕了。这名女孩搜索商品的关键词，以及在社交网站所显露的行为轨迹，使 Target 捕捉到了她怀孕的信息。根据相关模型发现，许多孕妇在第二个妊娠期开始时会买许多大包装的无香味护手霜，在怀孕的最初 20 周内会大量购买补充钙、镁、锌的善存片之类的保健品。最后，Target 选出了 25 种典型商品的消费数据构建了"怀孕预测指数"。通过这个指数，Target 能够在很小的误差范围内预测顾客的怀孕情况，因此 Target 就能早早地把孕妇优惠广告寄给顾客。

阿里巴巴集团根据淘宝网上中小企业的交易状况筛选出财务健康和讲究诚信的企业，对它们发放无须担保的贷款。零售企业会监控顾客在店内的走动情况及其与商品的互动，并将这些数据与交易记录相结合来展开分析，从而针对销售哪些商品、如何摆放货品及何时调整售价给出意见。此类方法已经帮助某领先零售企业减少了 17% 的存货，同时在保持市场份额的前提下，增加了高利润率自有品牌商品的比例。

2. 消费大数据

亚马逊"预判发货技术"的新专利，可以通过对用户数据的分析，在他们正式下单购物前，提前发出包裹。这项技术可以缩短发货时间，从而降低消费者前往实体店的冲动。从下单到收货之间的时间延迟可能会降低人们的购物意愿，导致他们放弃网上购物。所以，亚马逊会根据之前的订单和其他因素，预测用户的购物习惯，从而在他们实际下单前便将包裹发出。根据该专利文件，虽然包裹会提前从亚马逊发出，但在用户正式下单前，这些包裹仍会暂存在快递公司的转运中心或卡车里。

为了确定要运送哪些货物，亚马逊会参考之前的订单、商品搜索记录、愿望清单、购物车，甚至包括用户的鼠标在某件商品上悬停的时间。

3. 证监会大数据

回顾"老鼠仓"的查处过程，在马乐一案中，大数据首次介入。深圳证券交易所此前通过大数据查出的可疑账户多达 300 个。实际上，早在 2009 年，上海证券交易所曾经有过利用大数据设置"捕鼠器"的设想。通过建立相关的模型，设定一定的预警指标，即相关指标达到某个预警点时，监控系统会自动报警。

而此次在马乐案中亮相的深圳证券交易所的大数据监测系统，更是引起了人们的广泛关注。深圳证券交易所设置了 200 多个指标用于监测估计，一旦出现股价偏离大盘走势的情况，深交所就会利用大数据查探异动背后有哪些人或机构在参与。

4. 金融大数据

阿里"水文模型"会按小微企业类目、级别等统计商户的相关"水文数据"。例如，过往每到某个时点，某店铺的销售就会进入旺季，销售额就会增长，其对外投放的资金额度也会上升。结合这些"水文数据"，系统可以判断出该店铺的融资需求；结合该店铺以往资金支用数据及同类店铺资金支用数据，可以判断出该店铺的资金需求额度。

5. 金融交易大数据

量化交易、程序化交易、高频交易是大数据应用比较多的领域。全球三分之二的股票交易量是由高频交易所创造的，参与者总收益每年高达 80 亿美元。其中，大数据算法被用来做出交易决定。现在，大多数股权交易都是通过大数据算法进行的，这些算法越来越多地开始考虑社交媒体网络和新闻网站的信息，从而在几秒内做出买入和卖出的决定。

当一种产品可以在多个交易所交易时，会形成不同的定价。谁能够最快地捕捉到同一种产品在不同交易所之间的显著价差，谁就能捕捉到瞬间套利机会。在这一过程中，大数据技术成为了重要因素。

6. 制造业大数据

摩托车生产商哈雷·戴维森公司在位于宾尼法尼亚州约克市的摩托车制造厂中，软件不停地记录着各种制造数据，如喷漆室风扇的速度等。当软件"察觉"风扇速度、温度、湿度或其他变量偏离规定数值时，它就会自动调节相应的机构。哈雷·戴维森公司还使用软件，寻找制约公司每 86s 完成一台摩托车制造工作的瓶颈。这家公司的管理者通过研究数据发现，安装后挡泥板的时间过长。通过调整工厂配置，哈雷·戴维森公司提高了安装该配件的速度。

美国一些纺织及化工生产商，根据从不同的百货公司 POS 机上收集的产品销售速度信息，将原来的 18 周送货周期缩短到 3 周。如此一来，百货公司分销商能以更快的速度拿到货物，减少仓储。对生产商来说，仓储积攒的材料也能减少很多。

7. 医疗大数据

谷歌基于每天来自全球的 30 多亿条搜索指令设立了一个系统，这个系统在 2009 年甲型流感病毒爆发之前就开始对美国各地区进行"流感预报"，并推出了"谷歌流感趋势"服务。

谷歌在这项服务的产品介绍中写道：搜索流感相关主题的人数与实际患有流感的人数之间存在着密切的关系。虽然并非每个搜索"流感"的人都患有流感，但谷歌发现了一些检索词条的组合并用特定的数学模型对其进行了分析，这些分析结果与传统流感监测系统监测结果的相关性高达97%。这就表示，谷歌公司能做出与疾控部门同样准确的传染源位置判断，并且在时间上提前了1～2周。

继世界杯、高考、景点和城市预测之后，百度又推出了疾病预测产品。目前可以就流感、肝炎、肺结核、性病这4种疾病，对全国每个省份及大多数地级市和区县的活跃度、趋势图等情况，进行全面的监控。未来，百度疾病预测监控的疾病种类将从目前的4种增加到30多种，覆盖更多的常见病和流行病。用户可以根据当地的预测结果进行针对性预防。

8. 交通大数据

UPS最新的大数据来源是安装在公司4.6万多辆卡车上的远程通信传感器，这些传感器能够传回车速、方向、刹车和动力性能等方面的数据。收集到的数据流不仅能反映车辆的日常性能，还能帮助公司重新设计物流路线。大量的在线地图数据和优化算法，最终能帮助UPS实时地调整驾驶员的收货和配送路线。该系统为UPS减少了8 500万英里的物流里程，由此节省了840万加仑的汽油。

可基于用户和车辆的LBS定位数据，分析人车出行的个体和群体特征，进行交通行为的预测。交通部门可预测不同时点不同道路的车流量，进行智能的车辆调度或应用潮汐车道。用户则可以根据预测结果选择拥堵概率更低的道路。百度基于地图应用的LBS预测涵盖的范围更广。春运期间预测人们的迁徙趋势，指导火车线路和航线的设置。节假日预测景点的人流量，指导人们进行景区选择。平时通过百度热力图来告诉用户城市商圈、动物园等地点的人流情况，指导用户进行出行选择和商家选点选址。

9. 公安大数据

大数据挖掘技术的底层技术最早是英国军情六处研发用来追踪恐怖分子的技术。利用大数据技术可筛选犯罪团伙，如与锁定的罪犯乘坐同一班列车、住同一酒店的人可能是其同伙。过去，刑侦人员要证明这一点，需要通过把不同线索拼凑起来排查疑犯。

通过对越来越多数据的挖掘分析，可显示某一区域的犯罪率及犯罪模式。大数据可以帮助警方定位最易受到不法分子侵扰的区域，创建一张犯罪高发地区热点图和时间表。这不但有利于警方精准分配警力、预防打击犯罪，也能帮助市民了解情况、提高警惕。

10. 文化传媒大数据

与传统电视剧有别，《纸牌屋》是一部根据"大数据"制作的作品。制作方Netflix是美国最具影响力的影视网站之一，在美国本土有约2 900万名订阅用户。Netflix成功之处在于其强大的推荐系统Cinematch，该系统将用户视频点播的基础数据如评分、播放、快进、时间、地点、终端等存储在数据库中，然后通过数据分析，推断出用户可能喜爱的影片，并为他提供定制化的推荐。

Netflix发布的数据显示，用户在Netflix上每天产生3 000多万个行为，如暂停、回放或快进；同时，用户每天还会给出400万个评分，发出300万次搜索请求。Netflix遂决定用这些数据来制作一部电视剧，投资过亿美元制作出《纸牌屋》。

Netflix 发现，其用户中有很多人仍在点播 1991 年的 BBC 经典老片《纸牌屋》，这些观众中许多人喜欢大卫·芬奇，而且观众大多爱看奥斯卡奖得主凯文·史派西的电影。由此 Netflix 邀请大卫·芬奇作为导演，凯文·史派西作为主演，翻拍了《纸牌屋》这一政治题材剧。2013 年 2 月《纸牌屋》上线后，用户数增加了 300 万，达到 2 920 万。

11. 航空大数据

Farecast 已经拥有惊人的约 2 000 亿条飞行数据记录，用来推测当前网页上的机票价格是否合理。作为一种商品，同一架飞机上每个座位的价格本来不应该有差别。但实际上，价格却千差万别，其中缘由只有航空公司自己清楚。

Farecast 预测当前的机票价格在未来一段时间内会上涨还是下降。这个系统需要分析所有特定航线机票的销售价格，并确定票价与提前购买天数的关系。

Farecast 票价预测的准确度已经高达 75%。使用 Farecast 票价预测工具购买机票的旅客，平均每张机票可节省 50 美元。

12. 人体健康大数据

中医可以通过望闻问切发现人体内隐藏的一些慢性病，甚至看体质便可知晓一个人将来可能会出现什么症状。人体体征变化有一定规律，而慢性病发生前人体会有一些持续性异常。从理论上来说，如果大数据掌握了这样的异常情况，便可以进行慢性病预测。

结合智能硬件，慢性病的大数据预测变为可能。可穿戴设备和智能健康设备可帮助网络收集人体健康数据，如心率、体重、血脂、血糖、运动量、睡眠量等。如果这些数据足够精确且全面，并且有可以形成算法的慢性病预测模式，或许未来你的设备就会提醒你的身体罹患某种慢性病的风险。KickStarter 上的 My Spiroo 便可收集哮喘病人的吐气数据来指导医生诊断其未来的病情趋势。

13. 体育赛事大数据

世界杯期间，谷歌、百度、微软和高盛等公司都推出了比赛结果预测平台。百度预测结果最为亮眼，预测全程 64 场比赛，准确率为 67%，进入淘汰赛后准确率为 94%。现在互联网公司取代章鱼保罗试水赛事预测也意味着未来的体育赛事会被大数据预测所掌控。

谷歌世界杯预测基于 Opta Sports 的海量赛事数据来构建其最终的预测模型。百度则是搜索过去 5 年内全世界 987 支球队（含国家队和俱乐部队）的 3.7 万场比赛数据，同时与中国彩票网站乐彩网、欧洲必发指数数据供应商 Spdex 进行数据合作，导入博彩市场的预测数据，建立了一个囊括 199 972 名球员和 1.12 亿条数据的预测模型，并在此基础上进行结果预测。

从互联网公司的成功经验来看，只要有体育赛事历史数据，并且与指数公司进行合作，便可以进行其他赛事的预测，如欧冠、NBA 等赛事。

14. 灾害大数据

气象预测是最典型的灾害预测。地震、洪涝、高温、暴雨这些自然灾害如果可以利用大数据进行预测，便有助于减灾、防灾、救灾、赈灾。过去的数据收集方式存在着死角、成本高等问题，物联网时代可以借助廉价的传感器、摄像头和无线通信网络，进行实时的数据监控收集，再利用大数据进行预测分析，做到更精准的自然灾害预测。

以气象卫星数据为例，虽然气象卫星是用来获取与气象要素相关的各类信息的，然而在森林草场火灾、船舶航道浮冰分布等方面，气象卫星也能发挥出跨行业的实时监测服务价值。气象卫星、天气雷达等非常规遥感遥测数据中包含的信息十分丰富，有可能挖掘出新的应用价值，从而拓展气象行业新的业务领域和服务范围。例如，可以利用气象大数据为农业生产服务。美国硅谷有家专门从事气候数据分析处理的公司，它从美国气象局等数据库中获得数十年来的天气数据，然后将各地降雨、气温、土壤状况与历年农作物产量的相关度做成精密图表，可预测各地农场来年产量和适宜种植品种，同时向农户提供个性化保险服务。气象大数据应用还可在林业、海洋、气象灾害等方面拓展新的业务领域。

15. 环境变迁大数据

大数据除进行短时间微观的天气、灾害预测之外，还可以进行长期和宏观的环境与生态变迁预测。森林和农田面积缩小、野生动植物濒危、海岸线上升、温室效应等问题是地球面临的"慢性问题"。如果人类知道越多地球生态系统及天气形态变化数据，就越容易模拟未来环境的变迁，进而阻止不好的转变发生。而大数据能帮助人类收集、存储和挖掘更多的地球数据，并且提供预测的工具。

除上面列举的 15 个领域之外，大数据还可被应用于房地产预测、就业情况预测、高考分数线预测、选举结果预测、奥斯卡大奖预测、保险投保者风险评估、金融借贷者还款能力评估等，让人类具备可量化、有说服力、可验证的洞察未来的能力。

维克托（Viktor Mayer-Schönberger）在《大数据时代》一书中提到："未来，数据将会像土地、石油和资本一样，成为经济运行中的根本性资源。"

总之，未来的信息世界是三分技术、七分数据，得数据者得天下。

第4章 区块链

【案例导读】

案例一 区块链产品防伪查询

雷锋网（公众号：雷锋网）AI金融评论获悉，蚂蚁金服技术实验室研发的区块链技术近日将落地应用在食品安全和正品溯源上。据蚂蚁金服介绍，产自澳洲、新西兰的26个品牌的奶粉，如雅培、爱他美、惠氏、贝拉米等，每罐奶粉都有了自己的"身份证"，即溯源二维码。用户在天猫国际上购买并收到奶粉后，打开支付宝App扫一扫二维码，就能知道包括产地、出场日期、物流、检验等所有信息。

加入区块链的产品防伪查询，与此前商家自录入商品信息查询不同的是，区块链具有可永久溯源、难以篡改等特性，保障信息记录的正确，防止信息虚假。

据雷锋网AI金融评论了解，蚂蚁金服区块链产品溯源应用第一个落地场景是海外奶粉品牌的追踪，不过，未来应用范围将会不断扩展。据悉，天猫国际宣布升级全球原产地溯源计划，未来将覆盖全球63个国家和地区，3 700个品类，14 500个海外品牌，也将向全行业开放，赋能整个行业。

此外，蚂蚁金服技术实验室还将区块链技术开放给茅台，用户可以使用支付宝扫一扫茅台上的溯源二维码，来检验产品是不是正品。

案例二 雄安新区财政非税收入区块链系统

以"用区块链打造雄安服务品牌"为主题的 2021 雄安服务高峰论坛于 2021 年 5 月 8 日在雄安市民服务中心举行，论坛上推介了雄安新区财政非税收入区块链系统、工程建设资金区块链信息系统和项目审批区块链系统，展示了雄安新区基于区块链、大数据的政务服务新模式。

雄安新区财政非税收入区块链系统实现了新区财政非税票据全部电子化，取消纸质非税票据，使纸质非税票据成为历史。该系统全链条穿透并整合所有财政非税业务，覆盖所有缴费渠道，统一规划财政非税业务，加强了收费透明化、规范化，从根本上保证了国家减费、清费等各项政策落实。同时，通过系统实现跨部门大量票据信息汇聚融合和有效运用，推动了公共资源优化配置与财政资金使用效益。

4.1 区块链概述

区块链（Blockchain）是一种按照时间顺序将数据区块以链条的方式组合成特定数据结构，并通过密码学等方式保证数据不可篡改和不可伪造的去中心化的互联网公开账本。广义上来讲，区块链是利用链式数据区块结构验证和存储数据，利用分布式的共识机制和数学算法集体生成和更新数据，利用密码学保证了数据的传输和使用安全，利用自动化脚本代码（智能合约）来编程和操作数据的一种全新的去中心化的基础架构与分布式计算范式。区块链是共识算法、非对称加密算法、分布式存储技术、P2P 网络技术等计算机技术在互联网时代的创新应用模式，区块链数据由所有节点共同维护，每个参与维护节点都能复制获得一份完整记录的拷贝，可以实现在没有中心机构的弱信任环境下，分布式地建立一套信任机制，保障系统内数据公开透明、可溯源和难以被非法篡改。经过近几年的发展，区块链的相关概念不断丰富，其中包括共识机制。"共识机制"指形成共同认识或达成一致意见的运作方式、方法和规则。区块链共识机制保证了以去中心化方式维护分布式数据库数据的一致性。

4.1.1 区块链的定义

1. 维基百科给出的定义

区块链是一个分布式的账本，区块链网络系统无中心地维护着一条不停增长的有序的数据区块，每一个数据区块内都有一个时间戳和一个指针，指向上一个区块，一旦数据上链之后便不能更改。该定义中，将区块链类比为一种分布式数据库技术，通过维护数据块的链式结构，可以维持持续增长的、不可篡改的数据记录。

2. 中国区块链技术与产业发展论坛给出的定义

区块链是分布式数据存储、点对点传输、共识机制、加密算法等计算机技术的新型应用模式。

3. 数据中心联盟给出的定义

区块链是一种由多方共同维护，使用密码学保证传输和访问安全，能够实现数据一致存储、无法篡改、无法抵赖的技术体系。典型的区块链是以块链结构实现数据存储的。一般可以理解为，区块链实质上是由多方参与共同维护的一个持续增长的分布式数据库，是一种分布式共享账本（Distributed Shared Ledger）。区块链通过智能合约维护着一条不停增长的有序的数据链，让参与的系统中任意多个节点，把一段时间系统内的全部信息交流的数据通过密码学算法计算和记录到一个数据块（Block）中，并且生成该数据块的指纹用于链接（Chain）下个数据块和校验，系统中所有的参与节点共同认定记录是否为真，从而保证区块内的信息无法伪造和更改。其核心也就在于通过分布式网络、时序不可篡改的密码学账本及分布式共识机制建立交易双方之间的信任关系，利用由自动化脚本组成的智能合约来编程和操作数据，最终实现由信息互联向价值互联的进化。

总的来说，区块链是以分布式数据存储、点对点传输、共识机制、加密算法、智能合约等计算机技术集成创新而产生的分布式账本技术。

4.1.2 区块链的特点

区块链作为一个可以引领信任的机器，能够通过运用哈希算法、数字签名、时间戳、分布式共识和经济激励等手段，在节点无须互相信任的分布式系统中建立信用，实现点对点交易和协作，从而为中心化机构普遍存在的高成本、低效率和数据存储不安全等问题提供解决方案。近年来，伴随着国内外研究机构对区块链技术的研究与应用，区块链的应用前景受到各行各业的高度重视，被认为是继大型机、个人 PC、互联网、移动社交网络之后计算范式的第五次颠覆式创新，是人类信用进化史上继血亲信用、贵金属信用、央行纸币信用之后的第四个里程碑。它被视为下一代云计算的雏形，有望彻底重塑人类社会获得形态，并实现从现在的信息互联网到价值互联网的转变。

区块链技术具有分布式、去中心化、可靠数据库、开源可编程、集体维护、安全可信、交易准匿名等诸多特点，可由以下渐进逼近的方式加以定义：

①一个分布式的链接账本，每个账本就是一个区块。

②基于分布式的共识算法来决定记账者。

③账本内交易由密码学签名和哈希算法保证不可篡改。

④账本按产生时间顺序链接，当前账本含有上一个账本的哈希值，账本间的链接保证不可篡改。

⑤所有交易在账本中可追溯。

1. 分布式（去中心化）结构

区块链数据的存储、传输、验证等过程均基于分布式的系统结构，与传统集中记账方式不同，整个网络不依赖一个中心化的硬件或管理机构。区块链的账本不是存储于某一个数据库中心的，也不需要第三方权威机构来负责记录和管理，而是分散在网络中的每一个节点上的，每个节点都有一个该账本的副本，全部节点的账本同步更新。作为区块链的一种部署模式，公有链中所有参与节点的权利和义务都是均等的，系统中的数据块由整个系统中具有维护功能的节点来共同维护，任一节点停止工作都不会影响系统整体的运作。

2. 集体维护

区块链系统的数据库采用分布式存储，任一参与节点都可以拥有一份完整的数据库拷贝，任一节点的损坏或失去都不会影响整个系统的运作，整个数据库由所有具有记账功能的节点来共同维护。一旦信息经过验证并添加至区块链，就会永久地存储起来，除非能够同时控制住系统中超过51%的节点，否则单个节点上对数据的修改是无效的。参与系统的节点越多，数据库的安全性就越高。

3. 时序不可篡改

区块链采用了带有时间戳的链式区块结构存储数据，从而为数据添加了时间维度，具有极强的可追溯性和可验证性；同时又通过密码学算法和共识机制保证了区块链的不可篡改性，进一步提高了区块链的数据稳定性和可靠性。

4. 开源可编程

区块链系统通常是开源的，代码高度透明公共链的数据和程序对所有人公开，任何人都可以通过接口查询系统中的数据。区块链平台还提供灵活的脚本代码系统，支持用户创建高级的智能合约、去中心化应用。

5. 安全可信

区块链技术采用非对称密码学原理对交易进行签名，使得交易不能被伪造；同时利用哈希算法保证交易数据不能被轻易篡改，借助分布式系统各节点的工作量证明等共识算法形成强大的算力来抵御破坏者的攻击，保证区块链中的区块以及区块内的交易数据不可篡改和不可伪造，因此具有极高的安全性。通过数学原理和程序算法，确保系统运作规则公开透明，实现交易双方在不需要借助第三方权威机构信用背书下通过达成共识，能够在去信任的环境自由安全地交换数据，使得对人的信任改成了对机器的信任，任何人为的干预不起作用。

6. 开放性

区块链是一个开放的、信息高度透明的系统，任何人都可以加入区块链，除了交易各方的私有信息被加密外，所有数据对其上每个节点都公开透明，每个节点都可以看到最新的完整的账本，也能查询到账本上的每一次交易。

7. 准匿名性

由于节点之间的交换遵循固定的算法，其数据交互是无须信任的（区块链中的程序规则会自行判断活动是否有效），因此交易对手无须通过公开身份的方式让对方对自己产生信任，对信用的累积非常有帮助。区块链系统采用与用户公钥挂钩的地址来做用户标识，不需要传统的基于 PKI（Public Key Infrastructure）的第三方认证中心（Certificate Authority）颁发数字证书来确认身份。通过在全网节点运行共识算法，建立网络中城市节点对全网状态的共识，间接地建立了节点间的信任。用户只需要公开地址，不需要公开真实身份，而且同一个用户可以不断变换地址。因此，在区块链上的交易不和用户真实身份挂钩，只是和用户的地址挂钩，具有交易的准匿名性。

正是因为具有以上特点，区块链才不同于传统集中记账方式，并将得到金融领域更大的关注，甚至引起了各个领域的相关机构和行业的浓厚兴趣。

4.1.3 区块链的分类

随着技术与应用的不断发展，区块链由最初狭义的"去中心化分布式验证网络"，衍生出了三种特性不同的类型，按照实现方式不同，可以分为公有链、联盟链和私有链。

公有链即公共区块链，是所有人都可平等参与的区块链，接近于区块链原始设计样本。链上的所有人都可以自由地访问、发送、接收和认证交易，是"去中心化"的区块链。公有链的记账人是所有参与者，需要设计类似"挖矿"的激励机制，奖励个人参与维持区块链运行所需的必要数字资源（如计算资源、存储资源、网络带宽等），其消耗的数字资源最高，效率最低，目前仅能实现每秒 100～200 笔左右的交易频率，因此更适用于每个人都是一个单独的记账个体，但发起频率并不高的应用场景。

联盟链即由数量有限的公司或组织机构组成的联盟内部可以访问的区块链，每个联盟成员内部仍旧采用中心化的形式，而联盟成员之间则以区块链的形式实现数据共验共享，是"部分去中心化"的区块链。联盟链的记账人由联盟成员协商确定，通常是各机构的代表，可以设计一定的激励机制以鼓励参与机构维护、运行，其消耗的数字资源部分取决于联盟成员的投入，但在同等条件下低于公有链，效率则高于公有链，一般能够实现每秒 10 万笔左右的交易频率，适合于发起频率较高、根据需要灵活扩展的应用场景。

私有链即私有区块链，完全为一个商业实体所有的区块链，其链上所有成员都需要将数据提交给一个中心机构或中央服务器来处理，自身只有交易的发起权而没有验证权，是"中心化"的区块链。其记账人是唯一的，也就是链的所有者，且不需要任何的激励机制，因为链的所有者必然承担区块链的维护任务。其消耗数字资源最低，效率最高，承载能力完全取决于链的所有者投入的数字资源，但存在中心化网络导致的单点脆弱性，需要投入大量资源用于网络安全维护，方能保障链上资金的安全。

4.2　区块链应用与发展

4.2.1　货币化应用

截至 2018 年 5 月，全世界已有基于区块链技术的加密货币超过 1 800 种，但实际使用人数并不算多。根据剑桥大学的相关研究，2018 年年底全球所有使用加密数字货币的用户达到了 3 500 万人，其中大部分人使用的是比特币。

去中心化的特性对于要掌控国际金融体系的西方发达国家并不友好，大部分西方国家金融监管机构、主流媒体和经济学家都不同程度地表示了反对。国际清算银行 2018 年 6 月 18 日发表的报告《加密货币：超越炒作》将基于区块链的加密货币描述为"高能耗、高交易成本、价格缺乏稳定性、交易所欺诈泛滥、安全防护普遍脆弱"；著名经济学杂志《经济学人》也将其称作为"一种不公平的货币"；诺贝尔经济学奖获得者保罗·克鲁格曼（Paul R. Krugman）形容其是"自由主义意识形态下的技术神秘主义所包裹的泡沫"。西方发达国家政府对于加密货币的担忧不仅限于比特币，而且还延伸到所有加密货币领域。

由于面临诸多反对之声，加密货币在发达国家推进速度较慢，目前仅有英国伦敦市东伦敦社区与加密货币公司"空卢"合作，开发出"东伦敦社区英镑"，以解决中小企业的融资难问题。

4.2.2　非货币化应用

相较于货币化应用，区块链在非货币化应用上的发展相对顺畅，阻力较少，已开发出智能合约、金融服务、物流管理、在线投票等多种不同应用场景。其中，智能合约是指利用数字区块链分布式验证和不可篡改的特点实现在线的合同签署。通过结合高级数字身份验证以及数字违约金支付系统，区块链能够较好地确保合同法律效力，利用计算机系统自动化实现合同的智能仲裁与强制执行。目前，包括 IBM 等公司都推出了属于自己的智能合约服务。对此，各国金融监管层基本都对智能合约规范市场秩序的潜力表示欢迎，如美国参议院联合经济委员会 2018 年 3 月针对区块链用于智能合约发表了报告，认为其具备法律可行性；而白俄罗斯也于 2017 年年底通过颁布《数字经济发展法令》，成为有史以来第一个将智能合约合法化的国家。区块链应用领域如图 4-1 所示。

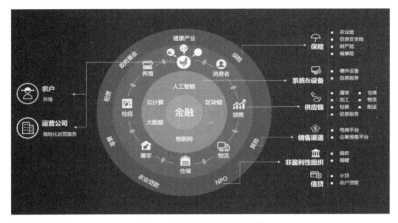

图 4-1　区块链应用领域

4.3　区块链技术

区块链技术是由共识算法、P2P 通信、密码学、数据库技术、虚拟机等技术构成的。核心能力为数据存储、共有数据、分布式、防篡改与保护隐私、数字化合约。

区块链中常用的共识机制主要包括以下几大类：工作量证明机制、权益证明机制、股份授权证明机制和验证池机制等。区块链共识机制主要由相应的共识算法来实现。

- 时间戳。时间戳（Time Stamp）通常是一个字符序列，唯一地标识某一刻的时间。具体而言，它是一个能表示一份数据在某个特定时间之前已经存在的、完整的和可验证的"标记"。区块链中的时间戳是将某一时间内发生的所有事件在区块链数据库中进行唯一的、不可更改的记录。

- 智能合约。智能合约的概念最早在 1994 年被学者 Nick Szabo 定义为一套以数字形式定义的承诺，包括合约参与方可以在上面执行这些承诺的协议。区块链的出现深化了智能合约定义。具体而言，智能合约是由事件驱动的、具有状态的、运行在可复制的共享区块链数据账本上的一段计算机代码程序。该程序代码是现实世界中合约和规则的算法实现，能够实现主动或被动的处理数据，控制和管理各类链上智能资产等功能。

- 公有链。公有链通常是指无官方组织及管理机构，无中心服务器，全世界任何人、任何节点按照系统规则自由接入网络，参与记账和共识过程并开展工作，且记账等活动信息可以得到有效确认的区块链。公有链通过密码学保证数据转移不可篡改，利用密码学验证以及共识机制，在互为陌生的网络环境中建立共识，从而形成去中心化的信用机制。公有链主要适用于加密数字货币、面向大众的电子商务、互联网金融等应用场景，公有链的典型代表是比特币和以太坊。

- 联盟链。联盟链是一种需要注册许可的区块链，仅限于联盟成员参与，加入需要申请和身份验证，并提供对参与成员的管理、认证、授权、监控、审计等全套安全管理功能。联盟链上的读写权限、参与记账权限按联盟的规则来制定，整个网络由成员机构共同维护，网络接入一般通过成员机构的网关节点接入，共识过程由预先选好的节点控制。一般来说，联盟链适合于行业机构间的交易、结算或清算等应用场景。联盟链对交易的确认时间、每秒交易数都与公有链有较大的区别，对安全和性能的要求也比公有链高。联盟链的典型代表是 Hyper ledger 项目。

- 私有链。私有链一般是指建立在某个企业或私有组织内部的区块链系统，只供该企业或私有组织使用。私有链的运作规则根据该企业或者私有组织的具体要求进行设定，应用场景包括数据库管理、办公审批、财务审计、企业或私有组织的预算和执行等，私有链的价值体现在提供安全、可塑源、不可篡改的相关数据服务。私有链通常只存在理论中。

- 侧链。侧链实质上不是特指某个区块链，该名词是相对于主链来说的。侧链是指遵守侧链协议的区块链。侧链协议是指可以让某一数字资产安全地从主链转移到其他区块链，又可以从其他区块链安全地返回主链的一种协议。

- 跨链。跨链是区块链之间互通性的一种技术解决方案，可以实现让数据信息甚至价值跨过链和链之间的障碍，进行直接的流通。跨链技术的作用和意义在于极大程度地促进了区块链之间互通性。不论对于公有链还是私有链，跨链技术都是实现价值互联网的关键，它能够打通各个区块链形成的信息孤岛，是区块链向外拓展和连接的桥梁。

- 闪电网络。闪电网络是针对现有加密数字货币频繁小额交易场景中交易延迟大等问题提供的安全的链下交易解决技术方案。闪电网络主要包括了序列到期可撤销合约（RSMC）和哈希时间锁定合约（HTLC）两个核心机制，其本质上是使用了哈希时间锁定合约来安全地进行零确认交易的机制，通过设置巧妙的"智能合约"，使得用户能在闪电网络上进行未确认的交易。RSMC 保障了两个个体之间的直接交易可以在链下完成。HTLC 保障了任意两个个体之间的转账都可以通过一条"支付"通道来完成。

4.4　区块链技术应用场景

区块链（Blockchain）是一种将数据区块有序连接，并以密码学方式保证其不可篡改、不可伪造的分布式账本（数据库）技术。通俗地说，区块链技术可以在无须第三方背书情况下实现系统中所有数据信息的公开透明、不可篡改、不可伪造、可追溯。区块链作为一种底层协议或技术方案可以有效地解决信任问题，实现价值的自由传递，在数字货币、金融资产的交易结算、数字政务、存证防伪数据服务等领域具有广阔前景。

1. 数字货币

在经历了实物、贵金属、纸钞等形态之后，数字货币已经成为数字经济时代的发展方向。相比实体货币，数字货币具有易携带存储、低流通成本、使用便利、易于防伪和管理、打破地域限制，能更好整合等特点。

我国早在 2014 年就开始了央行数字货币的研制。我国的数字货币 DC/EP 采取双层运营体系：央行不直接向社会公众发放数字货币，而是由央行把数字货币兑付给各个商业银行或其他合法运营机构，再由这些机构兑换给社会公众供其使用。2019 年 8 月初，央行召开下半年工作电视会议，会议要求加快推进国家法定数字货币研发步伐。

2. 金融资产交易结算

区块链技术天然具有金融属性，它正对金融业产生颠覆式变革。支付结算方面，在区块链分布式账本体系下，市场多个参与者共同维护并实时同步一份"总账"，短短几分钟内就可以完成现在两三天才能完成的支付、清算、结算任务，降低了跨行跨境交易的复杂性和成本。同时，区块链的底层加密技术保证了参与者无法篡改账本，确保交易记录透明安全，监管部门方便地追踪链上交易，快速定位高风险资金流向。证券发行交易方面，传统股票发行流程长、成本高、环节复杂，区块链技术能够弱化承销机构作用，帮助各方建立快速准确的信息交互共享通道，发行人通过智能合约自行办理发行，监管部门统一审查核对，投资者也可以绕过中介机构进行直接操作。数字票据和供应链金融方面，区块链技术可以有效解决中小企业融资难问题。目前的供应链金融很难惠及产业链上游的中小企业，因为他们跟核心企业往往没有直接贸易往来，金融机构难以评估其信用资质。基于区块链技术，我们可以建立一种联盟链网络，涵盖核心企业、上下游供应商、金融机构等，核心企业发放应收账款凭证给其供应商，票据数字化上链后可在供应商之间流转，每一级供应商可凭数字票据证明实现对应额度的融资。

3. 数字政务

区块链可以让数据跑起来，大大精简办事流程。区块链的分布式技术可以让政府部门集中到一个链上，所有办事流程交付智能合约，办事人只要在一个部门通过身份认证以及电子签章，智能合约就可以自动处理并流转，有序完成后续所有审批和签章。区块链发票是国内区块链技术最早落地的应用。税务部门推出区块链电子发票"税链"平台，税务部门、开票方、受票方通过独一无二的数字身份加入"税链"网络，真正实现"交易即开票""开票即报销"——秒级开票、分钟级报销入账，大幅降低了税收征管成本，有效解决数据篡改、一票多报、偷税漏税等问题。扶贫是区块链技术的另一个落地应用。利用区块链技术的公开透明、可溯源、不可篡改等特性，实现扶贫资金的透明使用、精准投放和高效管理。

4. 存证防伪

区块链可以通过哈希时间戳证明某个文件或者数字内容在特定时间的存在，加之其公开、不可篡改、可溯源等特性为司法鉴证、身份证明、产权保护、防伪溯源等提供了完美解决方案。在知识产权领域，通过区块链技术的数字签名和链上存证可以对文字、图片、音频、视频等进行确权，通过智能合约创建执行交易，让创作者重掌定价权，实时保全数据形成证据链，同时覆盖确权、交易和维权三大场景。在防伪溯源领域，通过供应链跟踪区块链技术可以被广泛应用于食品医药、农产品、酒类、奢侈品等各领域。

5. 数据服务

区块链技术将大大优化现有的大数据应用，在数据流通和共享上发挥巨大作用。未来互联网、人工智能、物联网都将产生海量数据，现有中心化数据存储（计算模式）将面临巨大挑战，基于区块链技术的边缘存储（计算）有望成为未来解决方案。再者，区块链对数据的不可篡改和可追溯机制保证了数据的真实性和高质量，这成为大数据、深度学习、人工智能等一切数据应用的基础。最后，区块链可以在保护数据隐私的前提下实现多方协作的数据计算，有望解决"数据垄断"和"数据孤岛"问题，实现数据流通价值。针对当前的区块链发展阶段，为了满足一般商业用户区块链开发和应用需求，众多传统云服务商开始部署自己的 BaaS（"区块链即服务")解决方案。区块链与云计算的结合将有效降低企业区块链部署成本,推动区块链应用场景落地。未来区块链技术还会在慈善公益、保险、能源、物流、物联网等诸多领域发挥重要作用。

4.5 未来展望:区块链优势及影响

首先,区块链有助促进跨境金融安全。传统国际跨境支付需要依赖环球同业银行金融电讯协会(SWIFT)建立的国际专网,区块链利用了基于共同验证的安全机制,使其可以直接使用国际互联网来实现跨境汇款,无须经过 SWIFT 这样的中心化机构。从网络安全的角度来说,这种机制能够有效避免国际黑客组织或外国情报组织针对中心节点的攻击和监视,更好地维护跨境金融安全。近来,国际黑客针对 SWIFT 的攻击呈上升趋势。2016 年 2 月,黑客入侵了孟加拉央行的计算机系统,试图将其在纽约联邦储备银行的 9.51 亿美元存款转走,最终成功盗窃了 8 100 万美元。4 月,SWIFT 主动向路透社等国际媒体透露了其遭到黑客攻击的详情,恶意攻击者通过金融管理后台的本地端口连接至 SWIFT 网络,并发送诈骗短信。2017 年 4 月,一个名为"影子经纪人"的组织发布了声称来自美国国家安全局(NSA)的文件,表明该机构监视了经由 SWIFT 进行的金融交易。随着 5G、人工智能等新技术的发展,网络攻击技术还将继续层出不穷,中心节点服务器想要完全防御所有网络攻击变得难上加难。区块链基于去中心化的设计,除非黑客同时攻击世界所有进行跨境支付的计算机,否则攻击将无法奏效,而这从现实角度是无法实现的。

其次,区块链有助促进电子政务发展。区块链已经率先在电子发票、智能合约等电子商务领域实现了应用,大大改进了传统需要依赖实体办事窗口的工商管理流程,且安全性已经在现实中得到了验证。随着我国改革开放的不断深入,区块链还将在便民利民方面发挥更大作用。如身份证、户口本、房产证、驾驶证、婚姻证明、亲属关系证明、学位学历证明等诸多繁杂的实体证明,通过区块链都能够实现电子化;在线工商注册登记、报税纳税、公积金、养老保险、医疗保险、水电燃气费等,也能够通过区块链实现在线可验证缴纳。这将大大强化中央推进"放、管、服"等改革措施的实际效果,向广大老百姓释放看得见的红利。

再次,区块链有助抑制基层腐败现象。作为一种去中心化的分布式网络验证机制,区块链适合服务于基层社区经济活动。然而现实中,基层经济活动往往伴随着权力的"微腐败"现象,各种"吃拿卡要"现象突出。在区块链公开透明的机制下,每一笔交易及与其关联的资产价值、行政程序,只要点击一下鼠标便一览无遗,真正做到扎紧制度的笼子,营造出风清气正的基层制度环境。

最后,从国际政治角度来看,区块链的诞生以及在各国的应用和推广,将对国际政治带来两个不同维度的牵引力:一方面,区块链的普及将极大程度拉近发展中国家与发达国家经济之间的差距,全球数字经济在技术标准上将更容易接轨。基于共同验证的技术将更有利于民族国家之间建立互信,促进区域和全球经济一体化。另一方面,区块链的普及又有可能激化大国间的博弈,同时提升互联网巨头或非政府组织在国际政治中的分量,使得大国与大国之间、政府与非政府之间,以及民众与企业之间,均会产生社会治理领域的激烈碰撞。如何利用好区块链技术,如何规避其可能带来的国际与国内风险,如何在未来数字经济社会中找到好的立足点,将是我们从现在开始必须思考的问题。

第5章　云计算

【案例导读】

云计算的九大案例

基于大数据计算能力，便可以预测出未来一小时内的路况，使用一个账号登录就可以实现全校教学信息共享，在手机上就可以查看台风的实时路径……我们梳理了各大云计算厂商的9个典型案例，窥一斑而见全豹，看看拥抱云计算，正在给我们的生活带来哪些不一样的变化？

1. 河北定州拥抱 Azure 云平台：公务员培训提速

随着微软 IT 学院、微软考试认证中心、微软技术实践中心三大项目全面落地定州，基于 Office 365 云平台，定州开发了新一代内部公务员培训系统，新系统通过 Exchange 为每个公务员分配了内部邮箱，确保培训人员能够及时接收培训计划和培训进度信息，还使用 SharePoint 构建了公务员培训平台，实现自主学习和考试认证。"使用基于 Office 365 平台搭建的在线培训平台后，培训资料制作、培训场地等硬性支出减少了，更大大节约了公务员现场参加集中培训的时间成本。"

2. 云上贵州公安交警云："最强大脑"一眼识别套牌车

作为国内首个运行在公安内网上的省级交通大数据云平台，贵州公安交警云平台由省公安厅交警总队采用以阿里云为主的云计算技术搭建，可为公共服务、交通管理、警务实战提供云计算和大数据支持，有交通管理"最强大脑"之称。

现在，云平台的建立使机器智能识别成为可能，通过对车辆图片进行结构化处理并与原有真实车辆图片进行对比，车辆分析智能云平台能瞬间判别路面上的一辆车是假牌还是套牌车。

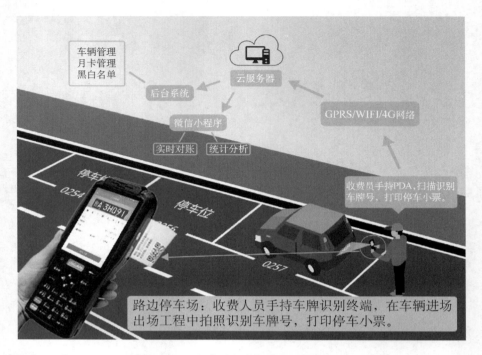

路边停车场：收费人员手持车牌识别终端，在车辆进场出场工程中拍照识别车牌号，打印停车小票。

3. 重庆亚马逊 AWS 联合孵化器基地助力中国创客

2015 年 12 月，重庆亚马逊 AWS 联合孵化器基地开园，入驻的创客团队可获得最高十万元无偿提供的启动资金，这也是亚马逊 AWS 在中国设立的第三个孵化器，是其在中西部地区设立的首个孵化器。

亚马逊 AWS 中国执行董事容永康介绍，将充分利用亚马逊 AWS 云计算平台和亚马逊 AWS 合作伙伴等资源，积极打造创业、融资、市场、技术等四大平台，为新创企业提供云服务、技术培训、业务技术辅导等孵化服务，并搭建新创企业与天使、VC 投资企业或个人的交流接触平台。

传统企业 vs AWS架构

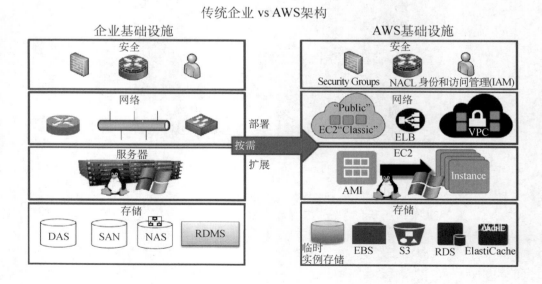

4. 阿里云分担 12306 流量压力

2015 年春运火车票售卖量创下历年新高，而铁路系统运营网站 12306 却并没有出现明显的卡滞。同阿里云的合作是关键之一。

12306 把余票查询系统从自身后台分离出来，在"云上"独立部署了一套余票查询系统。余票查询环节的访问量近乎占 12306 网站的九成流量，这也是往年造成网站拥堵的最主要原因之一。把高频次、高消耗、低转化的余票查询环节放到云端，而将下单、支付这种"小而轻"的核心业务留在 12306 自己的后台系统上，这样的思路为 12306 减负不少。

5. 玉溪华为教育云：基础教育教学的一场革命

2015 年 5 月 11 日，华为云服务玉溪基地开通运行暨玉溪教育云上线仪式举行，这是华为云服务携手玉溪民生领域的首次成功运用。

"玉溪教育云"是云南首个完全按照云计算技术框架搭建和设计开发的专业教育教学平台，平台依托华为云计算中心，以应用为导向，积极探索现代信息技术与教育的深度融合，以教育信息化促进教育理念和教育模式创新，充分发挥其在教育改革和发展中的支撑与领域作用。

6. 浙江台风网：手机上追"追台风"

2015 年超强台风"灿鸿"来袭，数百万百姓在手机上"追台风"。

打开手机，进入支付宝的城市服务入口，将城市切换成杭州，就能看到台风查询入口，进入后即可看到浙江水利厅发布的台风实时路径，台风以动画的方式慢慢向大陆漂移，图上有滚动的台风速度、经纬度、移动速度和近中心最大风力等。

"灿鸿"登陆前 2 天，已有 156 万人通过网站、支付宝客户端等查询台风路径信息，流量相比一周前暴涨了 30 余倍。浙江省水利厅早在 2012 年将台风路径实时发布系统迁入阿里云，通过云计算的弹性应对峰谷访问量的巨大差异。

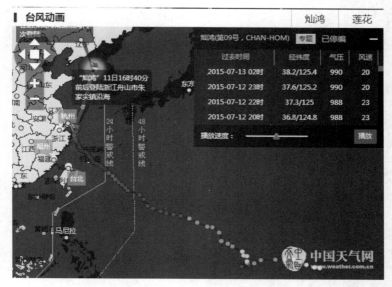

7. 中国电信建宁夏"八朵云"：打造"一带一路"新亮点

2015 年 12 月，宁夏政务云平台正式通过验收，该项目由中国电信宁夏公司与阿里云公司共同建设。

宁夏政务云平台上线运营，将承载政务云、社保云、民政云、卫生云、旅游云、教育云、商务云和家居云"八朵云"，以及全区各级部门业务应用系统的部署运行和安全保障，将有效提高城市管理效率，服务民生，提升自治区信息化服务水平，让网上丝绸之路成为中国向西开放的窗口、中阿商务的平台、信息汇集的中心，使丝路沿线国家互联互通、互惠互利、共同发展。

二 政务云服务目标

8. 曙光"城市云"助推成都进入"城市云"时代

作为国内第一个同时为政务应用和科学计算服务的云计算中心，成都云计算中心已真正做到了消除信息孤岛、打破数据融合壁垒，通过整合城市各类数据达到协助提升政府在产业经济、城市管理、民生服务三大领域的管理与服务能力的目的。截至目前，成都云计算中心已成功完成成都市超过 80% 的政府数据融合，助推成都率先进入"城市云时代"。

2009 年，成都市政府与中科曙光签署合作协议后，当年就实现了国内第一个规模化、实用化的云计算中心，并在成都高新区开机启用，这是国内第一个商业化运营的云计算中心，同时也是国内第一个同时为政务应用和科学计算服务的中心。

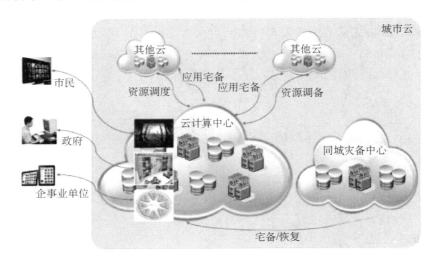

9. 浙江交通厅用阿里云大数据预测一小时后堵车

浙江省交通厅通过将高速历史数据、实时数据与路网状况结合，基于阿里云大数据计算能力，预测出未来一小时内的路况。结果显示，预测准确率稳定在 91% 以上。通过对未来路况的预测，交通部门可以更好地进行交通引导，用户也可以做出更优的路线选择。这被网友们称赞为一款"堵车预测神器"。

阿里云大数据计算服务（ODPS）为项目提供了分析支持，并有多位资深数据科学家参与了联合研发。对于浙江省内近 1 300 公里的高速路段，ODPS 的强大计算能力可以在 20 分钟完成历史数据分析，10 秒钟完成实时数据分析。

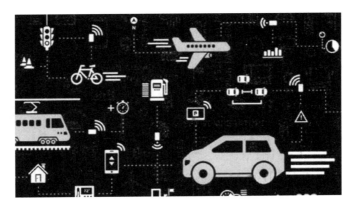

资料来源：云计算频道

互联网的快速发展提供给人们海量的信息资源，移动终端设备的不断丰富使得人们获取、加工、应用和向网络提供信息更加方便和快捷。信息技术的进步将人类社会紧密地联系在一起，世界各国政府、企业、科研机构、各类组织和个人对信息的"依赖"程度前所未有。

降低成本、提高效益是企事业单位生产经营和管理的永恒主题，因对"信息"资源的依赖，使得企事业单位不得不在"信息资源的发电站"（数据中心）的建设和管理上大量投入，导致信息化建设成本高，中小企业更是不堪重负。传统的信息资源提供模式（自给自足）遇到了挑战，新的计算模式已悄然进入人们的生活、学习和工作，它就是被誉为第三次信息技术革命的"云计算"。

本章主要介绍云计算的概念、分类、体系结构和特征。

5.1 云计算概述

云计算（Cloud Computing）是一个新名词，但不是一个新概念，从互联网诞生以来就一直存在，业界目前对云计算并没有一个统一的定义，也不希望对云计算过早地下定义，避免约束了云计算的进一步发展和创新。

5.1.1 云计算的由来

2006 年，Google（谷歌）高级工程师克里斯托夫·比希利亚首次向 Google 董事长兼 CEO 施密特提出"云计算"的想法。在施密特的支持下，Google 推出了"Google 101 计划"，并正式提出"云"的概念，其核心思想是将大量用网络连接的计算资源统一管理和调度，构成一个计算资源池向用户按需提供服务。

在计算机发明后的相当长的一段时间内，计算机网络都还处于探索阶段。但是到了 20 世纪 90 年代以后，互联网出现了爆炸式发展，随即进入了互联网泡沫时代。在 21 世纪初期，正当互联网泡沫破碎之际，Web 2.0 的兴起，让网络迎来了一个新的发展高峰期。

在这个 Web 2.0 的时代，Flickr、MySpace、YouTube 等网站的访问量，已经远远超过传统门户网站。如何有效地为巨大的用户群体服务，让他们参与时能够享受方便、快捷的服务，成为这些网站不得不面对的一个新问题。

与此同时，一些有影响力的大公司为了提高自身产品的服务能力和计算能力而开发大量新技术，例如，Google 凭借其文件系统搭建了 Google 服务器群，为 Google 提供快捷的搜索速度与强大的处理能力。于是，如何有效利用已有技术并结合新技术，为更多的企业或个人提供强大的计算能力与多种多样的服务，就成为许多拥有巨大服务器资源的企业需要考虑的问题。

正是因为网络用户的急剧增多及对计算能力的需求逐渐变得旺盛，而 IT 设备公司、软件公司和计算服务提供商能够满足这样的需求，云计算便应运而生。云计算发展由来如图 5-1 所示。

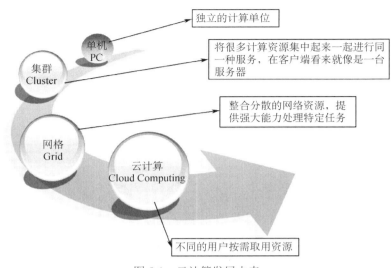

图 5-1　云计算发展由来

5.1.2　云计算的定义及特点

云计算的概念是在 2007 年提出来的。随后，云计算技术和产品通过 Google、Amazon、IBM 及微软等 IT 巨头们得到了快速的推动和大规模的普及，到目前为止，已得到社会的广泛认可。

云计算是一种商业计算模型，它将计算任务分布在大量计算机构成的资源池上，这种资源池称为"云"。云计算使用户能够按需获取存储空间及计算和信息服务。云计算的核心理念是资源池，这与早在 2002 年就提出的网格计算池（Grid Computing Pool）的概念非常相似。网格计算池将计算和存储资源虚拟成一个可以任意组合分配的集合，池的规模可以动态扩展，分配给用户的处理能力可以动态回收重用。这种模式能够大大提高资源的利用率，提升平台的服务质量。

"云"是一些可以进行自我维护和管理的虚拟计算资源，这些资源通常是一些大型服务器集群，包括计算服务器、存储服务器和宽带资源。云计算将计算资源集中起来，并通过专门软件，在无须人为参与的情况下，实现自动管理。作为使用云计算的用户，可以动态申请部分资源，以支持各种应用程序的运转，无须为烦琐的细节而烦恼，能够更加专注于自己的业务，有利于提高效率、降低成本和技术创新。云计算中的"云"，表示它在某些方面具有现实中云的特征。例如，云一般都较大；云的规模可以动态伸缩，它的边界是模糊的；云在空中飘忽不定，无法也无须确定它的具体位置，但它确实存在于某处。

云计算是一种通过互联网访问定制的 IT 资源共享池，并按照使用量付费的模式，这些资源包括网络、服务器、存储、应用、服务等。借助云计算，企业无须采用磁盘驱动器和服务器等成本高昂的硬件，就能够随时随地开展工作。当前，有相当多的企业都在公有云、私有云或混合云环境中采用云计算技术。

不同的人群，看待云计算会有不同的视角和理解。可以把人群分为云计算服务的使用者、云计算系统规划设计的开发者和云计算服务的提供者三类。从云计算服务的使用者角度来看，云计算的概念如图 5-2 所示。

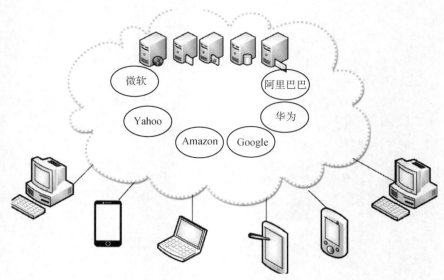

图 5-2　云计算的概念

　　云计算可以为使用者提供云计算、云存储及各类应用服务，其中最典型的应用就是基于Internet 的各类业务。云计算的成功案例有：Google 搜索、在线文档 Google Docs、微软的 MSN、必应搜索、Amazon 的弹性计算云（EC2）和简单存储服务（S3）等。

　　简单来说，云计算是以应用为目的，通过互联网将大量必需的软、硬件按照一定的形式连接起来，并且随着需求的不断变化而灵活调整的一种低消耗、高效率的虚拟资源服务的集合形式。

1. 云计算的定义

　　到目前为止，云计算的定义还没有得到统一。这可能是由于云计算不同类别（公有云、私有云、混合云）的特征不同，难以得到标准的定义；同时，看待云计算的角度不同，对其定义也会不同。所以，本教材引用美国国家标准与技术研究院（NIST）的一种定义："云计算是一种按使用量付费的模式，这种模式提供可用的、便捷的、按需的网络访问，进入可配置的计算资源共享池（资源包括网络、服务器、存储、应用、服务），这些资源能够被快速提供，只需投入很少的管理工作，或与服务供应商进行很少的交互。"

　　通俗地讲，云计算要解决信息资源（包括计算机、存储、网络通信、软件等）的提供和使用模式的问题，即由用户投资购买设备和管理促进业务增长的"自给自足"模式，或向用户只需付少量租金就能更好地服务于自身建设的以"租用"为主的模式。

　　1）云计算概念的形成

　　云计算概念的形成经历了互联网、万维网和云计算三个阶段，如图 5-3 所示。

　　（1）互联网阶段：个人计算机时代的初期，计算机不断增加，用户期望计算机之间能够相互通信，实现互联互通。由此，实现计算机互联互通的互联网的概念出现，技术人员按照互联网的概念设计出目前的计算机网络系统，允许不同硬件平台、不同软件平台的计算机上运行的程序能够相互之间交换数据。这个时期，PC 是一台"麻雀虽小，五脏俱全"的小计算机，每个用户的主要任务在 PC 上运行，仅在需要访问共享磁盘文件时才通过网络访问文件服务器，体现了网络中各计算机之间的协同工作。思科等企业专注于提供互联网核心技术和设备，成为 IT 行业的巨头。

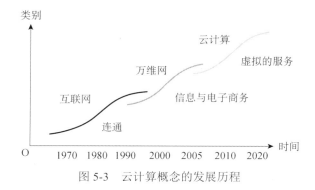

图 5-3 云计算概念的发展历程

（2）万维网阶段：计算机实现互联互通以后，计算机网络上存储的信息和文档越来越多。用户在使用计算机的时候，发现信息和文档的交换较为困难，无法用便利和统一的方式来发布、交换和获取其他计算机上的数据、信息和文档。因此，实现计算机信息无缝交换的万维网概念出现。目前全世界的计算机用户都可以依赖万维网的技术非常方便地进行网页浏览、文件交换等，同时，Netscape（网景）、Yahoo!（雅虎）、Google 等企业依赖万维网的技术创造了巨量的财富。

（3）云计算阶段：万维网形成后，万维网上的信息越来越多，形成了一个信息爆炸的信息时代。根据监测统计，2017 年全球的数据总量为 21.6ZB（1ZB=10^{21} 字节），目前全球的数据以每年 40% 左右的速度增长，到 2020 年，全球的数据总量达到 44 ZB，我国数据量达到 8 060 EB（1EB=10^{18} 字节），占全球数据总量的 18%。截至 2017 年年底，中国网页数据量达到 2 604 亿字节。如此规模的数据，使得用户在获取有用信息的时候存在极大的障碍，如同大海捞针。同时，互联网上所连接大量的计算机设备可以提供超大规模的 IT 能力（包括计算、存储、带宽、数据处理、软件服务等），用户也难以便利地获得这些 IT 能力，导致IT 资源的浪费。

另一方面，众多的非 IT 企业为信息化建设投入大量资金购置设备、组建专业队伍进行管理，成本通常居高不下，是许许多多中小企业难以承受的。

于是，一种需求产生了，它就是通过网络向用户提供廉价的、满足业务发展的 IT 服务的需求，从而形成了云计算的概念。云计算的目标就是在互联网和万维网的基础上，按照用户的需要和业务规模的要求，直接为用户提供所需要的服务。用户无须自己建设、部署和管理这些设施、系统和服务。用户只需要参照租用模式，按照使用量来支付使用这些云服务的费用。

在云计算模式下，用户的计算机变得十分简单，除通过浏览器给"云"发送指令和接收数据外基本上什么都不用做，便可以使用云服务提供商的计算资源、存储空间和各种应用软件。这就像连接"显示器"和"主机"的线缆无限长，从而可以把显示器放在使用者的面前，而主机放在计算机使用者本人也不知道的地方。云计算把连接"显示器"和"主机"的线缆变成了网络，把"主机"变成云服务提供商的服务器集群。

在云计算环境下，用户的使用观念也会发生彻底的变化：从"购买产品"向"购买服务"转变，因为他们直接面对的将不再是复杂的硬件和软件，而是最终的服务。用户不需要拥有看得见、摸得着的硬件设施，也不需要为机房支付设备供电、空调制冷、专人维护等费用，并且不需要等待漫长的供货周期、项目实施等冗长的时间，只需要把钱汇给云计算服务提供商，将会马上得到需要的服务。

2）不同角度看云计算

云计算的概念可以从用户、技术提供商和技术开发人员三个不同角度来解读。

（1）用户看云计算：从用户的角度考虑，主要根据用户的体验和效果来描述，云计算可以总结为：云计算系统是一个信息基础设施，包含硬件设备、软件平台、系统管理的数据及相应的信息服务。用户使用该系统的时候，可以实现"按需索取、按量计费、无限扩展和网络访问"的效果。

简单地说，用户可以根据自己的需求，通过网络去获得自己需要的计算机资源和软件服务。这些计算机资源和软件服务直接供用户使用而无须用户做进一步的定制化开发、管理和维护等工作。同时，这些计算机资源和软件服务的规模可以根据用户业务变化和需求的变化，随时进行调整到足够大的规模，用户只需要按照使用量来支付费用。

（2）技术提供商看云计算：通过调度和优化技术，管理和协同大量的计算资源；针对用户的需求，通过互联网发布和提供用户所需的计算机资源和软件服务；基于租用模式的按量计费方法进行收费。

技术提供商强调云计算系统需要组织和协同大量的计算资源来提供强大的 IT 能力和丰富的软件服务，利用调度和优化技术来提高资源的利用效率。云计算系统提供的 IT 能力和软件服务针对用户的直接需求，并且这些 IT 能力和软件服务都在互联网上进行发布，允许用户直接利用互联网来使用这些 IT 能力和服务。用户对资源的使用，按照其使用量来进行计费，实现云计算系统运营的盈利。

（3）技术开发人员看云计算：技术开发人员作为云计算系统的设计和开发人员，认为云计算是一个大型的集中的信息系统，该系统通过虚拟化技术和面向服务的系统设计等手段来完成资源和能力的封装以及交互，并通过互联网来发布这些封装好的资源和能力。

从云计算技术来看，它也是虚拟化、网格计算、分布式计算、并行计算、效用计算、自主计算、负载均衡等传统计算机和网络技术发展融合的产物，如图 5-4 所示。这些相关概念和详细介绍参见 5.2 节。

图 5-4　云计算技术

2. 云计算的特点

云计算的基本原理是令计算分布在大量的分布式计算机上，而非本地计算机或远程服务器中，从而使得企业数据中心的运行与互联网相似。云计算具备相当大的规模。例如，Google云计算已经拥有 100 多万台服务器，Amazon、IBM、微软、Yahoo 等的"云"均拥有几十万台服务器，企业私有云一般拥有数百至上千台服务器。这些资源使"云"能赋予用户前所未有的计算能力。

云计算主要有五个特点：基于互联网、按需服务、资源池化、安全可靠和资源可控。

（1）基于互联网。云计算通过把一台台服务器连接起来，使服务器之间可以相互进行数据传输，数据就像网络上的"云"一样，在不同的服务器之间"飘"，同时通过网络向用户提供服务。

（2）按需服务。"云"的规模是可以动态伸缩的。在使用云计算服务时，用户所获得的计算机资源是随用户个性化需求增加或减少的，然后根据使用的资源量进行付费。

（3）资源池化。资源池是对各种资源进行统一配置的一种配置机制。

- 从用户的角度来看，无须关心设备型号、内部的复杂结构、实现的方法和地理位置，只需关心自己需要什么服务即可。
- 从资源管理者的角度来看，最大的好处是资源池可以几乎无限地增减，管理、调度资源十分便捷。

（4）安全可靠。云计算必须要保证服务的可持续性、安全性、高效性和灵活性。对于供应商来说，必须采用各种冗余机制、备份机制、足够安全的管理机制和保证存取海量数据的灵活机制等，从而保证用户的数据和服务安全可靠；对于用户来说，其只需要支付一笔费用，即可得到供应商提供的专业级安全防护，节省大量时间与精力。

（5）资源可控。云计算提出的初衷，是为了让人们可以像使用水电一样便捷地使用云计算服务，方便地获取计算服务资源，并大幅提高计算资源的使用率，有效节约成本，将资源在一定程度上纳入控制范畴。

3. 云计算的优缺点

云计算的优点表现在以下几个方面：降低用户计算机的成本；改善性能；降低 IT 基础设施投资；减少维护问题；减少软件开支；即时的软件更新；计算能力的增长；无限的存储能力；改善操作系统和文档格式的兼容性；简化团队协作；没有地点限制的数据获取。

云计算的缺点表现在以下几个方面：要求持续的网络连接；低带宽网络连接环境下不能很好地工作；反应慢；功能有限制；无法确保数据的安全性；不能保证数据不会丢失。

5.1.3　云计算在生活中的应用

云计算在生活中主要有以下四大应用领域。

1. 云交通

随着科技的发展、智能化的推进，交通信息化也在国家布局之中。通过初步搭建起来的云资源，统一指挥，高效调度平台里的资源，处理交通堵塞，应对突发的事件处理等其他事件效力都有显著提升。

云交通是指在云计算之中整合现有资源，并能够针对未来的交通行业发展整合将来所需的各种硬件、软件、数据，如图 5-5 所示。动态满足 ITS 中各应用系统，针对交通行业的需求——基础建设、交通信息发布、交通企业增值服务、交通指挥提供决策支持及交通仿真模拟等，交通云要能够全面提供开发系统资源平需求，能够快速满足突发系统需求。

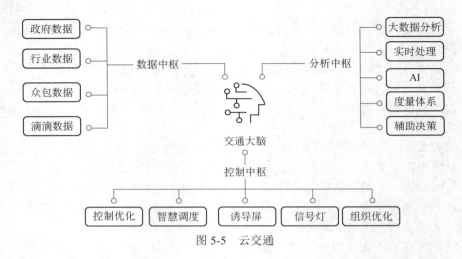

图 5-5　云交通

云交通的贡献主要为：借鉴全球先进的交通管理经验，打造立体交通，彻底解决城市发展中的交通问题。具体而言，将包括地下新型窄幅多轨地铁系统、电动步道系统、地面新型窄幅轨道交通，半空天桥人行交通、悬挂轨道交通、空中短程太阳能飞行器交通等。云交通中心，将全面负责各种交通工具的管制，并利用云计算中心，向个体的云终端提供全面的交通指引和指示标识等服务。

2. 云通信

在现在各大企业的云平台上，从我们身边接触的最多的例子来说，用得最多的其实就是各种备份。配置信息备份、聊天记录备份、照片等的云存储加分享，方便大家重置或者更换手机的时候，一键同步，一键还原，省去不少麻烦。但是事实上对于处于信息技术快速变革时代的我们来说，我们接触到云通信远不止这些。

云通信是云计算概念的一个分支，指用户利用 SaaS 形式的瘦客户端（Thin Client）或智能客户端（Smart Client），通过现有局域网或互联网线路进行通信交流，而无须经由传统 PSTN 线路的一种新型通信方式，如图 5-6 所示。在现今 ADSL 宽带、光纤、4G、5G 等高速数据网络日新月异的年代，云通信给传统电信运营商带来了新的发展契机。

3. 云医疗

如今云计算在医疗领域的贡献让广大医院和医生均赞不绝口。从挂号到病例管理，从传统的询问病情到借助云系统会诊，这一切的创新技术，改变了传统医疗上的很多漏洞，同时也方便了患者和医生。

在云计算等 IT 技术不断完善的今天，也即云教育、云搜索等言必语云的"云端时代"，一般的 IT 环境可能已经不适合许多医疗应用，医疗行业必须更进一步，建立专门满足医疗行业安全性和可用性要求的医疗环境，因此"云医疗"（Cloud Medical Treatment，简称 CMT）应运而生。它是 IT 信息技术不断发展的必然产物，也是今后医疗技术发展的必然方向。

云医疗主要包括医疗健康信息平台、云医疗远程诊断及会诊系统、云医疗远程监护系统及云医疗教育系统等，如图 5-7 所示。

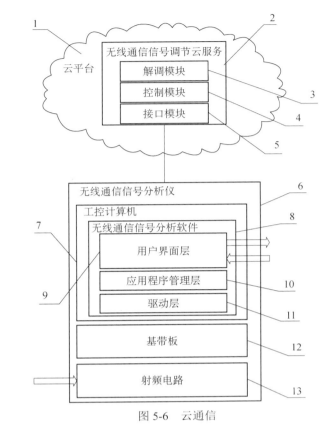

图 5-6 云通信

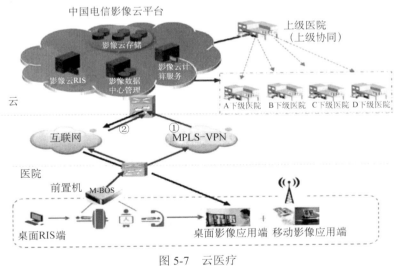

图 5-7 云医疗

4. 云教育

针对我国现在的教育情况来看，由于中国疆域辽阔，教育资源分配不均，很多中小城市的教育资源长期处于一种较为尴尬的地带。面对这种状况，我国也在利用云计算进行教育模式改革，促进教育资源均衡化发展。

云计算在教育领域中的迁移称为"云教育"，是未来教育信息化的基础架构，包括了教育信息化所必需的一切硬件计算资源，这些资源经虚拟化之后，向教育机构、教育从业人员和学员提供一个良好的平台，该平台的作用就是为教育领域提供云服务。云教育主要包括成绩系统、综合素质评价系统、选修课系统、数字图书馆系统等，如图 5-8 所示。

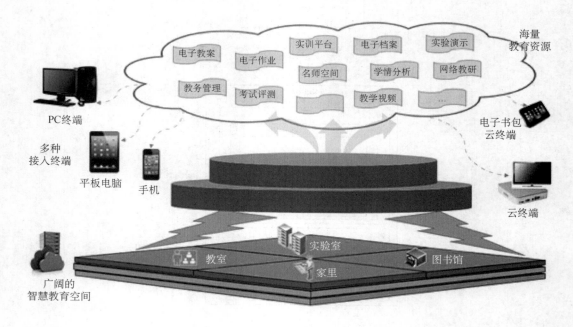

图 5-8 云教育

5.2 相关概念

云计算旨在通过网络把多个成本相对较低的计算实体整合成一个具有强大计算能力的完美系统，并借助先进的商业模式把强大的计算能力发布到终端用户手中，它的一个核心理念就是通过不断提高"云"的处理能力，进而减少用户终端的处理负担，最终使用户终端简化成一个单纯的输入/输出设备，并能按需享受"云"的强大计算处理能力。

1. 云

描述商业模式的改变，客户（个人和企业）从购买产品向购买服务的转变，即：客户看不到也不需要购买实体的服务器、存储、软件等，也不需要关心服务来自哪里，而是通过网络直接使用自己需要的服务和应用，可以形象地称之为"云"。

"云"是一些可以自我维护和管理的虚拟计算资源，通常为一些大型服务器集群，包括计算服务器、存储服务器、宽带资源等。云计算将所有的计算资源集中起来，并由软件实现自动管理，无须人为参与。这使得应用提供者无须为烦琐的细节而烦恼，能够更加专注于自己的业务，有利于创新和降低成本。

2. 网格计算

网格计算（Grid Computing）是分布式计算中两类比较广泛使用的子类型。一类是，在分布式的计算资源支持下作为服务被提供的在线计算或存储；另一类是，一个松散连接的计算机网络构成的虚拟超级计算机，可以用来执行大规模任务。网格计算的目的是通过任何一台计算机都可以提供无限的计算能力，接入浩如烟海的信息世界。

网格计算强调将工作量转移到远程的可用计算资源上，侧重并行地计算集中性需求，并且难以自动扩展。

3. 云计算与网格计算的不同

网格计算强调资源共享，任何人都可以作为请求者使用其他节点的资源，任何人都需要贡献一定资源给其他节点。网格计算强调将工作量转移到远程的可用计算资源上。云计算强调专有，任何人都可以获取自己的专有资源，并且这些资源是由少数团体提供的，使用者不需要贡献自己的资源。在云计算中，计算资源被转换形式去适应工作负载，它支持网格类型应用，也支持非网格环境，比如运行传统或 Web 2.0 应用的三层网络架构。

网格计算侧重并行的计算集中性需求，并且难以自动扩展。云计算侧重事务性应用，大量的单独的请求，可以实现自动或半自动的扩展。

4. 分布式计算

分布式计算是指在一个松散或严格约束条件下使用一个硬件和软件系统处理任务，这个系统包含多个处理器单元或存储单元、多个并发的过程、多个程序。一个程序被分成多个部分，同时在通过网络连接起来的计算机上运行。分布式计算类似于并行计算，但并行计算通常用于指一个程序的多个部分同时运行于某台计算机上的多个处理器。分布式计算通常必须处理异构环境、多样化的网络连接、不可预知的网络或计算机错误。

5. 并行计算

并行计算是指同时使用多种计算资源解决计算问题的过程，是为了更快速地解决问题、更充分地利用计算资源而出现的一种计算方法。并行计算通过将一个科学计算问题分解为多个小的计算任务，并将这些小的计算任务在并行计算机中执行，利用并行处理的方式达到快速解决复杂计算问题的目的，实际上是一种高性能计算。并行计算的缺点是由被解决的问题划分而来的模块之间是相互关联的，若其中一个模块出错，则必定影响其他模块，再重新计算会降低运算效率。

6. 效用计算

效用计算是一种分发应用所需资源的计费模式。云计算是一种计算模式，代表了在某种程度上共享资源进行设计、开发、部署、运行应用，以及资源的可扩展收缩和对应用连续性的支持。效用计算通常需要云计算基础设施支持，但并不是一定需要。同样，在云计算之上可以提供效用计算，也可以不提供。

7. 自主计算

自主计算是美国 IBM 公司于 2001 年 10 月提出的一种新概念。IBM 将自主计算定义为

"能够保证电子商务基础结构服务水平的自我管理技术"。其最终目的在于使信息系统能够自动地对自身进行管理，并维持其可靠性。自主计算的核心是自我监控、自我配置、自我优化和自我恢复。

- 自我监控：系统能够知道系统内部每个元素当前的状态、容量及它所连接的设备等信息。
- 自我配置：系统配置能够自动完成，并能根据需要自动调整。
- 自我优化：系统能够自动调度资源，以达到系统运行的目标。
- 自我恢复：系统能够自动从常规和意外的灾难中恢复。

8. 服务器集群

服务器集群是指将一组服务器关联起来，使它们在外界从很多方面看起来如同一台服务器。集群内的服务器之间通常通过局域网连接，用来改善性能和可用性，但一般而言比具有同等性能、功能和可用性的单台主机具有更低的成本。

9. 负载均衡

负载均衡是一种服务器或网络设备的集群技术。负载均衡将特定的网络服务、网络流量等分担给多个服务器或网络设备，从而提高业务处理能力，保证业务的高可用性。常用的应用场景主要包括服务器负载均衡和链路负载均衡。

10. 虚拟化

虚拟化是对计算资源进行抽象的一个广义概念。虚拟化对上层应用或用户隐藏了计算资源的底层属性。它既包括将单个的资源（如一个服务器、一个操作系统、一个应用程序、一个存储设备）划分成多个虚拟资源，也包括将多个资源（如存储设备或服务器）整合成一个虚拟资源。虚拟化技术是指实现虚拟化的具体的技术性手段和方法的集合性概念。虚拟化技术根据对象可以分成存储虚拟化、计算虚拟化、网络虚拟化等。计算虚拟化可以分为操作系统级虚拟化、应用程序级虚拟化和虚拟机管理器虚拟化。虚拟机管理器可以分为宿主虚拟机和客户虚拟机。

11. 云计算与超级计算机

超级计算机拥有强大的处理能力，特别是计算能力。2017 年 11 月 13 日，新一期全球超级计算机 500 强榜单发布，中国超级计算机"神威·太湖之光"和"天河二号"连续第四次分列冠亚军，且中国超级计算机上榜总数又一次反超美国，夺得第一。此次中国"神威·太湖之光"和"天河二号"再次领跑，其浮点运算速度分别为每秒 9.3 亿亿次和每秒 3.39 亿亿次。美国则连续第二次没有超级计算机进入前三名。不过，有业界人士指出，美国能源部正支持建造两台新的超级计算机，其中一台的计算性能是"神威·太湖之光"的大约两倍。

从超级计算机 500 强的排名方式可以看出，传统的超级计算机注重运算速度和任务的吞吐量，以运算速度为核心进行计算机的研究和开发。而云计算则以数据为中心，同时兼顾系统的运算速度。传统的超级计算机耗资巨大，远超过云计算系统。例如，趋势科技花费 1 000

多万美元租用 34 000 多台服务器，构建自身的"安全云"系统。云计算系统相比于超级计算机具有松耦合的性质，可以比较方便地进行动态伸缩和扩展，而超级计算机不易扩展、改造和升级。另外，云计算系统天生具有良好的分布性，超级计算机则不具有。

12. 分布式系统

分布式系统是指在文件系统基础上发展而来的云存储系统，可用于大规模的集群，主要有以下几个特点。

- 高可靠性：云存储系统支持多个节点保存多个数据副本的功能，以保证数据的可靠性。
- 高访问性：根据数据的重要性和访问频率将数据分级进行多副本存储、热点数据并行读写，提高访问效率。
- 在线迁移、复制：存储节点支持在线迁移、复制、扩容，不影响上层应用。
- 自动负载均衡：根据当前系统的负荷，将原有节点上的数据迁移到新增的节点上，采用特有的分片存储，以块为最小单位来存储，存储和查询时可以将所有的存储节点进行并行计算。
- 元数据和数据分离：采用元数据和数据分离的存储方式设计分布式系统。分布式数据库能实现动态负载均衡、故障节点自动接管，具有高可靠性、高可用性、高可扩展性的特点。

13. 资源管理技术

云计算系统为开发商和用户提供了简单通用的接口，使得开发商将注意力更多地集中在软件本身，而无须考虑到底层架构。云计算系统依据用户的资源获取请求，动态分配计算资源。

14. 能耗管理技术

云计算基础设施中包括数以万计的计算机，如何有效地整合资源、降低运行成本、节省运行计算机所需的能源成为一个需要关注的问题。

5.3　云计算的分类

近年来，有关云计算的术语越来越多，如私有云、混合云、行业云、城市云、社区云、电商云、HPC 云、云存储、云安全、云娱乐、数据库云、Cloud Bridge、Cloud Broker 和 Cloud Burst 等，可谓千奇百怪、五花八门，但究竟怎样区分云计算？不同的分类标准有不同的说法，以下从是否公开发布服务、服务类型、主要服务的产业等方面对云计算进行分类。

1. 按是否公开发布服务分类

按是否公开发布服务可将云计算分为公有云、私有云和混合云，它们之间的关系如图 5-9 所示。

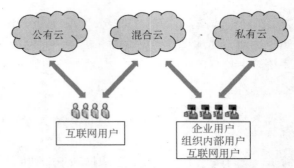

图 5-9　公有云、私有云和混合云的关系

1）公有云

公有云（Public Cloud）是为大众而建的，所有入驻用户都称为租户。公有云不仅同时支持多个租户，而且一个租户离开，其资源可以马上释放给下一个租户，能够在大范围内实现资源优化。很多用户担心公有云的安全问题，敏感行业、大型用户需要慎重考虑，但对于一般的中小型用户，不管是数据泄露的风险，还是停止服务的风险，公有云都远远小于自己架设机房。

2）私有云

私有云（Private Cloud）只服务于企业内部，它被部署在企业防火墙内部，提供的所有应用只对内部员工开放。虽然公有云成本低，但是大企业（如金融、保险行业）为了兼顾行业、客户隐私，不可能将重要数据存放到公共网络上，故倾向于架设私有云。

3）混合云

混合云则具有前两者的共同特点，既面向内部员工，又面向互联网用户。混合云是公有云和私有云的混合，这种混合可以是计算的、存储的，也可以两者兼而有之。在公有云尚不完全成熟，而私有云存在运维难、部署实践周期长、动态扩展难的现阶段，混合云是一种较为理想的平滑过渡方式，短时间内的市场占比将会大幅上升。并且，不混合是相对的，混合是绝对的。在未来，即使自家的私有云不和公有云混合，也需要内部的数据和服务与外部的数据和服务不断进行调用。并且还存在一种可能，即大型用户把业务放在不同的公有云上，相当于把鸡蛋放在不同篮子里，不同篮子里的鸡蛋自然需要统一管理，这也算广义的混合。

需要强调的是，没有绝对的公有云和私有云，站的立场、角度不同，私有也可能成为公有。未来的发展趋势是，二者会协同发展，你中有我，我中有你，混合云是必由之路。

以上三种云服务的特点和适合的行业如表 5-1 所示。

表 5-1　三种云服务的特点和适合的行业

分　类	特　　点	适合的行业
公有云	规模化，运维可靠，弹性强	游戏、视频、教育
私有云	自主可控，数据私密性好	金融、医疗、政务
混合云	弹性、灵活但架构复杂	金融、医疗

2. 按服务类型分类

按服务类型可以将云计算分为三类：基础设施即服务、平台即服务和软件即服务，如

图 5-10 所示。

图 5-10 SaaS、PaaS、IaaS 关系

1）基础设施即服务

基础设施即服务（Infrastructure as a Service，IaaS）是指将硬件设备等基础资源封装成服务供用户使用。在 IaaS 环境中，用户相当于在使用裸机和磁盘，既可以让它运行 Windows，也可以让它运行 Linux。

IaaS 最大优势在于它允许用户动态申请或释放节点，按使用量计费。而 IaaS 是由公众共享的，因而具有更高的资源使用效率，同时这些基础设施烦琐的管理工作将由 IaaS 供应商来处理。IaaS 主要产品包括阿里、百度和腾讯云的 ECS，Amazon EC2（Amazon 弹性计算云）等。其主要用户是系统管理员。

2）平台即服务

平台即服务（Platform as a Service，PaaS）提供用户应用程序的运行环境，典型的如 Google App Engine。PaaS 自身负责资源的动态扩展和容错管理，用户应用程序不必过多考虑节点间的配合问题。但与此同时，用户的自主权降低，必须使用特定的编程环境并遵照特定的编程模型，只适用于解决某些特定的计算问题。

用户可以非常方便地编写应用程序，而且不论是在部署，还是在运行的时候，用户都无须为服务器、操作系统、网络和存储等资源的管理操心，这些烦琐的工作都由 PaaS 供应商负责处理。PaaS 主要产品包括 Google App Engine、heroku 和 Windows Azure Platform 等，其主要用户是开发人员。

3）软件即服务

软件即服务（Software as a Service，SaaS）针对性更强，是一种通过 Internet 提供软件的模式。用户不用再购买应用软件，改向提供商租用基于 Web 的软件来管理企业经营活动，且无须对软件进行维护，服务提供商会全权管理和维护软件。对于许多小型企业来说，SaaS 是采用先进技术的最好途径，它消除了企业购买、构建和维护基础设施与应用程序的需要。其主要用户是应用软件用户。

注意：随着云计算的深化发展，不同云计算解决方案之间相互渗透融合，同一种产品往往横跨两种以上类型。

3. 按主要服务的产业分类

按主要服务的产业可将云计算分为农业云、工业云、商务云、交通云和建筑云等。

1）农业云

农业云以云计算商业模式应用与技术为支撑，统一描述、部署异构分散的大规模农业信息服务，满足千万级农业用户对计算、存储的可靠性、扩展性要求，实现按需部署或定制所需的农业信息服务，资源最优化和效益最大化，多途径、广覆盖、低成本、个性化的农业知识普惠服务，为用户带来一站式的智慧农业全新体验，助力农业生产标准化、规模化、现代化发展进程。

农业云平台是将国际领先的物联网、移动互联网、云计算等信息技术与传统农业生产相结合，搭建农业智能化、标准化生产服务平台，旨在帮助用户构建起一个"从生产到销售，从农田到餐桌"的农业智能化信息服务体系，为用户带来一站式的智慧农业全新体验。农业云平台可广泛应用于国内外大中型农业企业、科研机构、各级现代化农业示范园区与农业科技园区，助力农业生产标准化、规模化、现代化发展进程。

农业云的发展应用对于促进我国农业信息化，加快新农村建设，提升农民生产力有着积极的作用，是实现乡村振兴战略的重要内容。

2）工业云

工业的发展要靠技术创新。特别是数字化制造技术的普及，对传统企业的生产方式造成了巨大的冲击。我国中小企业数字化制造技术的应用上仍存在壁垒，主流的工业软件90%以上依靠引进，且价格昂贵，工业软件的运行也需要部署大量高性能计算设备。另外，企业搭建标准系统环境，需要配备专业技术人员，投入高昂的运维成本。数字化制造技术只有大型或超大型企业才能够用得起，占我国90%以上的广大中小型企业则与其无缘。

"工业云"正是要帮助中小企业解决上述问题，利用云计算技术，为中小企业提供高端工业软件。企业按照实际使用资源付费，极大程度地降低了技术创新的成本，加快了产品上市时间，提高了生产效率。

"工业云"帮助中小企业解决研发创新以及产品生产中遇到的信息化成本高、研发效率低下、产品设计周期较长等多方面问题；缩小中小企业信息化的"数字鸿沟"，为中小企业信息化提供咨询服务、共性技术、支撑保障、技术交流和高效服务，对加速中小企业转型升级，推进"智慧工业"，具有重要的现实意义。

"工业云"为中小企业提供购买或租赁信息化产品服务，整合 CAD、CAE、CAM、CAPP、PDM、PLM 一体化产品设计以及产品生产流程管理，并利用高性能计算技术、虚拟现实以及仿真应用技术，提供多层次的云应用信息化产品服务。

近年来我国工业云已得到迅速发展，出现了北京工业云、山东工业云、西安工业云、贵州工业云等一大批工业云平台。

由于在产业发展水平、产业成熟程度等诸多方面存在差异，我国工业云发展与发达国家相比还存在一些差距，主要表现在以下三个方面。

首先，我国工业企业对工业云的理解和认识水平相对不足。前期信息化基础较好的企业，目前多数也尚未全盘谋划形成适合云端集成的业务流程，部门、企业、行业之间的数据壁垒普遍存在；前期信息化基础相对薄弱的企业，则一直以来对于信息技术的认识和应用水平瓶颈未能突破，对待工业云这一新鲜事物的关注度不高。但从全球来看，企业级云服务普及率不断上升，市场迅速发展壮大。

其次，我国工业云市场对接能力有待提升。我国目前的工业云平台还是以软件企业或者电信运营商为运营主体，商业模式还是延续传统思路，以有偿提供工业软件和计算服务为主，所提供服务也以通用功能为主，具体产品和服务的开发与工业过程联系不密切，不能满足不同行业对工业云的差异化需求。

最后，我国工业云发展环境仍有待优化。工业云发挥数据集成和流动促进的作用需要统一标准体系的支撑，而我国目前行业间普遍存在的数据壁垒亟待破除，有关标准体系建设亟待完善。发达国家更加注重标准制定，为工业云的应用推广奠定重要基础。

3）商务云

商务在广义上指一切与买卖商品服务相关的商业事务，狭义的商务特指商业或贸易。商务活动则是指企业为实现生产经营目的而从事的各类有关资源、知识、信息交易等活动的总称。

商务云是在云计算的基础上，通过云平台、云服务，将云计算的理念及服务模式从技术领域转移到商务应用领域，与传统产业的信息化和电子商务需求相结合，并提供服务的一种综合性"云"模式。商务云能有效提高商务活动的效率，降低信息化成本。

4）交通云

交通云是基于云计算商业模式应用的交通平台服务，打造交通云中心，借鉴全球先进的交通管理经验，打造立体交通，彻底解决城市发展中的交通问题。云交通中心，将全面负责各种交通工具的管制，并利用云计算中心，向个体的云终端提供全面的交通指引和指示标识等服务。

5）建筑云

建筑云是为建筑行业各类用户提供信息服务的云平台及相关服务的集合。

此外，还有政务云、金融云、教育云等，读者可以自己查阅，此处不再赘述。

5.4 云安全

云安全（Cloud Security）是紧随着云计算和云存储之后出现的。最早提出云安全这一概念的是趋势科技。2008 年 5 月，趋势科技在美国正式推出了云安全技术。云安全的概念在早期曾经引起过不小争议，如今已经被普遍接受。值得一提的是，中国网络安全企业在云安全的技术应用上走到了世界前列。云安全是网络时代信息安全的最新体现，它融合了并行处理、网格计算、未知病毒行为判断等新兴技术和概念，通过网状的大量客户端对网络中软件行为的异常进行监测，获取互联网中木马、恶意程序的最新信息，传送到服务器端进行自动分析和处理，再把病毒和木马的解决方案分发到每个客户端。

5.4.1 云安全的概念

云安全是指基于云计算商业模式应用的安全软件、硬件、用户、机构、云平台的总称。云安全是云计算技术的重要分支，已经在反病毒领域获得了广泛应用。在云计算的架构下，云计算开放网络和业务共享场景更加复杂多变，安全性方面的挑战更加严峻，一些新型的安全问题变得比较突出，如多个虚拟机租户间并行业务的安全运行、公有云中海量数据的安全存储等。由于云计算的安全问题涉及广泛，以下仅就几个主要方面进行介绍。

1. 用户身份安全问题

云计算通过网络提供弹性可变的 IT 服务，用户登录到云端使用应用与服务时，系统需要确保用户身份的合法性，才能为其提供服务。如果非法用户取得了用户身份，则会危及合法用户的数据和业务。

2. 共享业务安全问题

云计算的底层架构（IaaS 和 PaaS 层）是通过虚拟化技术实现资源共享调用的。虽然资源共享调用方案具有资源利用率高的优点，但是共享会引入新的安全问题，为确保资源共享的安全性，一方面需要保证用户资源间的隔离，另一方面需要制定面向虚拟机、虚拟交换机、虚拟存储等虚拟对象的安全保护策略，这与传统的硬件上的安全策略完全不同。

3. 用户数据安全问题

数据的安全性是用户最关注的问题，广义的数据不仅包括用户的业务数据，还包括用户的应用程序和用户的整个业务系统。数据安全问题包括数据丢失、泄露、篡改等。传统的 IT 架构中，数据是离用户很"近"的，数据离用户越"近"，则越安全。而云计算架构下，数据常常存储在离用户很"远"的数据中心中，需要对数据采用有效的保护措施，如多份复制、数据存储加密，以确保数据的安全。

5.4.2　云安全存在的问题

云安全存在的问题可以总结为以下七点。

1. 数据丢失/泄露

云计算中对数据的安全控制力度并不是十分理想，API 访问权限控制及密钥生成、存储和管理方面的不足都可能造成数据泄露，并且还可能缺乏保护数据安全所必要的数据销毁政策。

2. 共享技术漏洞

在云计算中，简单的错误配置都可能造成严重影响，因为云计算环境中的很多虚拟服务器共享相同的配置。因此必须为网络和服务器的配置执行服务水平协议（SLA），以确保及时安装修复程序并实施最佳方案。

3. 内奸

云服务供应商对工作人员的背景调查力度可能超出了企业对数据访问权限的控制力度，尽管如此，企业依然需要对供应商进行评估并提出筛选员工的方案。

4. 账户、服务和通信劫持

很多数据、应用程序和资源都集中在云计算中，如果云计算的身份验证机制很薄弱，入侵者就可以轻松获取用户账号并登录用户的虚拟机,因此建议主动监控这种威胁,并采用双因素身份验证机制。

5. 不安全的应用程序接口

在开发应用程序方面,企业必须将云计算视为新的平台,而不是外包平台。在应用程序的生命周期中,必须部署严格的审核程序,制定规范的研发准则,妥善处理身份验证、访问权限控制和加密。

6. 没有正确运用云计算

在运用技术方面,黑客可能比技术人员进步更快,他们通常能够迅速部署新的攻击技术在云计算中自由穿行。

7. 未知的风险

透明度问题一直困扰着希望使用云计算服务的企业。因为用户仅能使用前端界面,不知道云服务供应商使用的是哪种平台或修复技术,所以无法评估供应商的安全性,无法确定某一特定供应商的信誉和可靠性。

此外,用户对云安全还有网络方面的担忧。有一些反病毒软件在断网之后,性能大大下降。在实际应用中,网络一旦出现问题,病毒破坏、网络环境等因素就会使云技术成为累赘。

5.5　云计算发展趋势

云计算被视为科技发展的下一次革命,它将带来工作方式和商业模式的根本性改变,已经成为推动企业创新的引擎。根据云计算的特性及现状,发现其有以下几个发展趋势。

1. 云计算无处不在

过去几年,我们已经见到了云计算快速发展之趋势,随着时代的发展,云计算将更快速地进入每个行业。云将会触及每个人生活的方方面面,并且刺激出许多的创新。

2. 大数据将与云结合

近年大数据行业也迎来了井喷式的发展,面对大数据快速增加的存储需求,怎样才能解决这个难题呢?云无疑是最好的解决平台。首先,云计算能够提供灵活的扩展空间,同时,云计算还能够提供强大的计算能力,帮助企业发掘数据价值。

3. 云分析将发挥优势

利用云计算,可以帮助企业分析数据的意义,发掘其商业的价值。云分析几乎影响着每位消费者和每个商业领域。

4. 云将实现自动分析

企业业务部门借助云服务的资源，在云中创建自己的数据库，并可以根据其需求和预算选择数据库的规模和速度。

5. 云计算让世界变得智能化

近年来，人们看到很多东西变得"智能化"：智能手表、智能衣服、智能电器、智能汽车等，并且绝大多数的智能设备的软件都是在云端运行。今后更多依赖云计算的智能设备会走进人们的生活，给人们的生活带来更大的便利和乐趣。

6. 云分析将改善人们生活

云分析能够利用城市环境信息来改善城市居民的生活条件，提高人们的生活水平。

7. 云将实现工业物联网

工业机械将利用互联网把数据传输到云中，以获得有关使用的情况，提高设备的使用效率，在未来云计算市场上，越来越多的产品将会受到云的影响。云计算正在与我们的日常生活息息相关，而且云计算已经开始向医疗、政府、安防等行业市场拓展。有理由相信，随着云计算的深入发展，未来云计算市场将更加精彩。

第6章　5G时代

【案例导读】

与 2G 萌生数据、3G 催生数据、4G 发展数据不同，5G 是跨时代的技术。5G 除了更极致的体验和更大的容量，它还将开启物联网时代，并渗透至各个行业。它将和大数据、云计算、人工智能等一道迎来信息通信时代的黄金十年。

案例一　云 VR/AR

威尔文教"VR 超感教室"：在 2019 年北京教育装备展上，北京威尔文教科技有限责任公司展示了"VR 超感教室"。威尔文教将基于"5G+云计算+VR"，打造便捷高效的端到端云计算平台，构建 VR 智能教学生态系统。

华为视频 VR 版：华为在上海发布了全球首款基于云的 VR 连接服务，同时在 2019 年下半年发布一款颠覆性的 VR 终端。通过智终端、宽管道、云应用的 5G 典型业务模式，Cloud VR 将成为 5G 元年最重要的 eMBB 业务之一。

江西 5G+VR 春节联欢晚会：2019 年江西省春节联欢晚会首次采用 5G+8K+VR 进行录制播出，现场观众可以通过手机、PC 及 VR 头显等多种方式体验观看，尤其使用 VR 头显的用户可以体验沉浸式观看。

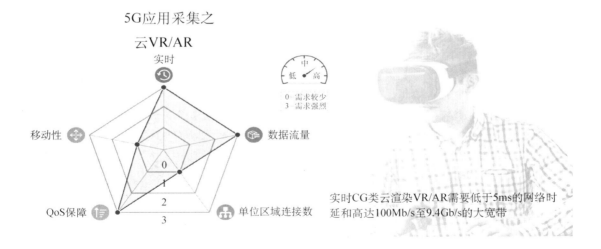

实时CG类云渲染VR/AR需要低于5ms的网络时延和高达100Mb/s至9.4Gb/s的大宽带

　　虚拟现实（VR）与增强现实（AR）是能够彻底颠覆传统人机交互内容的变革性技术。这种变革不仅体现在消费领域，更体现在许多商业和企业市场中。VR/AR 需要大量的数据传输、存储和计算功能，这些数据和计算密集型任务如果转移到云端，就能利用云端服务器的数据存储和高速计算。

　　（1）云 VR/AR 将大大降低设备成本，提供人人都能负担得起的价格。

　　（2）云市场以 18%的速度快速增长。在未来的 10 年中，家庭和办公室对桌面主机和笔记本电脑的需求将越来越小，转而使用连接到云端的各种人机界面，并引入语音和触摸等多种交互方式。5G 将显著改善这些云服务的访问速度。

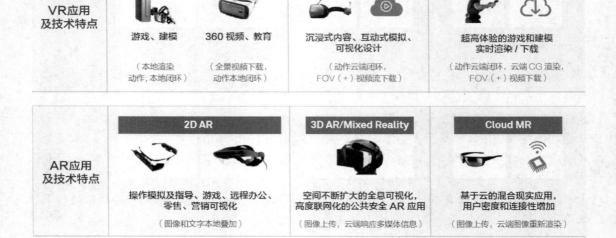

案例二　车联网

　　还记得你的车载导航常常找不到新开的餐厅？还记得你和你的朋友们一直通电话也说不清楚到底在哪里碰面？百度地图携手奔驰智能互联，可以跨终端的支持用户将百度地图上最新的兴趣点信息发送至车载导航系统。

　　这个解决方案，恰恰是近期越来越多人在谈论的"车联网"的一部分。传统的导航软件一直存在信息更新不及时的问题。奔驰智能互联与百度地图紧密合作，使得用户可以将百度地图中的兴趣点信息无缝发送至车载导航系统，或者通过车载应用程序进行兴趣点搜索，并直接进入导航。这意味着，用户不再局限于车里有限的、固态的数据库，车辆背后有百度地图强大的数据库做支撑。

　　中国饮食文化博大精深，奔驰智能互联还与百度地图合作，特别开辟了一个强大的餐饮搜索频道，让人们尽享饕餮之旅。

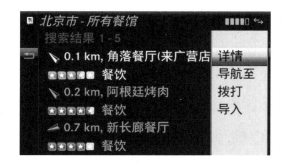

2017年2月，在世界移动通信大会召开之前，华为和德国航天中心（DLR）在慕尼黑共同测试了5G自动驾驶，结果显示，5G V2X超低时延、超高可靠连接可以避免车辆之间发生碰撞。

2017年6月，中国移动、上海汽车和华为共同首次展示了5G远控驾驶。上汽集团的智能概念车iGS搭载了华为5G解决方案，在5G超低时延（小于10 ms）的支持下，转向、加速和制动等实时控制信号得到了保障。

案例三　智能制造

华为与石化盈科共同打造的ProMACE就是中国石化"智能工厂2.0"建设的核心内容。ProMACE平台的核心理念是以工厂为核心，实现信息系统与工业设备的融合和集成共享，最终实现实时智能，同时开放生态。

目前看来，中国是全世界唯一拥有联合国产业分类中全部工业门类的国家，拥有39个工业大类、191个中类、525个小类，其他国家并没有这么复杂的工业体系，这也就决定了中国必须要在自身的基础和特点上建立自己的智能制造战略。

在智能制造转型升级路上，华为就是这样认真踏实地从头走来。30年来，华为将ICT技术实战化，松山湖工厂先行，从智能车间、智能工厂开始，通过智能制造实现高效、柔性的大规模客户定制。

智能制造的基本商业理念是通过更灵活高效的生产系统，更快地将高质量的产品推向市场，其主要优点包括：

（1）通过协作机器人和AR智能眼镜提高工作效率，帮助装配流程中的工作人员，协作机器人需要不断交换分析数据以同步和协作自动化流程，智能眼镜使员工能够更快、更准确地完成工作。

（2）通过基于状态的监控、机器学习、基于物理的数字仿真和数字孪生手段，准确预测未来的性能变化，从而优化维护计划并自动订购零件，减少停机时间和维护成本。

（3）通过优化供应商内部和外部数据的可访问性和透明度，降低物流和库存成本。基于云的网络管理解决方案确保了智能制造在安全的环境中共享数据。

案例四　联网无人机

广州天河公安选用ZT-3V复合翼无人机对广州塔附近进行了城市日常安防巡检任务，ZT-

3V 无人机于海心沙中心地段平稳起飞，飞至广州塔顶上空盘旋，对广州塔及周边地段进行空中巡检。

广州塔位于城市的中轴线上，是广州的地标性建筑，塔周边高大建筑物众多，信号干扰严重，飞行条件十分苛刻。而大部分的城市安防巡检，无人机都要在如此复杂的环境下执行飞行任务，这对无人机的性能要求极高。

无人机应用于城市安防巡检中，其安全性和可靠性尤为重要。ZT-3V 支持在航线上预设一些紧急降落点，用于无人机在发生意外情况时应急降落。ZT-3V 也支持安全伞迫降，为无人机在城市巡检中更添一份保障，即使无人机发生断电故障时，安全伞也可以自动弹出，确保人员及财产的安全。

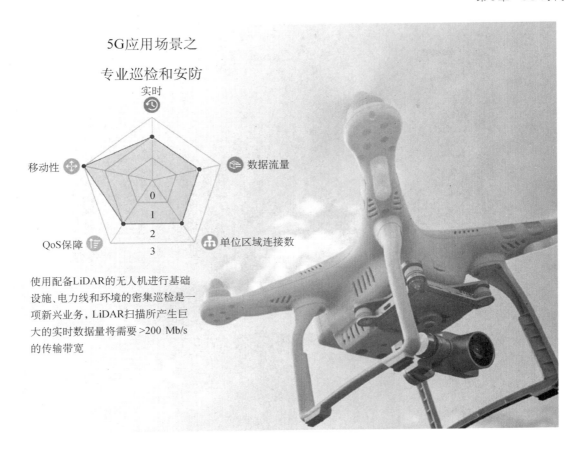

5G应用场景之
专业巡检和安防

使用配备LiDAR的无人机进行基础设施、电力线和环境的密集巡检是一项新兴业务，LiDAR扫描所产生巨大的实时数据量将需要 >200 Mb/s 的传输带宽

6.1 5G 的定义

5G 是第五代的蜂窝移动通信（5th generation mobile networks 或 5th generation wireless systems）。5G 性能的目标是高数据速率，减少延迟，节省能源，降低成本，提高系统容量和大规模设备连接。5G 无处不在，如图 6-1 所示。

国际标准化组织 3GPP 定义了 5G 的三大场景：eMBB，指 3D/超高清视频等大流量移动宽带业务；mMTC，指大规模物联网业务；URLLC，指如无人驾驶、工业自动化等需要低时延、高可靠连接的业务。

通过 3GPP 的三大场景定义可以看出，5G 不仅具备高速度，而且满足低时延这样更高的要求，尽管高速度依然是它的一个组成部分。从 1G 到 4G，移动通信的核心是人与人之间的通信，个人的通信是移动通信的核心业务。但是 5G 的通信不仅仅是人的通信，而且还是物联网、工业自动化、无人驾驶等业务被引入，通信从人与人之间通信，开始转向人与物的通信，直至机器与机器之间的通信。

图 6-1　5G 无处不在

6.2　5G 的基本特点

1. 高速度

网络速度提升，用户体验与感受才会有较大提高，网络才能在面对 VR/超高清业务时不受限制，对网络速度要求很高的业务才能被广泛推广和使用，意味着用户可以每秒钟下载一部高清电影，也可能支持 VR 视频。

2. 泛在网

随着业务的发展，网络业务需要无所不包，广泛存在，只有这样才能支持更加丰富的业务，才能在复杂的场景上使用。泛在网在广泛覆盖和纵深覆盖两个层面提供影响力。

广泛是指我们社会生活的各个地方，需要广覆盖。如果覆盖 5G，可以大量部署传感器，进行环境、空气质量，甚至地貌变化、地震的监测，将非常有价值。

纵深是指虽然已经有网络部署，但是需要进入更高品质的深度覆盖。5G 的到来，可把以前网络品质不好的卫生间、地下停车库等都用很好的 5G 网络广泛覆盖。

在一定程度上，泛在网比高速度还重要，只是建一个少数地方覆盖、速度很高的网络，并不能保证 5G 的服务与体验，而泛在网才是 5G 体验的一个根本保证。

3. 低功耗

5G 要支持大规模物联网应用，就必须要有低功耗的要求。这些年，可穿戴产品有一定发展，但是遇到很多瓶颈，最大的瓶颈是体验较差。现今，所有物联网产品都需要通信与能源，虽然通信可以通过多种手段实现，但是能源的供应只能靠电池。通信过程若消耗大量的能量，就很难让物联网产品被用户广泛接受。只有把功耗降下来，才能大大改善用户体验，促进物联网产品的快速普及。

4. 低时延

5G 的一个新场景是无人驾驶、工业自动化的高可靠连接。人与人之间进行信息交流，140 ms 的时延是可以接受的，但是如果这个时延用于无人驾驶、工业自动化就很难满足要求。5G 对于时延的最低要求是 1 ms，甚至更低。

无人驾驶汽车，需要中央控制中心和汽车进行互联，车与车之间也应进行互联，在高速度行动中，一个制动，需要瞬间把信息送到车上做出反应，100 ms 左右的时间，车就会冲出几十米，因此需要在最短的时延中，把信息送到车上，进行制动与车控反应。

无人驾驶飞机更是如此。如数百架无人驾驶编队飞行，极小的偏差就会导致碰撞和事故，这就需要在极小的时延中，把信息传递给飞行中的无人驾驶飞机。工业自动化过程中，一个机械臂的操作，如果要做到极精细化，保证工作的高品质与精准性，也需要极小的时延，最及时地做出反应。这些特征，在传统的人与人通信，甚至人与机器通信时，要求都不那么高，因为人的反应是较慢的，并不需要机器那么高的效率与精细化。而无论是无人驾驶飞机、无人驾驶汽车还是工业自动化，都是高速度运行的，都需要在高速中保证信息的及时传递和及时反应，这就对时延提出了极高要求。

5. 万物互联

传统通信中，终端是非常有限的，固定电话时代，电话是以人群为定义的。而手机时代，终端数量有了巨大爆发，手机是按个人应用来定义的。到了 5G 时代，终端不是按人来定义，因为每人或每个家庭可能拥有数个终端。5G 沟通你我，如图 6-2 所示。

图 6-2　5G 沟通你我

6. 重构安全

传统的互联网要解决的是信息速度、无障碍的传输，自由、开放、共享是互联网的基本精神，但是在 5G 基础上建立的是智能互联网。智能互联网不仅要实现信息传输，还要建立起一个社会和生活的新机制与新体系。智能互联网的基本精神是安全、管理、高效、方便。在 5G 的网络构建中，在底层就应该解决安全问题，从网络建设之初，就应该加入安全机制，信息应该加密，网络并不应该是开放的，对于特殊的服务需要建立起专门的安全机制。

第 7 章　虚拟现实

【案例导读】

VR 让世界更精彩——世界 VR 产业大会

2020 年 10 月 19 日上午，由国家工业和信息化部、江西省人民政府共同主办的 2020 世界 VR 产业大会云峰会在江西南昌正式开幕。

作为中国乃至全球虚拟行业科技创新发展的风向标，2020 世界 VR 产业大会聚焦行业发展趋势，锁定行业发展热点，展示最新技术成果，汇聚行业知名企业，成为虚拟现实行业饕餮（品牌）盛会。

在此次大会上，我们可以看到 VR 解决方案在多个领域、行业得到极大的应用。比如在文化推广与保护领域，故宫博物院将基于分布在故宫各处的传感器实时获取故宫全体、全城数据，未来通过 5G+AR+人工智能+物联网对故宫实施智能化监测、预警、干预。利用 5G+AR+人工智能开展故宫全面、科学、细致保护工作，从而实现险情可防控、保护可提前的目标。

华为推出华为 AR 地图，基于华为河图技术，在上海外滩、敦煌和北京一些单位，以及南昌多个地方做好 AR 实现和 AR 河图落地，实现了毫米级精确的重现，使得真实与虚拟世界无缝融合，将华为 AR/VR 生态全面开放，推进城市的 VR+文化旅游发展。

VR+党建应用作为新形态党政媒体的宣传方式，打破了传统红色教育的时空限制，真实再现红色革命场景，为传统党建和红色教育探寻新思路和新方向。2020 年世界 VR 大会上，威尔文教推出了 VR 党建学习系列产品、党建学习平台等软件产品，以 VR 技术为依托，通过视觉、听觉等全方位立体化运用，打造沉浸式、可互动的学习体验，提升百年党史学习的主动性、高效性、便利性，以达到深化党员学习教育成果的目的，向中国共产党成立 100 周年献礼。

人们在物质需求得到极大满足后，对精神需求的追求将在虚拟世界中得到全维度的实现。正如此次 VR 世界大会的主题一样，VR 让世界更精彩！

7.1　虚拟现实的定义

上个世纪 60 年代，早在虚拟现实（Virtual Reality，VR）这个概念被创造和形式化之前，科学先驱们就开始了对相关技术的探索和研究。直到 1987 年，虚拟现实（VR）一词，由美国人杰伦·拉尼尔（Jaron Lanier）创造出来。从此之后，VR 从概念发展成产品，从实验室走向市场，公众逐渐开始访问 VR 设备。尽管它在市场上的尝试不是一帆风顺的，但是 VR 技术从未被人遗忘，经过曲折的发展，在新时代下甚至焕发出了新的生机。

21 世纪来临，立体显示、3D 图形渲染、动作捕捉、5G 等多代技术革新，使得新一代高实用性 VR 设备成为可能。2016 年，以 HTC、微软、Facebook 为代表的科技巨头聚焦 VR 产业，涌现出了 HTC Vive、Oculus Rift、PlayStation VR 等一系列优秀产品。大批中国企业也纷纷进军 VR 市场，比如 3Glasses、DeePoon 大朋 VR、Hypereal 等。VR 技术和产品呈现井喷式发展，这一年被称为"VR 元年"。真正意义上的可以满足市场需求的 VR 产品推陈出新，AR（增强现实）、MR（混合现实）等技术扩充了人们对虚拟行业的认识。如今，VR/AR 技术在支撑服务疫情防控、加快企业复工复产中都发挥着积极作用。据 Super Data 预测，2023 年全球 VR 产业将增长至 57 亿美元。VR 重新回到主流市场，走向全面发展期。

那么，什么是虚拟现实呢？是指虚拟显示器、手势识别，还是指立体化的音效？……

虚拟现实，从根本上说，是一种基于可计算信息的沉浸式交互环境，是一种新型的人机交互接口。传统的人机交互接口，即通过键盘、鼠标、显示器。而 VR 则是由计算机或其他智能设备模拟生成一个虚拟环境（Virtual Environment，VE），在此环境中，用户可以通过各种先进的感知和显示技术，感受到 VE 中的对象，从而产生类似于人与真实世界交互的体验。这就是所谓的"虚拟"——"现实"。也就是说，虚拟现实使人们不再局限于传统的键鼠及计算机屏幕，而是可以受到视觉、听觉、触觉等多种感官刺激，从"假"的世界中，获得"真"的感受。

2018 年上映的好莱坞商业电影《头号玩家》讲述了一个发生在 2045 年的故事，如图 7-1 所示。那时现实世界衰退，人们沉迷于 VR 游戏"绿洲"的虚幻世界里寻求慰藉。只要戴上 VR 设备，就可以进入与现实形成强烈反差的虚拟世界中，那里有繁华的都市、光彩照人的建筑，还有巨额财产。冒险、复仇、爱情这些好莱坞毫不缺席的商业元素都一一展现。故事不新颖，但是在现实与虚拟的碰撞之中，我们彷佛看到了未来 VR 影响世界的样子。

图 7-1　VR 科技造梦电影《头号玩家》

虚拟现实涉及计算机图形学、传感器、动力学、光学、人工智能等多个领域，是多媒体技术和三维技术高度发展之下的产物。在 VR 的世界里，我们能够体验现实无法参与的梦幻，超越现实在时空中的局限。

人与机器之间实现这样仿真效果，这就需要借助专门的感知和显示设备，也就是 VR 设备。VR 设备不断升级，再加上 AI、5G、云计算等技术的加持，现如今 VR 被广泛应用于医疗、娱乐艺术、军事与航天工程、房地产开发与室内设计、工业仿真、文化旅游、游戏等领域，如图 7-2 所示。人们对 VR 的应用前景充满了憧憬与希望。

图 7-2　HTC 设备支持下的 VR

7.2　虚拟现实的技术特征

如前文所述，虚拟现实是人与计算机之间更为理想的一种交互方式。在与其他交互方式的比较中，我们可以发现，它具有非常突出的三大特征——沉浸感（Immersion）、交互性（Interaction）和想象力（Imagination）。其中，沉浸感和交互性是决定 VR 系统的关键特征，是其区别于其他系统的优势所在。

1. 沉浸感

VR 系统是根据人类感官特点，设计出逼真的虚拟场景，再通过头显、体感交互设备等，使用户仿若身处现实世界一样，在视觉、听觉、触觉上获得与现实世界相似的感受。当用户转动头部，头显中的 VE 也跟随视线转动，360° 环绕着用户；当用户行走，VE 里的空间也跟随着变化，实际行走的距离等比例地体现在 VE 中；用户还可以听到立体声音，感受到虚拟物体从身后或身前发出的声音，通过体感设备随着手势移动物体等，如图 7-3 所示。感知上如同与现实世界一样，这就是 VR 带来的沉浸感。沉浸感是 VR 系统的最终目标，也是最高目标，其他两个特征是实现这一目标的基础，为实现沉浸感提供了有利的保证。

图 7-3　VR 体感设备

2. 交互性

VR 系统的交互性主要体现在突破传统的人机交互上，可以通过特殊头盔、数据手套、手势控制器等专用设备，产生一种近乎自然的交互，如图 7-4 所示。用户不再依靠计算机键盘、鼠标控制自身的运行或物体的控制。系统能够自动检测用户的手势、体势、语言等自然信息，从而判断对 VE 进行怎样的调整，达到控制 VE 中虚拟对象的效果。用户在使用过程中，获得的交互感受将得到大大的提升。

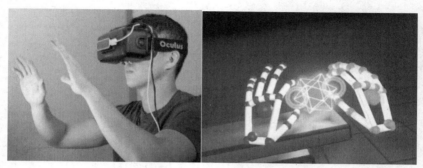

图 7-4　手势控制器

3. 想象力

VR 是三维技术高度发展的产物，如图 7-5 所示。人们在现实世界无法实现的梦想，于平常生活无法到达的地方都可以通过 VR 展现出来。而这就需要制作者极高的想象力。它并不是简单地对现实世界的复原，而是将虚幻与现实的结合，将想象中的世界以高度仿真的形式呈现出来，让用户可以感受到，而不是仅仅观看到。

图 7-5　VR 三维效果

7.3　虚拟现实系统的组成

简单来说，虚拟现实系统包括了用户、人机接口和计算机三个部分。这里的人机接口主要指硬件端，包括了视觉、听觉、触觉等多种感官通道的实时模拟和交互设备，比如头盔式显示器（Head Mounted Display，头显）、数据手套、跟踪器、三维立体声音设备、传感器等；计算机则指软件及资源部分，一般包括了实景仿真器、应用系统、3D 图形库等。按照目前 VR 硬件的形态不同，又可以划分为多种 VR 系统，下面主要介绍两种常见的 VR 系统。

1. 外接式 VR 系统

外接式 VR 系统比较复杂，主要设备包括外接主机、匹配的头显设备、数据手套、屏幕、三维立体声音设备等，如图 7-6 所示。前面两项是必备，后面的输入/输出设备可选。这种系统必须连接外部主机，以主机为运行和存储的"大脑"，其他设备满足主机的兼容条件即可，通过接口连接使用。外接式 VR 系统对主机的计算能力、立体显示画面的质量要求较高，所以通常会配置一台高端图形工作站，而不是一般的主机。

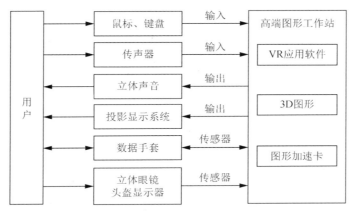

图 7-6　外接式 VR 系统

正是由于设备的复杂，外接式 VR 系统是目前市面上技术含量最高、沉浸感最强、使用体验最佳的 VR 系统，是专业级或企业级 VR 用户的首选，适合比较大型的 VR 应用，如图 7-7 所示。相关的设备有 HTC Vive、Oculus Rift、Sony Playstation VR、大朋 E2、3Glasses、雷蛇 OSVR、维拓科技蜂镜 K1、掌网星轮 VIULUX V1 等。

图 7-7　外接式 VR 系统

2. 一体机式 VR 系统

一体机式 VR 系统不需要包含主机，因为一体机本身已经内置了一块运算芯片，可以脱离主机进行独立运算。这块芯片性能上大致相当于一台高端智能手机，虽然无法与计算机主机相比，但是这种一体机形态算得上是真正意义上的独立 VR 设备。它操作简便，易于携带，又不受空间和其他因素的影响，可随时随开启 VR，如图 7-8 所示。

整个系统只需用户加上一体机，还会配备手柄、曲面屏等输入/输出设备。这种系统比较适合中小型 VR 应用，比如体验类的博物馆 VR 参观。一体机最先在我国国内市场兴起，第一批厂商也是国内企业，可以说是带有中国特色的 VR 产品。相关设备有 Pico、3Glasses Blubur、AMD Sulon Q、灵镜小黑、大朋 M2、Omimo、九又 VR 等。

图 7-8　一体机式 VR 系统

7.4　虚拟现实系统的开发

虚拟现实系统的开发需要用到多种相关技术与软硬件。这些软硬件承担着开发过程中建立虚拟场景、实现人机交互及开发应用等多种功能，用于项目需求、策划与设计之后的实现环节。这里主要介绍开发 VR 系统的三种技术方向。

7.4.1　三维建模软件

三维建模软件能够为虚拟现实系统提供三维模型、三维动画等虚拟场景资产。目前较为常见的软件包括 Autodesk 3ds Max、Maya、SketchUp 等，这些软件在动画、室内设计、工业设计等领域应用广泛。还有一些开源的建模软件，如 Blender、Ayam、K-3D 等，这些软件易于获得，操作简单。

采用建模软件来构建三维场景，其开发的周期相对来说较长。虽然这要根据模型与场景的复杂程度，但这种方式通常应用于对场景精细程度较高的系统。这里主要简述 Autodesk 3ds Max 的基本操作。

1. 建模

建模软件一般是利用一些基本的几何结构，如立方体、线条等，通过变形、拉伸、布尔等操作来构建更为复杂的几何模型。3ds Max 中基本的建模方法有三种，多边形、面片及 NURBS 建模。目前主流方式是多边形建模，也可以说成是细分建模或网格建模。通过对模型网格的编辑加上细分修改器可以得到你想要的任意形状模型。

2. 贴图和材质

模型创建后，要对其进行贴图，才能丰富模型的细节，给模型带来真实质感。3ds Max 中主要以材质球（Material）及贴图（Texture）两种形式塑造模型的质感。3ds Max 材质编辑器界面如图 7-9 所示。

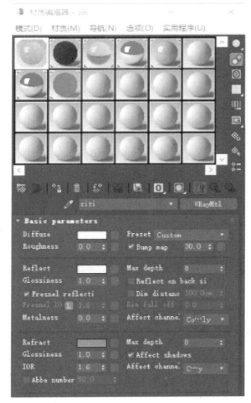

图 7-9 材质编辑器

3. 灯光与摄影机

当建模、材质贴图完成后，可以添加灯光和摄影机来刻画模型的造型、材质与体积感，将搭建的三维场景更好地呈现出来，如图 7-10 所示。

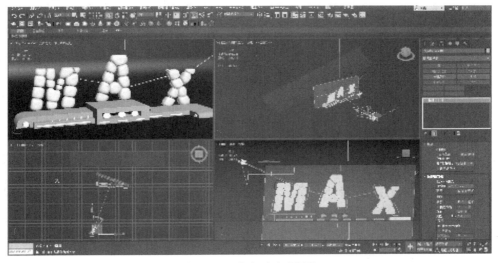

图 7-10 添加灯光与摄影机

4. 渲染

渲染往往是三维模型塑造的最后一步，可以使作品更加完整。3ds Max 有自带的渲染器及 Vray 等插件渲染器。

5. 动画

3ds Max 还可以进行动画设置，包括关键帧动画、路径与约束动画、表达式动画等，可以将模型的各种元素、属性等制作成动画。

7.4.2　虚拟现实开发平台

虚拟现实开发平台可以对模型、动画资产等进行有效组织，并实现交互，最后开发应用。目前较为常用的软件包括 Unity3D、Unreal Engine 4（目前最新 Unreal Engine5）、Virtools、Quest3D、Converse3D 等。这里以 Unity3D 为例，简述其主要功能。Unity3D 软件界面如图 7-11 所示。

图 7-11　Unity3D 软件界面

1. 实时渲染

建模软件的渲染需要耗费大量时间，而用户在 VR 场景中漫游时需要看见场景的实时变化，Unity3D 可以实现场景中的图形数据实时计算和输出。在 VR 系统中，实时渲染难免会产生一定的延迟性，差异过大用户就会产生眩晕感。系统的实时渲染性能极大影响着用户的体验。

2. 物理引擎

Unity3D 中用来模拟真实世界中物体运动、碰撞、坠落等可能产生的物理效果的引擎被称为物理引擎，它可以模拟牛顿力学模型，使用质量、速度、摩擦力和空气阻力等变量，预测各种不同情况下物体可能产生的变化。

3. 多元交互

为满足不同的 VR 系统的开发，Unity3D 可以实现多元交互方式，如键盘、鼠标、操纵杆、数据手套、位置跟踪器、手势识别器、体感设备等。让用户既能通过键盘、鼠标控制物体，也能通过手势抓取物体，通过触摸屏幕的方向改变物体前进方向等。由于 Unity3D 开源的特点，使得多种设备接口兼容。

4. 多平台发布

Unity3D 支持多平台发布，如 Windows、Mac、iPhone、Android、PS4 等，也支持 Mac 和 Windows 的网页浏览，如图 7-12 所示。安装好相应的 SDK 包，Unity3D 支持直接应用于 HTC Vive、Oculus Rift 等产品端的 VR 应用文件。

图 7-12　Unity3D 多平台发布

7.4.3　三维全景拍摄

三维全景是一种基于静态图像的 VR 技术，与三维建模不同，它使用全景相机环绕四周进行 360°拍摄，将拍摄到的照片拼接成一个全方位、全角度的图像，这些图像可以构建成虚拟环境，在 VR 系统或互联网上进行浏览或展示。这种开发方式制作流程短，交互简单。需要利用单反数码相机或全景相机拍摄实景照片，再由软件或平台进行特殊的拼合处理而生成真实场景。常用的设备有全景摄像机、曼比利全景球形云台、单反相机、鱼眼镜头、脚架。常用的三维全景软件有 WPanorama、PixtraOmniStitcher、ADG Panorama Tools 等。

第8章 工业互联网

【案例导读】

案例一 CMCC OnePOWER

2020 年 10 月 29 日，以"5G 新基建·智造新未来"为主题的中国移动 5G+工业互联网推进大会在北京召开。中国移动正式发布了 5G+工业互联网品牌"CMCC OnePOWER"。其中，"One"寓意"融为一"，POWER 寓意"聚于力"，OnePOWER 平台融合了 5G+AICDE 的技术，融合行业客户的需求，融合产业链和生态的能力，涵盖法（P for Policy）、机器操作（O for Operation）、人（W for Worker）、环（E for Environment）、料（R for Resource）五个生产要素，聚焦更精准的平台定位，提供更完善的工业解决方案、更丰富的工业应用和产品、更强大的工业建模工具、更灵活的平台部署方式，加速工业经济的数字化、网络化、智能化转型。

中国移动还发布了 5G+工业互联网"1+1+1+N"产品体系，包括一类 5G 工业终端模组、一张 5G 工业专网、一个工业互联网平台，以及 N 个行业领域应用，涵盖 5G+智慧工厂、5G+智慧冶金、5G+智慧矿山、5G+智慧电力、5G+智慧港口等，旨在深入贯彻落实国家"新基建"、工信部"512 工程"等相关政策，积极响应行业客户需求，加快 5G+工业互联网的发展与产业融合，扩大行业影响力。

案例二 Yundee（云镝智慧）

Yundee（云镝智慧）工业互联网平台，聚焦工业制造企业，"以数字驱动中国制造高质量发展为使命"，以成为"中国最值得托付的工业互联网平台"为愿景，通过网络化、智能化、标准化产品，构建领先的工业互联网平台，通过数字化赋能工业企业，推动中国"智造"转型升级。

Yundee（云镝智慧）工业互联网平台以 5G、云计算为基础，以物联网、大数据、边缘计算、人工智能等数字化技术与制造融合，为企业数字化平台及价值链重构的平台。企业通过工业（产业）互联网平台的资源开放、价值共享、业务协同、数字赋能，实现提质、增效、降本、优服、创新、转型。

云镝智慧工业互联网平台通过"1+4+8"提供一个统一门户，四大应用，八大解决方案，将企业融入产业链，进行资源开放、价值共享、业务协同、数字赋能，从而实现企业四个层次的数字化：设备/物的数字化、工厂数字化、企业数字化、产业共享协作数字化。

产业链上的各企业、组织、服务机构、人才、消费者均可以通过平台门户开放资源、共享能力、提供服务，也同样享受来自政府及产业链中的资源，如政策指导、公共租赁、人才服务、金融服务、物流服务等社会化服务，并通过形成交易撮合，如产能交易、商品交易等得到新商机新客户。

平台提供社会化服务、产业链协同、数字工厂、智能服务四大应用及产业电商、供应链协同、制造协同、智能制造、设备远程运维、数字孪生、大数据应用、AI服务等八大产品方案，帮助企业打通全价值链，实现企业设备/物的连接与数字化、工厂车间的数字化、企业经营与管理的数字化。

同时产品的连接与数字化，实现产品即服务的应用，帮助企业从制造向服务转型，并通过平台与产业链的合作伙伴衔接，进行数据共享、业务互通，实现与产业的共享、共赢、共生。

工业互联网（Industrial Internet，II）是实现人、企业、车间、机器等主体及设计、研发、生产、管理、服务等产业链各环节的全要素泛在互联的基础。随着中国制造业的发展，以及传统工业技术和信息技术的深度融合，工业互联网技术的重要性得到了进一步凸显。发展工业互联网是向智能制造转型升级的基础工程，是生产制造流程实现网络化、数据化、智能化的核心工程。本章将介绍工业互联网概述、业务需求与体系架构、网络体系、平台体系、安全体系等内容。

8.1 工业互联网概述

美国通用电气公司（GE）在 2012 年最早提出了"工业互联网"的理念。目前，它已成为许多国家制造业向智能制造转型升级的一种重要的制造模式、手段与业态。工业互联网的内涵用于界定工业互联网的范畴和特征，明确工业互联网总体目标，是研究工业互联网的基础和出发点。我国的工业互联网产业联盟将其定义为"互联网和新一代信息技术与工业系统的全方位深度融合所形成的产业和应用生态，是工业智能化发展的关键综合信息基础设施"。工业互联网的本质是以机器、原材料、控制系统、信息系统、产品及人之间的网络互联为基础，通过对工业数据的全面深度感知、实时传输交互、快速数据处理和高级建模分析，实现智能控制、运营优化等生产组织方式变革。

当前全球经济社会发展正面临全新挑战与机遇，一方面，上一轮科技革命的传统动能规律性减弱趋势明显，导致经济增长的内生动力不足；另一方面，以互联网、大数据、人工智能为代表的新一代信息技术发展日新月异，加速向实体经济领域渗透融合，深刻改变各行业的发展理念、生产工具与生产方式，带来生产力的又一次飞跃。在新一代信息技术与制造技术深度融合的背景下，在工业数字化、网络化、智能化转型需求的带动下，以泛在互联、全面感知、智能优化、安全稳固为特征的工业互联网应运而生。工业互联网作为全新工业生态、关键基础设施和新型应用模式，通过人、机、物的全面互联，实现全要素、全产业链、全价值链的全面连接，正在全球范围内不断颠覆传统制造模式、生产组织方式和产业形态，推动传统产业加快转型升级、新兴产业加速发展壮大。

工业互联网可以重点从"网络""数据""安全"三个方面来理解。其中，网络是基础，即通过物联网、互联网等技术实现工业全系统的互联互通，促进工业数据的充分流动和无缝集成；数据是核心，即通过工业数据全周期的感知、采集和集成应用，形成基于数据的系统性智能，实现机器弹性生产、运营管理优化、生产协同组织与商业模式创新，推动工业智能化发展；安全是保障，即通过构建涵盖工业全系统的安全防护体系，保障工业智能化的实现。工业互联网的发展体现了多个产业生态系统的融合，是构建工业生态系统、实现工业智能化发展的必由之路。

工业互联网与制造业的融合将带来四方面的智能化提升，也就是所谓的工业互联网"新四化"。一是智能化生产，即实现从单个机器到产线、车间乃至整个工厂的智能决策和动态优化，显著提升全流程生产效率、提高质量、降低成本。二是网络化协同，即形成众包众创、协同设计、协同制造、垂直电商等一系列新模式，大幅降低新产品开发制造成本、缩短产品上市周期。三是个性化定制，即基于互联网获取用户个性化需求，通过灵活柔性组织设计、制造资源和生产流程，实现低成本大规模定制。四是服务化转型，即通过对产品运行的实时监测，提供远程维护、故障预测、性能优化等一系列服务，并反馈优化产品设计，实现企业服务化转型。

工业互联网是实体经济数字化转型的关键支撑。工业互联网通过与工业、能源、交通、农业等实体经济各领域的融合，为实体经济提供了网络连接和计算处理平台等新型通用基础设施支撑；促进了各类资源要素优化和产业链协同，帮助各实体行业创新研发模式、优化生产流程；推动传统工业制造体系和服务体系再造，带动共享经济、平台经济、大数据分析等以更快速度、在更大范围、更深层次拓展，加速实体经济数字化转型进程。

工业互联网是实现第四次工业革命的重要基石，为第四次工业革命提供了具体实现方式和推进抓手，通过人、机、物的全面互联，全要素、全产业链、全价值链的全面连接，对各类数据进行采集、传输、分析并形成智能反馈，正在推动形成全新的生产制造和服务体系，优化资源要素配置效率，充分发挥制造装备、工艺和材料的潜能，提高企业生产效率，创造差异化的产品并提供增值服务，加速推进第四次工业革命。

工业互联网对我国经济发展有着重要意义。一是化解综合成本上升、产业向外转移风险。通过部署工业互联网，能够帮助企业减少用工量，促进制造资源配置和使用效率提升，降低企业生产运营成本，增强企业的竞争力。二是推动产业高端化发展。加快工业互联网应用推广，有助于推动工业生产制造服务体系的智能化升级、产业链延伸和价值链拓展，进而带动产业向高端迈进。三是推进创新创业。工业互联网的蓬勃发展，催生出网络化协同、规模化定制、服务化延伸等新模式新业态，推动先进制造业和现代服务业深度融合，促进一二三产业、大中小企业开放融通发展，在提升我国制造企业全球产业生态能力的同时，打造新的增长点。

工业互联网驱动的制造业变革将是一个长期过程，构建新的工业生产模式、资源组织方式也并非一蹴而就，将由局部到整体、由浅入深，最终实现信息通信技术在工业全要素、全产业链、全价值链的深度融合与基础应用。

8.2　工业互联网业务需求与体系架构

当前，以新一代信息技术为驱动的数字浪潮正深刻重塑经济社会的各个领域，移动互联、物联网、云计算、大数据、人工智能等技术与各个产业深度融合，推动着生产方式、产品形态、商业模式、产业组织和国际格局的深刻变革，并加快了第四次工业革命的孕育与发展。而越来越清晰的是，工业互联网是实现这一数字化转型的关键路径，构筑了第四次工业革命的发展基石。2016 年，工业互联网产业联盟（AII）发布了《工业互联网体系架构（版本 1.0）》，推动了产业各界认识层面的统一，为开展工业互联网实践提供了参考依据。通过几年来的理论和实践探索，工业互联网已从概念形成、普及进入应用实践推广的新阶段，业界对工业互联网的发展方向已有高度的共识。在这一过程中，国内外均形成了大量的探索实践，工业互联网几乎涵盖了工业的各个行业、大中小各类企业乃至实体经济的各个领域，新一代信息技术与制造、能源、交通、医疗、服务等技术的融合集成初步显现了其巨大的生命力和创造力，为进一步创造新的生产力和发展动能奠定了基础。也因如此，丰富和多样化的企业实践和各类新技术的应用也对工业互联网的体系架构提出了新的需求：如何定义一个更加通用化的架构体系以指引各个领域的系统性布局，如何打通数字化转型、业务体系、商业变革和工业互联网技术架构的关系以更好指导企业的发展实践，如何充分考虑技术发展演进和落地实施部署需求以更好地定义工业互联网的层次架构、功能划分和接口关系，从而为产业界提供科学、清晰和可操作的指南。基于此，工业互联网产业联盟在工业和信息化部的指导下，凝聚产业界共识，研究制定了《工业互联网体系架构（版本 2.0）》，在继承版本 1.0 核心理念、要素和功能体系的基础上，从业务、功能、实施等三个视图重新定义了工业互联网的参考体系架构，并逐一展开，共同推动工业互联网的创新发展。

8.2.1 业务需求

工业互联网的业务需求可以从工业和互联网两个角度进行分析，如图 8-1 所示。

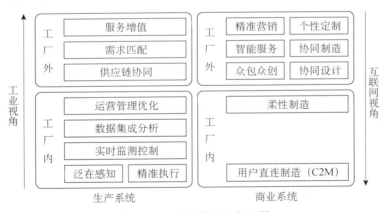

图 8-1 工业互联网业务视图

从工业角度分析，工业互联网主要表现为从生产系统到商业系统的智能化，由内及外，生产系统自身通过采用信息通信技术，实现机器之间、机器与系统、企业上下游之间实时连接与智能交互，并带动商业活动优化。其业务需求包括面向工业体系各个层级的优化，如泛在感知、精准执行、实时监测控制、数据集成分析、运营管理优化、供应链协同、需求匹配、服务增值等业务需求。

从互联网角度分析，工业互联网主要表现为商业系统变革牵引生产系统的智能化，由外及内，从营销、服务、设计环节的互联网新模式新业态带动生产组织和制造模式的智能化变革。其业务需求包括基于互联网平台实现精准营销、个性定制、智能服务、协同制造、众包众创、协同设计、柔性制造、用户直连制造（Customer to Manufacturer，C2M）等。

8.2.2　体系架构

工业互联网体系架构 2.0（见图 8-2）包括业务视图、功能架构、实施框架三大板块，形成以商业目标和业务需求为牵引，进而明确系统功能定义与实施部署方式的设计思路，自上而下层层细化和深入。

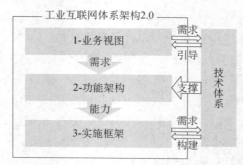

图 8-2　工业互联网体系架构 2.0

（1）业务视图明确了企业应用工业互联网实现数字化转型的目标、方向、业务场景及相应的数字化能力。业务视图首先提出了工业互联网驱动的产业数字化转型的总体目标和方向，以及这一趋势下企业应用工业互联网构建数字化竞争力的愿景、路径和举措。业务视图主要用于指导企业在商业层面明确工业互联网的定位和作用，提出的业务需求和数字化能力需求对于后续功能架构设计是重要指引。

（2）功能架构明确企业支撑业务实现所需的核心功能、基本原理和关键要素。功能架构首先提出了以数据驱动的工业互联网功能原理总体视图，形成物理实体与数字空间的全面连接、精准映射与协同优化，并明确这一机理作用于从设备到产业等各层级，覆盖制造、医疗等多行业领域的智能分析与决策优化，进而细化分解为网络、平台、安全三大体系的子功能视图，描述构建三大体系所需的功能要素与关系。功能架构主要用于指导企业构建工业互联网的支撑能力与核心功能，并为后续工业互联网实施框架的制定提供参考。

（3）实施框架描述各项功能在企业落地实施的层级结构、软硬件系统和部署方式。实施框架结合当前制造系统与未来发展趋势，提出了由设备层、边缘层、企业层、产业层四层组成的实施框架层级划分，明确了各层级的网络、标识、平台、安全的系统架构、部署方式及不同系统之间关系。实施框架主要为企业提供工业互联网具体落地的统筹规划与建设方案，进一步可用于指导企业技术选型与系统搭建。

8.2.3　工业互联网核心功能原理

工业互联网的核心功能原理（见图 8-3）是基于数据驱动的物理系统与数字空间的全面互

联与深度协同，以及在此过程中的智能分析与决策优化。通过网络、平台、安全三大功能体系构建，工业互联网全面打通设备资产、生产系统、管理系统和供应链条，基于数据整合与分析实现 IT 与 OT 的融合和三大体系的贯通。工业互联网以数据为核心，数据功能体系主要包含感知控制、数字模型、决策优化三个基本层次，以及一个由自下而上的信息流和自上而下的决策流构成的工业数字化应用优化闭环。

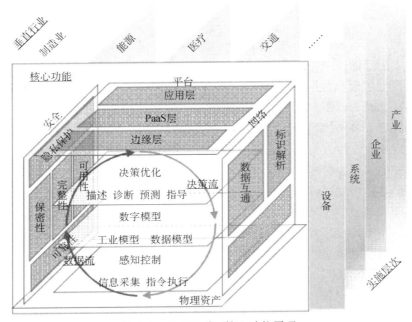

图 8-3 工业互联网核心功能原理

在工业互联网的数据功能实现中，数字孪生已经成为关键支撑，通过资产的数据采集、集成、分析和优化来满足业务需求，形成物理世界资产对象与数字空间业务应用的虚实映射，最终支撑各类业务应用的开发与实现。

（1）在数据功能原理中，感知控制层构建工业数字化应用的底层"输入-输出"接口，包含感知、识别、控制和执行四类功能。

①感知是利用各类软、硬件方法采集蕴含了资产属性、状态及行为等特征的数据，例如用温度传感器采集电机运行中的温度变化数据。

②识别是在数据与资产之间建立对应关系，明确数据所代表的对象，例如需要明确定义哪一个传感器所采集的数据代表了特定电机的温度信息。

③控制是将预期目标转化为具体控制信号和指令，例如将工业机器人末端运动转化各个关节处电机的转动角度指令信号。

④执行则是按照控制信号和指令来改变物理世界中的资产状态，既包括工业设备机械、电气状态的改变，也包括人员、供应链等操作流程和组织形式的改变。

（2）数字模型层强化数据、知识、资产等的虚拟映射与管理组织，提供支持工业数字化应用的基础资源与关键工具，包含数据集成与管理、数据模型和工业模型构建、信息交互三类功能。

①数据集成与管理将原来分散、杂乱的海量多源异构数据整合成统一、有序的新数据源，为后续分析优化提供高质量数据资源，涉及数据库、数据湖、数据清洗、元数据等技术产品应用。

②数据模型和工业模型构建是综合利用大数据、人工智能等数据方法和物理、化学、材料等各类工业经验知识，对资产行为特征和因果关系进行抽象化描述，形成各类模型库和算法库。

③信息交互是通过不同资产之间数据的互联互通和模型的交互协同，构建出覆盖范围更广、智能化程度更高的"系统之系统"。

（3）决策优化层聚焦数据挖掘分析与价值转化，形成工业数字化应用核心功能，主要包括分析、描述、诊断、预测、指导及应用开发。

①分析功能借助各类模型和算法的支持将数据背后隐藏的规律显性化，为诊断、预测和优化功能的实现提供支撑。常用的数据分析方法包括统计数学、大数据、人工智能等。

②描述功能通过数据分析和对比形成对当前现状、存在问题等状态的基本展示，例如在数据异常的情况下向现场工作人员传递信息，帮助工作人员迅速了解问题类型和内容。

③诊断功能主要是基于数据的分析对资产当前状态进行评估，及时发现问题并提供解决建议，例如能够在数控机床发生故障的第一时间就进行报警，并提示运维人员进行维修。

④预测功能是在数据分析的基础上预测资产未来的状态，在问题还未发生的时候就提前介入，例如预测风机核心零部件寿命，避免因为零部件老化导致的停机故障。

⑤指导功能则是利用数据分析来发现并帮助改进资产运行中存在的不合理、低效率问题，例如分析高功耗设备运行数据，合理设置启停时间，降低能源消耗。

⑥应用开发功能将基于数据分析的决策优化能力和企业业务需求进行结合，支撑构建工业软件、工业 APP 等形式的各类智能化应用服务。

自下而上的信息流和自上而下的决策流形成了工业数字化应用的优化闭环。其中，信息流从数据感知出发，通过数据的集成和建模分析，将物理空间中的资产信息和状态向上传递到虚拟空间，为决策优化提供依据。决策流则是将虚拟空间中决策优化后所形成的指令信息向下反馈到控制与执行环节，用于改进和提升物理空间中资产的功能和性能。优化闭环就是在信息流与决策流的双向作用下，连接底层资产与上层业务，以数据分析决策为核心，形成面向不同工业场景的智能化生产、网络化协同、个性化定制和服务化延伸等智能应用解决方案。

工业互联网功能体系是以 ISA-95 为代表的传统制造系统功能体系的升级和变革，其更加关注数据与模型在业务功能实现上的分层演进。一方面，工业互联网强调以数据为主线简化制造层次结构，对功能层级进行了重新划分，垂直化的制造层级在数据作用下逐步走向扁平化，并以数据闭环贯穿始终；另一方面，工业互联网强调数字模型在制造体系中的作用，相比传统制造体系，通过工业模型、数据模型与数据管理、服务管理的融合作用，对下支撑更广泛的感知控制，对上支撑更灵活深度的决策优化。

8.3　工业互联网网络体系

8.3.1　网络体系框架

网络体系由网络互联、数据互通和标识解析三部分组成，如图 8-4 所示。网络互联实现要素之间的数据传输，数据互通实现要素之间传输信息的相互理解，标识解析实现要素的标记、管理和定位。

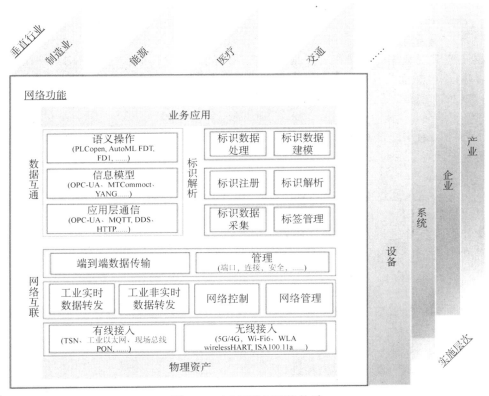

图 8-4　工业互联网网络体系

1. 网络互联

网络互联，即通过有线、无线方式，将工业互联网体系相关的人、机、物、料、法、环，以及企业上下游、智能产品、用户等全要素连接，支撑业务发展的多要求数据转发，实现端到端数据传输。网络互联根据协议层次由下向上可以分为多方式接入、网络层转发和传输层传送。

（1）多方式接入包括有线接入和无线接入，通过现场总线、工业以太网、工业 PON、TSN 等有线方式，以及 5G/4G、Wi-Fi/Wi-Fi6、WIA、Wireless HART、ISA100.11a 等无线方式，将工厂内的各种要素接入工厂内网，包括人员（如生产人员、设计人员、外部人员）、机器（如装备、办公设备）、材料（如原材料、在制品、制成品）、环境（如仪表、监测设备）等；将工厂外的各要素接入工厂外网，包括用户、协作企业、智能产品、智能工厂，以及公共基础支撑的工业互联网平台、安全系统、标识系统等。

（2）网络层转发实现工业非实时数据转发、工业实时数据转发、网络控制、网络管理等功能。工业非实时数据转发功能主要完成无时延同步要求的采集信息数据和管理数据的传输。工业实时数据转发功能主要传输生产控制过程中有实时性要求的控制信息和需要实时处理的采集信息。网络控制主要完成路由表/流表生成、路径选择、路由协议互通、ACL配置、QoS配置等功能。网络管理功能包括层次化的QoS、拓扑管理、接入管理、资源管理等功能。

（3）传输层的端到端数据传输功能实现基于TCP、UDP等实现设备到系统的数据传输。管理功能实现传输层的端口管理、端到端连接管理、安全管理等。

2. 数据互通

数据互通实现数据和信息在各要素间、各系统间的无缝传递，使得异构系统在数据层面能相互"理解"，从而实现数据互操作与信息集成。数据互通使得异构系统在数据层面能相互"理解"，从而实现数据互操作与信息集成。数据互通包括应用层通信、信息模型和语义互操作等功能。

（1）应用层通信通过OPC UA、MQTT、HTTP等协议，实现数据信息传输安全通道的建立、维持、关闭，以及对支持工业数据资源模型的装备、传感器、远程终端单元、服务器等设备节点进行管理。

（2）信息模型是通过OPC UA、MTConnect、YANG等协议，提供完备、统一的数据对象表达、描述和操作模型。

（3）语义互操作通过OPC UA、PLCopen、AutoML等协议，实现工业数据信息的发现、采集、查询、存储、交互等功能，以及对工业数据信息的请求、相应、发布、订阅等功能。

3. 标识解析

标识解析提供标识数据采集、标签管理、标识注册、标识解析、数据处理和标识数据建模功能。

（1）标识数据采集，主要定义了标识数据的采集和处理手段，包含标识读写和数据传输两个功能，负责标识的识读和数据预处理。

（2）标签管理主要定义了标识的载体形式和标识编码的存储形式，负责完成载体数据信息的存储、管理和控制，针对不同行业、企业需要，提供符合要求的标识编码形式。

（3）标识注册是在信息系统中创建对象的标识注册数据，包括标识责任主体信息、解析服务寻址信息、对象应用数据信息等，并存储、管理、维护该注册数据。

（4）标识解析能够根据标识编码查询目标对象网络位置或者相关信息的系统装置，对机器和物品进行唯一性的定位和信息查询，是实现全球供应链系统和企业生产系统的精准对接、产品全生命周期管理和智能化服务的前提和基础。

（5）标识数据处理定义了对采集后的数据进行清洗、存储、检索、加工、变换和传输的过程，根据不同业务场景，依托数据模型来实现不同的数据处理过程。

（6）标识数据建模构建特定领域应用的标识数据服务模型，建立标识应用数据字典、知识图谱等，基于统一标识建立对象在不同信息系统之间的关联关系，提供对象信息服务。

8.3.2　网络体系现状分析

1. 网络互联

从功能现状来看，传统工厂内网络在接入方式上主要以有线网络接入为主，只有少量的无线技术被用于仪表数据的采集；在数据转发方面，主要采用带宽较小的总线或10/100Mb/s的以太网，通过单独布线或专用信道来保障高可靠控制数据转发，大量的网络配置、管理、控制都靠人工完成，网络一旦建成，调整、重组、改造的难度和成本都较高。其中，用于连接现场传感器、执行器、控制器及监控系统的工业控制网络主要使用各种工业总线、工业以太网进行连接，涉及的技术标准众多，彼此互联性和兼容性差，限制大规模网络互联。连接各办公、管理、运营和应用系统企业网主要采用高速以太网和TCP/IP进行网络互联，但目前还难以满足一些应用系统对现场级数据的高实时、高可靠的直接采集。

工厂外网络目前仍基于互联网建设为主，有着多种接入方式，但网络转发仍以"尽力而为"的方式为主，无法向大量客户提供低时延、高可靠、高灵活的转发服务。同时，由于工业不同行业和领域信息化发展水平不一，工业企业对工厂外网络的利用和业务开发程度也不尽相同，部分工业企业仅申请了普通的互联网接入，部分工业企业的不同区域之间仍存在"信息孤岛"的现象。

当前工业网络是围绕工业控制通信需求，随着自动化、信息化、数字化发展逐渐构成的。由于在设计建设之初并未考虑到整个体系的网络互联和数据互通，因此各层级网络的功能割裂难互通，网络能力单一难兼容，无法满足工业互联网业务发展的要求。主要体现在工业控制网络能力不强，无法支撑工业智能化发展所需的海量数据采集和生产环境无死角覆盖，大量的生产数据沉淀或消失在工业控制网络中；企业信息网络难以延伸到生产系统，限制了信息系统能力发挥；互联网未能充分发挥作用，仅用于基本商业信息交互，难以支持高质量的网络化协同和服务。

2. 数据互通

据不完全统计，目前国际上现存的现场总线通信协议数量高达40余种，还存在一些自动化控制企业，直接采用私有协议实现全系列工业设备的信息交互。在这样的产业生态下，不同厂商、不同系统、不同设备的数据接口、互操作规程等各不相同，形成了一个个烟囱型的数据体系。这些自成体系、互不兼容的数据体系有着独立的一套应用层通信协议、数据模型和语义互操作规范，导致MES、ERP、SCADA等应用系统需要投入非常大的人力、物力来实现生产数据的采集；从不同设备、系统采集的异构数据无法兼容，难以实现数据的统一处理分析；跨厂商、跨系统的互操作仅能实现简单功能，无法实现高效、实时、全面的数据互通和互操作。

3. 标识解析

当前，制造业企业多采用企业自定义的私有标识体系，标识编码规则和标识数据模型均不统一，"信息孤岛"问题严重，当标识信息在跨系统、跨企业、跨业务流动时，由于标识体系冲突，造成企业间无法有效进行信息共享和数据交互，产业链上下游无法实现资源的高效协同。针对上述问题，工业互联网标识解析系统应运而生，依托建设各级标识解析节点，形成了稳定高效的工业互联网标识解析服务，国家顶级节点与 Handle、OID、GS1 等不同标识解析体系根节点实现对接，在全球范围内实现了标识解析服务的互联互通。但是在推动工业互联网标识解析的发展过程中，还存在着很多制约因素和挑战。

一是标识应用链条较为单一。标识解析技术在工业中应用广泛，但目前仍然停留在资产管理、物流管理、产品追溯等信息获取的浅应用上，并未渗透到工业生产制造环节，深层次的创新应用还有待发展。由于工业软件复杂度高，且产业链条相对成熟，工业互联网标识解析与工业资源深度集成难度大。二是解析性能和安全保障能力不足。传统互联网中的域名标识编码主要是以"面向人为主"，方便人来识读主机、电脑、网站等。而工业互联网标识编码，则扩展到"面向人、机、物"的三元世界，标识对象数据种类、数量大大丰富，且工业互联网接入数据敏感，应用场景复杂，对网络服务性能要求较高。目前的标识解析系统急需升级，在性能、功能、安全、管理等方面全面适配工业互联网的新需求，面对不同工业企业的不同需求提供匹配的服务。

8.3.3　网络体系发展趋势

1. 网络互联

工业互联网业务发展对网络基础设施提出了更高的要求和需求，网络呈现出融合、开放、灵活三大发展趋势。

网络架构将逐步融合。一是网络结构扁平化，工厂内网络的车间级和现场级将逐步融合（尤其在流程行业），IT 网络与 OT 网络逐步融合。二是高实时控制信息与非实时过程数据共网传输，新业务对数据的需求促使控制信息和过程数据的传输并重。三是有线与无线的协同，以 5G 为代表的无线网络将更为广泛地应用于工厂内，实现生产全流程、无死角的网络覆盖。

网络更加开放。一是技术开放，以时间敏感网络（TSN）为代表的新型网络技术将打破传统工业网络众多制式间的技术壁垒，实现网络各层协议间的解耦合，推动工业互联网网络技术的开放。二是数据开放，工业互联网业务对数据的强烈需求，促使传统工业控制闭环中沉没或消失的数据开放出来，而生产全流程的数据将由更标准化的语法和数据模型开放给上层应用使用。

网络控制和网络管理将更为灵活友好。一是网络形态的灵活。未来工厂内网将能够根据智能化生产、个性化定制等业务灵活调整形态，快速构建出生产环境，工厂外网将能够为不同行业、企业提供定制化的网络切片，实现行业、企业的自治管理控制。二是网络管理的友好。随着网络在产研供销中发挥日益重要的作用，网络管理将变得复杂，软件定义技术应用将提供网络系统的可呈现度，网络管理界面将更为友好。三是网络的服务将更为精细。工厂内网将针对控制、监测等不同性能需求，提供不同的网络通道；工厂外网将针对海量设备广覆盖、企业上网、业务系统上云、公有云与私有云互通等不同场景，提供细分服务。

2．数据互通

人工智能、大数据的快速应用，使得工业企业对数据互通的需求越来越强烈，标准化、"上通下达"成为数据互通技术发展的趋势。一是实现信息标准化。与传统工业控制系统数据信息只会在固定的设备间流动不同，工业互联网对数据处理的主体更广泛，需要跨系统地对数据进行理解和集成，因此要求数据模型以及数据的存储传输更加的通用化与标准化。二是加强与云的连接。借助云平台和大数据，实现数据价值的深度挖掘和更大范围的数据互通。三是强调与现场级设备的互通。打通现场设备层，通过现场数据的实时采集，实现企业内资源的垂直整合。

3．标识解析

随着工业互联网创新发展战略的深入贯彻实施，工业互联网标识解析应用探索的不断深入，工业互联网标识解析体系将呈现如下发展趋势：一是基于标识解析的数据服务成为工业互联网应用的核心，闭环的私有标识及解析系统逐步向开环的公共标识及解析系统演进。随着产品全生命周期管理、跨企业产品信息交互等需求的增加，将推动企业私有标识解析系统与公共标识解析系统的对接，通过分层、分级模式，为柔性制造、供应链协同等具体行业应用提供了规范的公共标识解析服务。并通过语义与标识解析的融合技术解决跨系统、跨企业之间多源异构数据互联互通的问题，提高工业互联网资源、信息模型、供应链参与方之间的协同能力，有利于数据的获取、集成和资源的发现。二是工业互联网标识解析安全机制成为工业互联网应用的基础，发展安全高效的标识解析服务成为共识。针对工业互联网标识解析网络架构和行业应用的安全，建立一套高效的公共服务基础设施和信息共享机制，通过建设各级节点来分散标识解析压力，降低查询延迟和网络负载，提高解析性能，实现本地解析时延达到毫秒级。同时，逐步建立综合性安全保障体系，支持对标识体系运行过程中产生的数字证书和加密管道进行创建、维护和管理及加密，支持对标识体系的数据备份、故障恢复以及应急响应的信息灾备，对业务处理实施身份认证和权限管理的访问控制，逐步形成安全高效标识解析服务能力。

8.4　工业互联网平台体系

8.4.1　平台体系架构

为实现数据优化闭环，驱动制造业智能化转型，工业互联网需要具备海量工业数据与各类工业模型管理、工业建模分析与智能决策、工业应用敏捷开发与创新、工业资源集聚与优化配置等一系列关键能力，这些传统工业数字化应用所无法提供的功能，正是工业互联网平台的核心。按照功能层级划分，工业互联网平台包括边缘层、PaaS 层和应用层三个关键功能组成部分，如图 8-5 所示。

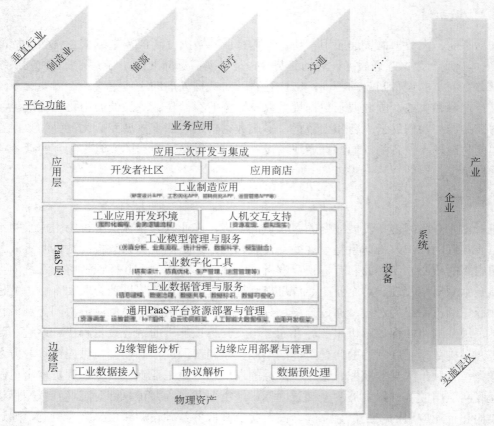

图 8-5　工业互联网平台体系

（1）边缘层提供海量的工业数据接入、转换、数据预处理和边缘分析应用等功能。一是工业数据接入，包括机器人、机床、高炉等工业设备数据接入能力，以及 ERP、MES、WMS 等信息系统数据接入能力，实现对各类工业数据的大范围、深层次采集和连接。二是协议解析与数据预处理，将采集连接的各类多源异构数据进行格式统一和语义解析，并进行数据剔除、压缩、缓存等操作后传输至云端。三是边缘分析应用，重点是面向高实时应用场景，在边缘侧开展实时分析与反馈控制，并提供边缘应用开发所需的资源调度、运行维护、开发调试等各类功能。

（2）PaaS 层提供资源管理、工业数据与模型管理、工业建模分析和工业应用创新等功能。一是 IT 资源管理，包括通过云计算 PaaS 等技术对系统资源进行调度和运维管理，并集成边云协同、大数据、人工智能、微服务等各类框架，为上层业务功能实现提供支撑。二是工业数据与模型管理，包括面向海量工业数据提供数据治理、数据共享、数据可视化等服务，为上层建模分析提供高质量数据源，以及进行工业模型的分类、标识、检索等集成管理。三是工业建模分析，融合应用仿真分析、业务流程等工业机理建模方法和统计分析、大数据、人工智能等数据科学建模方法，实现工业数据价值的深度挖掘分析。四是工业应用创新，集成 CAD、CAE、ERP、MES 等研发设计、生产管理、运营管理已有成熟工具，采用低代码开发、图形化编程等技术来降低开发门槛，支撑业务人员能够不依赖程序员而独立开展高效灵活的工业应用创新。此外，为了更好提升用户体验和实现平台间的互联互通，还需考虑人机交互支持、平台间集成框架等功能。

（3）应用层提供工业创新应用、开发者社区、应用商店、应用二次开发集成等功能。一是工业创新应用，针对研发设计、工艺优化、能耗优化、运营管理等智能化需求，构建各类工业APP 应用解决方案，帮助企业实现提质降本增效。二是开发者社区，打造开放的线上社区，提供各类资源工具、技术文档、学习交流等服务，吸引海量第三方开发者入驻平台开展应用创新。三是应用商店，提供成熟工业 APP 的上架认证、展示分发、交易计费等服务，支撑实现工业应用价值变现。四是应用二次开发集成，对已有工业 APP 进行定制化改造，以适配特定工业应用场景或是满足用户个性化需求。

8.4.2　平台体系现状分析

当前，工业制造系统总体遵循以 ISA-95 为代表的体系架构，其核心是打通企业商业系统和生产控制系统，将订单或业务计划逐层分解为企业资源计划、生产计划、作业排程乃至具体操作指令，并通过 ERP、MES、PLM 等一系列软件系统来支撑企业经营管理、生产管理乃至执行操作等具体环节。这一体系有效驱动了制造业数字化和信息化发展，但伴随制造业数字化转型的不断深化，面向更智能、更敏捷、更协同、更灵活的发展要求，这一体系也逐渐暴露出一些问题：

一是难以实现数据的有效集成与管理。传统 ERP、MES、CRM 等业务系统都有各自的数据管理体系，随着业务系统的不断增加与企业业务流程的日趋复杂，各类业务系统间的数据集成难度不断加大，导致"信息孤岛"问题日益凸显。同时，这些业务系统的数据管理功能更多针对的是规模有限且高度结构化的工业数据，面对当前海量多源异构的工业数据缺乏必要的管理与处理能力。

二是数据挖掘分析应用能力不足。传统信息化系统通常只具备简单的统计分析能力，无法满足越来越高的数据处理分析要求，需要运用大数据、人工智能等新兴技术开展数据价值深度挖掘，进而驱动信息系统服务能力显著提升。但是，大数据、人工智能技术与现有信息系统的集成应用面临着较高技术门槛和投入成本，客观上制约了现有信息系统数据分析应用能力的提升。

三是无法开展应用灵活创新。传统信息系统一般是与后台服务紧密耦合的重量级应用，当企业业务模式发生变化或者不同业务之间开展协同时，往往需要以项目制形式对现有信息系统进行定制化的二次开发或打通集成，实施周期动辄以月计算，无法快速响应业务调整需求。而且，由于不同信息系统之间的共性模块难以实现共享复用，有可能导致应用创新过程中存在"重复造轮子"的现象，也会进一步降低应用创新效率，增加创新成本。

8.4.3　平台体系发展趋势

伴随制造业数字化转型的不断深化与新一代信息技术的加速融入，传统主要遵循 ISA-95的制造体系正迎来一次重大演进变革，具体来说将呈现三方面趋势：一是基于平台的数据智能成为整个制造业智能化的核心驱动。大数据、人工智能技术持续拓展数据分析应用的深度和广度，强化生产过程中的智能分析决策能力，基于数字孪生所构建的虚实交互闭环优化系统实现对物理世界更加精准的预测分析和优化控制，最终驱动形成具备自学习、自决策、自使用能力的新型智能化生产方式。二是平台化架构成为未来数字化系统的共性选择，促使工业软件与平台加速融合。基于统一平台载体的数据集成管理和智能分析应用破解了"信息孤岛"问题，基于平台部署应用研发设计、仿真优化、生产管理、运营管理等软件工具，能够有效降低企业数字化系统的复杂程度和投资成本，并构筑全生产流程打通集成的一体化服务能力，驱动实现更加高效的业务协同。三是基于平台的应用开放创新。平台支撑工业经验知识的软件化封装，加速共性业务组件的沉淀复用，实现低门槛的工业应用创新，并吸引第三方开发者构建创新生态，从而能够支撑企业快速适应市场变化和满足用户个性化需求，开展商业模式和业务形态的创新探索。

在上述几方面因素的推动下，未来制造系统将呈现扁平化特征，传统以 ISA-95 为代表的"金字塔"体系结构被逐渐打破，ERP、MES、PLM 等处于不同层次的管理功能基于平台实现集成融合应用，工业互联网平台将成为未来制造系统的中枢与核心环节。借助平台提供的数据流畅传递和业务高效协同能力，能够第一时间将生产现场数据反馈到管理系统进行精准决策，也能够及时将管理决策指令传递到生产现场进行执行，通过高效、直接的扁平化管理实现制造效率的全面提升。

但由于平台尚处于发展初期，特别是很多制造企业还拥有大量存量资产，因此平台在功能上也会经历从叠加模式到融合模式两个不同的发展阶段。叠加模式是指平台独立于企业已有数字化系统之外进行部署并实现集成打通，将平台强大的数据分析和资源集聚优化能力叠加至现有系统功能之上，实现业务能力的智能化改造提升。融合模式则是基于平台实现企业所有业务系统的部署运行，充分发挥平台工业数据管理、工业建模分析和工业应用创新优势，高效灵活地满足企业所有智能化需求。

8.5 工业互联网安全体系

8.5.1 安全体系框架

为解决工业互联网面临的网络攻击等新型风险，确保工业互联网健康有序发展，工业互联网安全功能框架充分考虑了信息安全、功能安全和物理安全，聚焦工业互联网安全所具备的主要特征，包括可靠性、保密性、完整性、可用性及隐私和数据保护，如图 8-6 所示。

（1）可靠性指工业互联网业务在一定时间内、一定条件下无故障地执行指定功能的能力或可能性。一是设备硬件可靠性，指工业互联网业务中的工业现场设备、智能设备、智能装备、PC、服务器等在给定的操作环境与条件下，其硬件部分在一段规定的时间内正确执行要求功能的能力。二是软件功能可靠性，指工业互联网业务中的各类软件产品在规定的条件下和时间区间内完成规定功能的能力。三是数据分析结论可靠性，指工业互联网数据分析服务在特定业务场景下、一定时间内能够得出正确的分析结论的能力。在数据分析过程中出现的

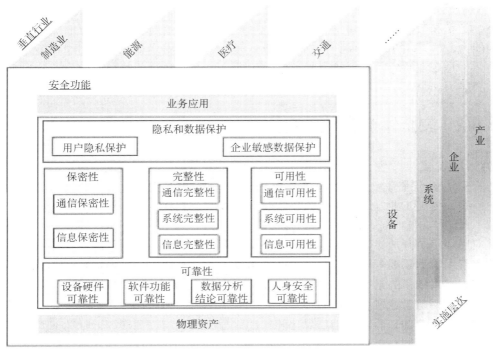

图 8-6 工业互联网安全体系框架

数据缺失、输入错误、度量标准错误、编码不一致、上传不及时等情况，最终都可能对数据分析结论的可靠性造成影响。四是人身安全可靠性，指对工业互联网业务运行过程中相关参与者的人身安全进行保护的能力。

（2）保密性指工业互联网业务中的信息按给定要求不泄漏给非授权的个人或企业加以利用的特性，即杜绝有用数据或信息泄漏给非授权个人或实体。一是通信保密性，指对要传送的信息内容采取特殊措施，从而隐蔽信息的真实内容，使非法截收者不能理解通信内容的含义。二是信息保密性，指工业互联网业务中的信息不被泄漏给非授权的用户和实体，只能以允许的方式供授权用户使用的特性。

（3）完整性指工业互联网用户、进程或者硬件组件具有能验证所发送的信息的准确性，并且进程或硬件组件不会被以任何方式改变的特性。一是通信完整性，指对要传送的信息采取特殊措施，使得信息接收者能够对发送方所发送信息的准确性进行验证的特性。二是信息完整性，指对工业互联网业务中的信息采取特殊措施，使得信息接收者能够对发送方所发送信息的准确性进行验证的特性。三是系统完整性，指对工业互联网平台、控制系统、业务系统（如 ERP、MES）等加以防护，使得系统不被以任何方式篡改，即保持准确的特性。

（4）可用性指在某个考察时间，工业互联网业务能够正常运行的概率或时间占有率期望值，可用性是衡量工业互联网业务在投入使用后实际使用的效能。一是通信可用性，指在某个考察时间，工业互联网业务中的通信双方能够正常与对方建立信道的概率或时间占有率期望值。二是信息可用性，指在某个考察时间，工业互联网业务使用者能够正常对业务中的信息进行读取、编辑等操作的概率或时间占有率期望值。三是系统可用性，指在某个考察时间，工业互联网平台、控制系统、业务系统（如 ERP、MES）等正常运行的概率或时间占有率期望值。

（5）隐私和数据保护指对于工业互联网用户个人隐私数据或企业拥有的敏感数据等提供保护的能力。一是用户隐私保护，指对与工业互联网业务用户个人相关的隐私信息提供保护的能力。二是企业敏感数据保护，指对参与工业互联网业务运营的企业所保有的敏感数据进行保护的能力。

8.5.2 安全体系现状分析

边缘计算、数字孪生、5G 等新技术在驱动工业互联网飞速发展的同时，也拓展了安全的边界，带来了新的挑战。工业互联网的边缘计算技术主要是为了解决工业互联网平台与工厂连接的问题，提高工业互联网平台收集和管理数据的范围和能力，满足工业现场与工业互联网之间"大连接、低时延、大带宽"的连接需求。数字孪生具有数字化、网络化、智能化等特点，其应用环境更开放、互联和共享，随着其应用领域的不断扩展，网络安全问题将逐步凸显。数字孪生数据需要外网传输，如果网络遭受攻击，企业数据可能被窃取，甚至数字孪生体被劫持，发出错误的指令或回传错误的数据，使企业经营混乱。

随着互联网与工业融合创新的不断深入，安全保障能力已经成为影响工业互联网创新发展的关键因素。总的来看，由于信息化和自动化程度的不同，工业细分行业的安全保障体系建设情况也各不相同，信息化、自动化程度越高的行业，开放程度也相对较高，面临的安全风险也随之增大，对安全也更加重视，安全保障体系建设相对更加完善。

目前，工业领域安全防护采用分层分域的隔离和边界防护思路。工厂内网和工厂外网之间通常部署隔离和边界防护措施，采用防火墙、VPN、访问控制等边界防护措施保障工厂内网安全。从工厂内网来看，可以进一步分为企业管理层和生产控制层。企业管理层主要包括企业管理相关的 ERP、CRM 等系统，与传统 IT 系统类似，主要关注信息安全的内容，采用权限管理、访问控制等传统信息系统安全防护措施，与生产控制层之间较多地采用工业防火墙、网闸等隔离设备，一般通过白名单方式对工业协议（如 OPC 等）进行过滤，防止来自互联网的威胁渗透到生产过程；生产控制层包括工程师站、操作员站等工作站，以及 PLC、DCS 等控制设备，与生产过程密切相关，对可靠性和实时性要求较高，主要关注功能安全问题。因此，尽管工程师站、操作员站等目前很多仍采用 Win2000/XP 等操作系统，但考虑到系统稳定性以及对功能安全的影响，极少升级补丁，一般也不安装病毒防护软件。同时，传统生产控制层以物理隔离为主，信息安全隐患低，工业私有协议应用较多，工业防火墙等隔离设备需针对专门协议设计，企业更关注生产过程的正常运行，一般较少在工作站和控制设备之间部署隔离设备以避免带来功能安全问题。此外，控制协议、控制软件在设计之初也缺少诸如认证、授权、加密等安全功能，生产控制层安全保障措施的缺失已经成为工业互联网演进过程中的重要安全问题。

总体来说，业界也在积极推动工业防火墙、工业安全监测审计、安全管理等安全产品的应用，与传统的通信技术相比，工业互联网的发展目前仍处于初级阶段，其网络体系、平台体系和安全体系都需要在探索发展中持续优化完善。当前，工业互联网的主要特点为现场设备逐渐智能化，各类工业数据呈指数暴涨，工业控制系统扁平化、开放化，工业内外网边界模糊化，工业互联网平台复杂化等都极大地增加了工业互联网安全防护难度。未来工业互联网安全将趋于进一步完善自主可控的工业互联网平台安全体系，强化工业互联网的大数据深度挖掘和安全，注重内生安全和动态防御技术的研发，发展更为"智能""弹性"的工控网络。

8.5.3　安全体系存在问题及发展趋势

当前，工业系统安全保障体系建设已较为完备，伴随新一代信息通信技术与工业经济的深度融合，工业互联网步入深耕落地阶段，工业互联网安全保障体系建设的重要性越发凸显。世界各主要发达国家均高度重视工业互联网的发展，并将安全放在了突出位置，发布了一系列指导文件和规范指南，为工业互联网相关企业部署安全防护提供了可借鉴的模式，从一定程度上保障了工业互联网的健康有序发展，但随着工业互联网安全攻击日益呈现出的新型化、多样化、复杂化，现有的工业互联网安全保障体系还不够完善，暴露出一些问题。

一是隐私和数据保护形势依旧严峻。工业互联网平台采集、存储和利用的数据资源存在数据体量大、种类多、关联性强、价值分布不均等特点，因此平台数据安全存在责任主体边界模糊、分级分类保护难度较大、事件追踪溯源困难等问题。同时，工业大数据技术在工业互联网平台中的广泛应用，使得平台用户信息、企业生产信息等敏感信息存在泄露隐患，数据交易权属不明确、监管责任不清等问题，工业大数据应用存在安全风险。

二是安全防护能力仍需进一步提升。大部分工业互联网相关企业重发展轻安全，对网络安全风险认识不足。同时，缺少专业机构、网络安全企业、网络安全产品服务的信息渠道和有效支持，工业企业风险发现、应急处置等网络安全防护能力普遍较弱。同时，工业生产迭代周期长，安全防护部署滞后，整体水平低，存量设备难以快速进行安全防护升级换代，整体安全防护能力提升时间长。

三是安全可靠性难以得到充分保证。工业控制系统和设备在设计之初缺乏安全考虑，自身计算资源和存储空间有限，大部分不能支持复杂的安全防护策略，很难确保系统和设备的安全可靠。此外，仍有很多智能工厂内部未部署安全控制器、安全开关、安全光幕、报警装置、防爆产品等，并缺乏针对性的工业生产安全意识培训和操作流程规范，使得人身安全可靠性难以得到保证。

伴随工业互联网在各行各业的深耕落地，安全作为其发展的重要前提和保障，将会得到越来越多的重视，在未来的发展过程中，传统的安全防御技术已无法抗衡新的安全威胁，防护理念将从被动防护转向主动防御。

一是态势感知将成为重要技术手段。借助人工智能、大数据分析以及边缘计算等技术，基于协议深度解析及事件关联分析机制，分析工业互联网当前运行状态并预判未来安全走势，实现对工业互联网安全的全局掌控，并在出现安全威胁时通过网络中各类设备的协同联动机制及时进行抑制，阻止安全威胁的继续蔓延。

二是内生安全防御成为未来防护的大势所趋。在设备层面可通过对设备芯片与操作系统进行安全加固，并对设备配置进行优化的方式实现应用程序脆弱性分析可通过引入漏洞挖掘技术，对工业互联网应用及控制系统采取静态挖掘、动态挖掘实现对自身隐患的常态化排查；各类通信协议安全保障机制可在新版本协议中加入数据加密、身份验证、访问控制等机制提升其安全性。

三是工业互联网安全防护智能化将不断发展。未来对于工业互联网安全防护的思维模式将从传统的事件响应式向持续智能响应式转变，旨在构建全面的预测、基础防护、响应和恢复能力，抵御不断演变的高级威胁。工业互联网安全架构的重心也将从被动防护向持续普遍性的监测响应及自动化、智能化的安全防护方向转移。

四是平台在防护中的地位将日益凸显。平台作为工业互联网的核心，汇聚了各类工业资源，因而在未来的防护中，对于平台的安全防护将备受重视。平台使用者与提供商之间的安全认证、设备和行为的识别、敏感数据共享等安全技术将成为刚需。

五是对大数据的保护将成为防护热点。工业大数据的不断发展，对数据分类分级保护、审计和流动追溯、大数据分析价值保护、用户隐私保护等提出了更高的要求。未来对于数据的分类分级保护以及审计和流动追溯将成为防护热点。

在上述几方面因素的驱动下，面对不断变化的网络安全威胁，企业仅仅依靠自身力量远远不够，未来构建具备可靠性、保密性、完整性、可用性和隐私和数据保护的工业互联网安全功能框架，需要政府和企业、产业界统一认识、密切配合，安全将成为未来保障工业互联网健康有序发展的重要基石和防护中心。通过建立健全运转灵活、反应灵敏的信息共享与联动处置机制，打造多方联动的防御体系，充分处理好信息安全与物理安全，保障生产管理等环节的可靠性、保密性、完整性、可用性、隐私和数据保护，进而确保工业互联网的健康有序发展。

第9章　计算机网络及应用

【案例导读】

航空航天中的网络

　　2021 年 6 月 17 日，神舟十二号载人飞船发射成功。神舟十二号载人飞船在长征 2F 运载火箭的托举下，以一往无前之势冲入澄澈霄汉。随后飞船采用自主快速交会对接模式成功对接于天和核心舱前向端口，与此前已对接的天舟二号货运飞船一起构成三舱（船）组合体，整个交会对接过程历时约 6.5 小时，顺利将聂海胜、刘伯明、汤洪波 3 名航天员送入天和核心舱。这是天和核心舱发射入轨后，首次与载人飞船进行的交会对接。

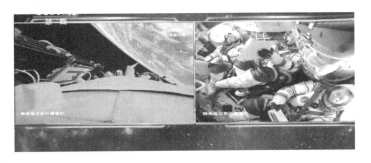

　　举国上下观看了发射升空震撼一幕，火箭各个分离动作一目了然、尽收眼底，未来，我们也将看到航天员们在飞船上的一举一动。你是否会好奇，控制命令是如何发送到火箭上的？火箭上有多少个摄像头？拍摄的影像是如何传输到地球上的？又是如何传输到你的眼前的呢？

计算机网络最早出现在 20 世纪 60 年代，经过几十年的发展，计算机网络的应用越来越普及，特别是在互联网广泛应用以后，计算机网络已经无处不在。电子邮件、电子商务、远程教育、远程医疗、网络娱乐、在线聊天网络信息服务已经渗入人们生活和工作的各个领域，网络在当今世界无处不在，它的发展促进了经济腾飞和产业转型，从根本上改变了人们的生活方式和价值观念。因此，学习计算机网络基础知识，对于了解计算机网络、熟练使用网络，以及解决使用网络中碰到的相关问题，具有极大的作用和意义。

9.1　计算机网络概述

9.1.1　计算机网络的定义

计算机网络是指通过各种通信设备和线路将地理位置不同且具有独立功能的计算机连接起来，用功能完善的网络软件实现网络中资源共享和信息传输的系统。计算机网络是计算机技术和通信技术发展结合的产物。计算机网络中的计算机既能独立自主地工作，同时也能实现信息交换、资源共享及各计算机之间的协同工作。

由于计算机网络仍在不断发展，计算机网络的定义还将不断演进，但上述定义已经概括了网络的基本特征和功能，未来网络的发展只是其功能的进一步完善。

9.1.2　计算机网络的诞生与发展

1946 年世界上第一台电子计算机诞生，计算机网络随着计算机技术的出现而出现，并伴随着计算机技术和通信技术的发展而发展，到现在计算机网络的发展已经经历了四代。

第一代计算机网络是以单个计算机为中心的远程联机系统。20 世纪 50 年代中后期，许多系统将地理上分散的多个终端通过通信线路连接到一台中心计算机上，它的典型应用是由一台计算机和全美范围内 2 000 多个终端组成的飞机订票系统。因此，当时人们把计算机网络定义为"以传输信息为目的而连接起来，实现远程信息处理或进一步达到资源共享的系统"，但实际上这种形式的连接还不是真正的计算机网络，因为整个系统中仅有一台计算机。

第二代计算机网络将多个主机通过通信线路互连起来，为用户提供服务。20 世纪 60 年代的冷战时期，美国军方为了保证在战争中的领先地位，使用计算机设备建立了军事指挥中心。1969 年，美国国防部开始建立一个命名为 ARPANET 的网络，把美国的几个军事及研究中心用计算机主机连接起来。虽然 ARPANET 比较简单，最初只连接了 4 台主机，但它是今天互联网的雏形。1975 年，已有 100 多台不同体系结构的计算机连接到 ARPANET 上。ARPANET 在网络概念、结构、实现和设计方面奠定了现在计算机网络的基础。

第三代计算机网络是具有统一的网络体系结构并遵循国际标准的开放性和标准化的网络。随着网络规模的不断扩大，同时为了共享更多的资源，需要把不同的网络连接起来，网络的开放性和标准化就变得重要起来，不少公司推出了自己的网络体系结构。1984 年 ISO 正式颁布了开放系统互连参考模型（OSI/RM）的国际标准，该模型分为 7 层，被公认为新一代计算机网络体系结构的基础，为普及局域网奠定了基础。

第四代计算机网络从 20 世纪 80 年代末开始。在这个时期，计算机网络技术进入了新的发展阶段，互联网诞生并飞速发展，多媒体技术、智能网络、综合业务数字网络（ISDN）等迅速发展，计算机网络应用迅速普及，真正进入到社会的各行各业，走进平民百姓的生活。

9.1.3 计算机网络的分类

有关计算机网络的分类并没有一个统一的标准，可按覆盖的地理范围分类、按网络拓扑结构分类、按计算机网络的用途分类和按网络的交换方式分类等。下面介绍常见的几种分类方法。

1. 按覆盖的地理范围分类

（1）局域网。局域网覆盖范围小，分布在一个房间、一座建筑物或一个企事业单位内，地理范围一般在几千米以内，最大距离不超过 10km。局域网具有数据传输速度快、误码率低、建设费用低、容易管理和维护等优点。局域网技术成熟，发展迅速，是计算机网络中最活跃的领域之一。

（2）城域网。城域网作用范围为一个城市，地理范围可从几十千米到上百千米，可覆盖一个城市或地区，是一种中等形式的网络。例如，一所学校有多个校区分布在城市的多个地区，每个校区都有自己的校园网，这些网络连接起来就形成一个城域网。

（3）广域网。广域网的作用范围很大，将分布在不同地区的局域网和城域网连接起来，网络所覆盖的范围可从几十千米到几千千米，连接多个城市或国家，形成国际性的远程网络。其特点是传输速率较低、误码率高，建设费用很高，网络拓扑结构复杂。互联网是目前最大的广域网。

2. 按网络拓扑结构分类

拓扑（Topology）是拓扑学中研究由点、线组成几何图形的一种方法。在计算机网络中，把计算机、终端和通信设备等抽象成点，把连接这些设备的通信线路抽象成线，并将由这些点和线所构成的拓扑称为网络拓扑结构。常见的有总线型、星形、树形和环形等拓扑结构，如图 9-1 所示。

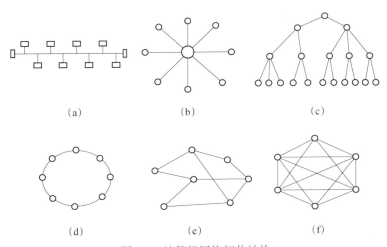

图 9-1 计算机网络拓扑结构
（a）总线型（b）星形（c）树形（d）环形（e）网状形（f）全互连型

3. 按传输介质分类

根据传输介质的不同，主要分为有线网、光纤网和无线网。

（1）有线网，是采用同轴电缆或双绞线连接的计算机网络。同轴电缆网是常见的一种联网方式，它比较经济，安装较为便利，传输速率和抗干扰能力一般，传输距离较短。双绞线网是目前最常见的联网方式，它价格便宜，安装方便，但易受干扰，传输速率较低，传输距离比同轴电缆要短。

（2）光纤网，也是有线网的一种，但由于其特殊性而单独列出。光纤网采用光导纤维作为传输介质，传输距离长，传输速率高，可达数千兆 b/s，抗干扰性强，不会受到电子监听设备的监听，是高安全性网络的理想选择。但其成本较高，且需要高水平的安装技术。

（3）无线网，用电磁波作为载体来传输数据，又可以分为 Wi-Fi 无线局域网和蜂窝无线通信两类。Wi-Fi 无线局域网通过无线路由器接入互联网，家庭或单位只要已经接入了互联网，那么只要再增加一台无线路由器，其覆盖范围内的计算机和手机就都可以通过 Wi-Fi 无线局域网接入互联网了。蜂窝无线通信本来是属于通信领域的内容，目前广泛使用的是第四代蜂窝移动通信技术（4G），并且在部分城市已经开展了第五代蜂窝移动通信技术（5G）的商用试点。

9.2　网络协议与网络体系结构

在网络系统中，由于计算机的类型、通信线路类型、连接方式、通信方式等的不同，导致了网络各结点的相互通信有很大的不便。要解决上述问题，必然涉及生产各网络设备的厂商共同遵守的通信标准问题，也就是计算机网络的协议和体系结构问题。

9.2.1　网络协议

在计算机网络中要做到正确交换数据，就要求所有设备都必须遵守一些事先约定好的规则，这些规则明确规定了交换数据的格式及时序。这些为了在计算机网络中进行数据交换而建立的规则、标准或约定就是网络协议，简称协议。

为了简化网络协议的复杂性，网络协议的结构应该是分层的，每一层只实现一种相对独立的功能。分层可以带来很多好处，具体如下。

（1）将复杂的通信系统分解为若干个相对独立的子系统，更容易维护。

（2）各层之间是相互独立的，每一层不关心它的下一层是如何实现的，只需要知道下一层提供的服务接口即可。

（3）某一层发生变化时，只要层间的接口不变，就不会对其他层产生影响，这样有利于每一层单独进行维护和升级改造。

（4）每一层的功能和提供的服务有精确的说明，有利于标准化工作的实施，也有利于网络设备生产商提供通用的网络设备和软件。

9.2.2　OSI 参考模型

计算机网络各层协议的集合就是网络体系结构。由于各个公司的网络体系不一样，他们的网络设备之间很难通信。为了推进网络设备标准化的进程，国际标准化组织（International Organization for Standardization，ISO）于 1984 年公布了开放系统互连参考模型（Open System Interconnection，OSI）。

OSI 参考模型分为 7 层，从上到下分别为应用层、表示层、会话层、传输层、网络层、数据链路层、物理层，如图 9-2 所示。

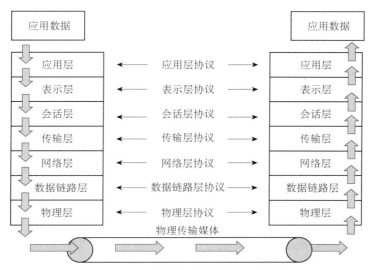

图 9-2　OSI 参考模型数据的发送和接收

按照 OSI 模型，网络上主机实现 7 层协议。当发送主机上的某应用进程要向接收主机上的某应用进程发送数据时，从上到下经过 7 层协议处理，直至物理层。数据连同各层报头组成的二进制位串从物理层发往传输介质，经传输介质和若干个通信设备，最后到达接收主机的物理层，接收主机再逐层向上传递，发送主机每层加的报头将在接收主机的对等层协议处理后被剥去，用户数据最后到达接收主机的应用进程。这种数据传输的原理与生活中的信件邮递的原理很相似，投递信件的用户通常不需要知道信件是通过火车还是汽车运输的，也不需要知道途经了哪些城市等低层内容。

9.2.3　TCP/IP 协议

20 世纪 90 年代初期，整套的 OSI 国际标准才全部制定出来。由于 OSI 协议制定周期过于漫长，此时基于另一套网络体系结构的 TCP/IP 协议已经抢先在全球大范围运行了，成了事实上的国际标准。TCP/IP 中的 TCP 是指传输控制协议（Transmission Control Protocol，TCP），IP 是指网际协议（Internet Protocol，IP），但并不是说 TCP/IP 协议只包含这两个协议，TCP/IP 是一整套网络通信协议簇。

TCP/IP 是一个 4 层协议体系结构，包括应用层、传输层、网络层和网络接口层。从图 9-3 中可以看到，对照 OSI 七层协议，TCP/IP 的上面 3 层是应用层、传输层和网络层。TCP/IP 的应用层组合了 OSI 的应用层和表示层，还包括 OSI 会话层的部分功能。

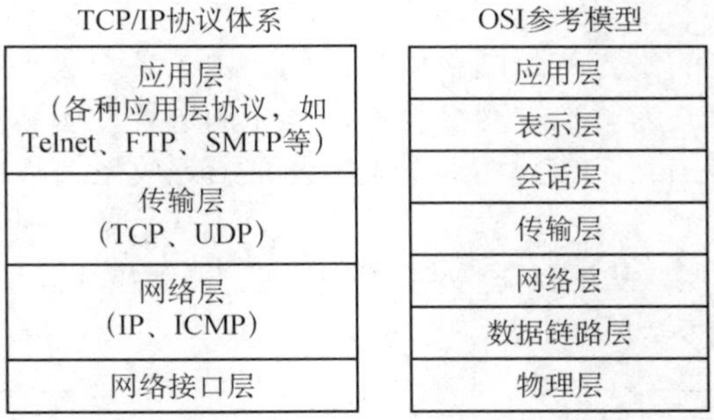

TCP/IP协议体系	OSI参考模型
应用层 （各种应用层协议，如 Telnet、FTP、SMTP等）	应用层
	表示层
	会话层
传输层 （TCP、UDP）	传输层
网络层 （IP、ICMP）	网络层
	数据链路层
网络接口层	物理层

图 9-3　TCP/IP 协议与 OSI 参考模型比较

1. 网络接口层

网络接口层负责从网络上接收和发送物理帧及硬件设备的驱动，无具体的协议。

2. 网络层

网络层也称网际层，遵守 IP 协议，是整个 TCP/IP 协议中的核心部分，负责计算机之间的通信，处理来自传输层的分组发送请求，首次检查数据的合法性，将数据报文发往适当的网络接口，解决寻址转发、流量控制、拥挤阻塞等问题。

3. 传输层

传输层可以使用两种不同的协议，遵守面向连接的传输控制协议 TCP 和无连接的用户数据报协议（User Datagram Protocol，UDP）。其功能是利用网络层传输格式化的信息流对发送的信息进行数据包分解，保证可靠传送并按序组合。

4. 应用层

应用层为 TCP/IP 的最高层，它为用户提供各种服务，如远程登录服务 Telnet、文件传输服务 FTP、简单邮件传送服务 SMTP 等。

TCP/IP 可以运行在多种物理网络上，如以太网、令牌环网、FDDI 等局域网，又如 ATM、帧中继、X.25 等广域网。目前互联网上流行使用的设备大多遵循 TCP/IP 协议，所以 TCP/IP 已成为事实上的国际标准，也有人称它为工业标准。

9.3　计算机网络的组成

计算机网络系统由硬件系统和软件系统两大部分组成。

9.3.1　硬件系统

组成计算机网络的硬件系统一般包括计算机、网络互联设备、传输介质（可以是有形的，也可以是无形的）三部分。

1. 计算机

计算机网络中的计算机包括工作站和服务器，它们是网络中最常见的硬件设备。在网络中，个人计算机属于工作站，而服务器就是运行一些特定的服务器程序的计算机，简单地讲，工作站是要求服务的计算机，而服务器是可提供服务的计算机。服务器在性能和硬件配置上都比一般的计算机要求更高，它是网络中实施各种管理的中心。网络中共享的资源大部分都集中在服务器上，同时服务器还要负责管理系统中的所有资源，管理多个用户的并发访问等。根据在网络中所起的作用不同，服务器可分为文件服务器、域名服务器、数据库服务器、打印服务器和通信服务器等。

2. 网络互联设备

网络互联设备是指将网络连接起来使用的一些中间设备，以下是在组网过程中经常要用到的网络互联设备。

（1）网络适配器。网络适配器（Network Interface Card，NIC）俗称网卡，它是计算机与网络之间最基本也是必不可少的网络设备。网卡负责发送和接收网络数据，计算机要连接到网络，就必须在计算机中安装网卡。根据网卡的工作速度可以分为 10Mb/s、100Mb/s、10/100Mb/s 自适应和 1 000Mb/s 几种。

（2）中继器。中继器（Repeater）是局域网中所有结点的中心，它的作用是放大信号和再生信号以支持远距离的通信。在规划网络时，若网络传输距离超出规定的最大距离时，就要使用中继器来延伸，中继器在物理层进行连接。

（3）集线器。集线器（Hub）是一种特殊的中继器，用于局域网内部多个工作站与服务器之间的连接，是局域网中的星形连接点。随着交换机价格的降低，现在集线器已经被交换机所取代。

（4）交换机。交换机（Switch）是计算机网络中用得最多的网络中间设备，它提供许多网络互联功能。计算机网络的数据信号通过网络交换机将数据包从源地址送到目的端口。传统交换机属于 OSI 第二层，即数据链路层设备。近几年，交换机为提高性能做了许多改进，其中最突出的改进是虚拟网络和三层交换，现在的三层交换机完全能够执行传统路由器的大多数功能。

（5）路由器。路由器（Router）是一种负责寻找网络路径的网络设备，用于连接多个逻辑上分开的网络，属于 OSI 网络层设备。路由器中有一张路由表，这张表就是一张包含网络地址及各地址之间距离的清单。利用这张清单，路由器负责将数据从当前位置正确地传送到目的地址，如果某一条网络路径发生了故障或堵塞，路由器还可以选择另一条路径，以保证信息的正常传输。

3. 传输介质

传输介质也称为传输媒体或传输媒介，是传输信息的载体，即通信线路。它包括有线传输介质和无线传输介质（如微波、红外线、激光和卫星等）。有线传输介质有同轴电缆、非屏蔽双绞线（UTP）、屏蔽双绞线（STP）和光缆等，其形状如图 9-4 所示。

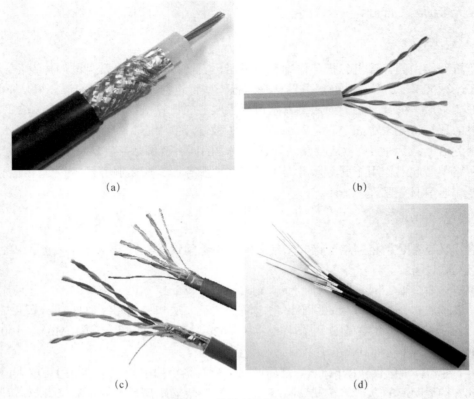

图 9-4　各种有线传输介质
(a) 同轴电缆　(b) 非屏蔽双绞线　(c) 屏蔽双绞线　(d) 光缆

（1）同轴电缆。同轴电缆由四部分组成，中心的芯是一根铜线，外面有网状的金属屏蔽层导体，铜芯和屏蔽层中间加绝缘材料，最外面加塑料保护层。常见的同轴电缆有两种：50Ω的基带同轴电缆用于数字传输，速度为 10Mb/s，传输距离可达 1 000m；75Ω 的宽带同轴电缆用于模拟传输，速度为 20Mb/s，传输距离可达 100km。目前同轴电缆以太网几乎已被双绞线以太网取代，长距离电话网的同轴电缆几乎已被光纤取代，宽带同轴电缆广泛用于将电视信号引入各家各户，即有线电视网。

（2）非屏蔽双绞线。非屏蔽双绞线（Unshielded Twisted Pair，UTP）根据等级标准可分为三、四、五、超五和六类线，广泛使用于以太网的短距离（一般为 100m 以内）传输中。双绞线具有尺寸小、重量轻、容易弯曲和价格便宜等优点，其 RJ-45 连接器牢固、可靠，并且容易安装和维护。跟屏蔽双绞线相比，因其没有屏蔽层，非屏蔽双绞线有抗干扰能力较弱和传输距离比较短的缺点，不适宜干扰较强的环境和远距离传输。

（3）屏蔽双绞线。屏蔽双绞线（Shielded Twisted Pair，STP）与非屏蔽双绞线的区别在于，屏蔽双绞线采用金属作屏蔽层，传输质量较高，抗干扰性强，因此可用于室外和干扰较强的环境，但屏蔽双绞线不易安装，如果安装不合适有可能引入外界干扰。

（4）光缆。光缆是由一组光导纤维组成的用来传播光束的、细小而柔韧的传输介质。光缆为圆柱形，包括三部分：最里面是芯子，即光纤，光纤是极细的（2～125μm）玻璃或塑料纤维；每根光纤外面包有玻璃或塑料包层，包层的光学性质与光纤不同；最外面是由塑料和其他材料组成的套管，套管起防水、防磨损和防挤压的作用。几根这样的光缆常常合在一起，最外面再加护套。根据光在光纤中的传播方式，光纤分为多模光纤和单模光纤两种类型，从用户的使用角度来看，它们之间的区别就是传输距离不一样，单模光纤的传输距离能够达到几十千米，而多模光纤只能达到几百米至几千米。与其他传输介质相比，光缆有传输速率高、传输距离远、传输损耗低和抗干扰能力强等优点，缺点是价格相对较高、安装和维护的要求（仪器和技术要求）较高。目前光缆已广泛用于长距离的电话网和计算机网络中。

（5）无线通信。无线传输介质是指在两个通信设备之间不使用任何物理连接器，通常这种通信通过空气进行信号传输，地球上的大气层为大部分无线传输提供了物理通道。无线传输介质可以应用于不适宜布线的场合，根据频率的不同，无线传输介质可以分为微波、红外线、激光和卫星通信等。

不同的传输介质具有不同的特点，以上各种介质目前广泛应用于各种计算机网络当中。随着计算机网络的发展和传输介质制造技术的进步，有人预言将来只有两种传输介质——光纤和无线。

9.3.2 软件系统

计算机系统是在软件系统的支持和管理下进行工作的，计算机网络也同样需要在网络软件的支持和管理下才能进行工作。计算机网络软件包括网络操作系统、网络协议软件和网络应用软件。

1. 网络操作系统

网络操作系统（Network Operate System，NOS）是管理网络硬件、软件资源的灵魂，是向网络计算机提供服务的特殊操作系统，是多任务、多用户的系统软件，它在计算机操作系统的支持下工作。网络操作系统的主要功能是负责对整个网络资源的管理，以实现整个系统资源的共享；实现高效、可靠的计算机间的网络通信；并发控制在同一时刻发生的多个事件，及时响应用户提出的服务请求；保证网络本身和数据传输的安全可靠，对不同用户规定不同的权限，对进入网络的用户提供身份验证机制；提供多种网络服务功能，如文件传输、邮件服务、远程登录等。

目前常用的网络操作系统有四类：NetWare、Windows、UNIX 和 Linux。

NetWare 由 Novell 公司设计，是一个开放高效的网络操作系统，其设计思想成熟且实用，并且对硬件的要求较低。它包括服务器操作系统、网络服务软件、工作站重定向软件和传输协议软件四部分。

Windows 系列网络操作系统由 Microsoft 公司设计，是目前发展最快的高性能、多用户、多任务网络操作系统，主要有 Windows NT 4.0、Windows 2000 Server/Advance Server、Windows Server 2003/Advance Server、Windows Server 2008、Windows Server 2012、Windows Server 2016 、Windows Server 2019 等系列产品。Windows 系列网络操作系统采用客户机/服务器模式并提供图形操作界面，是目前使用较多的网络操作系统。

UNIX 和 Linux 是互联网上服务器使用最多的操作系统，其功能强大、稳定、安全性高的特点使其在服务器操作系统中具有绝对的优势。这些网络操作系统具有丰富的应用软件支持和良好的网络管理能力。安装 UNIX 或 Linux 系统的服务器可以和安装 Windows 系统的工作站通过 TCP/IP 协议进行连接。目前，一些大公司网络、银行系统等大多采用 UNIX 或 Linux 网络操作系统。

2．网络协议软件

在计算机网络中常见的协议有 TCP/IP、IPX/SPX、NetBIOS 和 NetBEUI。

TCP/IP 是目前最流行的互联网连接协议，OSI/RM 只是一个协议模型，而 TCP/IP 是实用的工业标准，它主要应用于互联网，在局域网中也有较广泛的应用。IPX/SPX 是 Novell 公司开发的专用于 NetWare 网络的协议，运行于 OSI 模型第三层，具有可路由的特性。NetBEUI 协议是一种短小精悍、通信效率高的广播型协议，安装后不需要进行设置，特别适合于在"网上邻居"传送数据。

3．网络应用软件

网络应用软件有很多，它的作用是为网络用户提供访问网络的手段及网络服务、资源共享和信息的传输等各种业务。随着计算机网络技术的发展和普及，网络应用软件也越来越丰富，如浏览器软件、文件传输软件、电子邮件管理软件、游戏软件、聊天软件等。

9.4　Internet 应用

Internet 是采用 TCP/IP 协议连接的计算机网络的网络集合，不是一个实体网，而是一个网际网。Internet 意为"互联网"，也叫"因特网"，这是一个专有名词，指的是当前世界上最大的、开放的、采用了 TCP/IP 协议族的计算机网络，它的出现标志着网络时代的到来。

9.4.1　Internet 的产生与发展

1．Internet 的诞生

1969—1983 年，美国国防部高级研究计划署大力支持发展各种不同的网络互联技术，投资研究、制定了一组通信协议 TCP/IP 作为 ARPANET 的第二代协议标准。到 1983 年初，ARPANET 上所有主机完成了向 TCP/IP 协议的转化，这意味着所有使用 TCP/IP 协议的计算机都能够相互通信，也标志着 Internet 诞生了。

1989 年，CERN 成功开发了 WWW 技术，为 Internet 实现广域超媒体信息截取/检索奠定了基础。WWW 技术对 Internet 的发展起了关键的作用，成为 Internet 发展中的一个重要的里程碑。从此，Internet 的应用深入人心，到今天，WWW 几乎成了 Internet 的代名词。

在 20 世纪 90 年代以前，Internet 不以赢利为目的，其使用一直仅限于研究与学术领域。Internet 商业化服务提供商的出现，使工商企业终于可以堂堂正正地进入 Internet，商业机构一踏入 Internet，就发现了它在通信、数据检索、客户服务等方面的巨大潜力，世界各地无数的企业及个人纷纷涌入 Internet，带来 Internet 发展史上一个新的飞跃。

2. Internet 在中国的发展

1993 年 3 月，经电信部门的大力配合，开通了由北京高能物理研究所（简称高能所）到美国 Stanford 直线加速中心的高速计算机通信专线，1994 年 5 月，高能所的计算机正式进入了 Internet。与此同时，以清华大学为网络中心的中国教育科研网（简称 CERNET）也于 1994 年 6 月正式连通 Internet。1996 年 6 月，中国最大的 Internet 互联子网中国公用计算机互联网（简称 ChinaNet）正式开通并投入运营。从此，在中国兴起了研究、学习和使用 Internet 的浪潮，各种大型的计算机网络开始建设和发展起来，出口带宽越来越宽，连通的国家越来越多。

截至 2019 年 6 月，我国网络购物用户规模达 6.39 亿，占网民整体的 74.8%。除了网络购物，还有网络视频、在线教育、在线政务等都在迅速发展。网络视频已成为人们的重要娱乐手段；"互联网+教育"促进了优质教育资源共享和各地区教育的均衡；政务服务办事大厅线上线下融合发展，一体化在线政务服务正逐步实现。

9.4.2 Internet 的接入

任何需要接入 Internet 的计算机都必须通过某种方式与 Internet 进行连接。Internet 接入技术的发展非常迅速，带宽由最初的 14.4Kb/s 发展到目前的 100Mb/s，甚至 1 000Mb/s；接入方式也由过去单一的电话拨号方式发展成现在多种多样的有线和无线接入方式；接入终端也开始向移动设备发展，并且更新更快的接入方式仍在继续研究和开发中。下面介绍几种比较常见的 Internet 接入方式。

1. PSTN 接入

通过公用电话交换网（PSTN）接入 Internet 是个人家庭用户最早使用的方式，这种方式要求用户通过一个调制解调器（MODEM）连接电话线进入 PSTN，再连到 Internet 服务提供商（ISP）的主机系统，该主机再用有线方式接入 Internet。这种方式网络连接速度较低，且很不稳定，目前这种接入技术已很少使用。

2. ADSL 接入

ADSL（非对称数字用户线路）是通过现有普通电话线为家庭、办公室提供宽带数据传输服务的技术。ADSL 的下行带宽远远大于上行带宽，这也是"非对称"这个名词的由来。

3. Cable-MODEM 接入

Cable-MODEM（线缆调制解调器）接入是利用现有的有线电视（CATV）网进行数据传输的 Internet 接入方式。

4. 光纤接入

光纤到户（FTTH），是指把光纤一直铺设到用户家庭，使用户获得最高的上网速率，可以在网上流畅地观看高清视频节目等。企业一般都建有自己的局域网（LAN），LAN 通过光纤接入到 ISP，实现局域网内的所有用户都能连接到 Internet。这种使用光纤接入的方式能达到 10Mb/s、100Mb/s，甚至 1 000Mb/s 的高速带宽，且传输距离远、损耗低、抗干扰能力极强。

5. 无线接入

无线接入是目前比较流行的一种 Internet 接入方式，即终端设备使用无线传输介质来上网，如通过无线 Wi-Fi 或 4G/5G 技术上网就是典型的无线接入技术。这些技术主要是通过无线路由器或移动基站来提供信号覆盖范围内的终端上网功能的。

9.4.3　Internet 的地址

1. IP 地址

（1）IP 地址的概念。在互联网上，每台主机为了和其他主机进行通信，必须要有一个地址，这个地址称为 IP 地址，IP 地址用于确定主机在互联网上的位置，且必须是唯一的。

一个 IP 地址由 32 位二进制数字组成，通常被分为 4 段，段与段之间以小数点分隔，每段 8 位（1 个字节）。为了便于表达和识别，IP 地址一般用 4 个十进制数（每两个数之间用一个小数点"."分隔）来表示，即用"点分十进制数"表示 IP 地址，每段整数的范围是 0～255。如图 9-5 所示为 IP 地址 61.153.34.28 与 32 位二进制数表示的 IP 地址之间的对应关系。

图 9-5　IP 地址 61.153.34.28 与 32 位二进制表示的 IP 地址对应关系图

（2）IP 地址的分类。每个 IP 地址都由两部分组成，分别是网络地址和主机地址。网络地址也称网络号，网络号标识互联网中的一个物理网络，主机地址标识该物理网络上的一台主机，每个主机地址对该网络而言必须唯一。在 Internet 上网络号是全球统一分配的，不同的物理网络有不同的网络号。

考虑到物理网络规模的差异，IP 地址根据网络地址位的不同把 IP 地址划分为三个基本类地址（A 类、B 类和 C 类地址）、一个组播类地址（也称 D 类地址）和一个备用类地址（也称 E 类地址）。表 9-1 列出了各类 IP 地址的范围及对应的网络数和主机数。

表 9-1　IP 地址的范围及对应的网络数和主机数

IP 类别	可用 IP 地址范围	备注
A	1.0.0.1～126.255.255.254	可用的 A 类网络有 126 个，每个网络能容纳 1 600 多万台主机
B	128.1.0.1～191.254.255.254	可用的 B 类网络有 16 382 个，每个网络能容纳 6 万多台主机
C	192.0.1.1～223.255.255.254	C 类网络可达 209 万余个，每个网络能容纳 254 台主机
D	224.0.0.1～239.255.255.254	专门保留的组播地址，并不指特定的网络
E	240.0.0.0～254.255.255.255	为将来备用

除 D 类和 E 类地址外，还有一些 IP 地址从不分配给任何主机，只用于网络中的特殊用途。特殊用途的 IP 地址有以下几类：主机地址位全为"0"的 IP 地址称为网络地址，例如 210.32.24.0 就是一个 C 类网络的网络地址；主机地址位全为"1"的 IP 地址称为广播地址，例如 210.32.24.255 就是 210.32.24 网络的广播地址；形如 127.×.×.× 的 IP 地址保留给诊断用，如 127.0.0.1 用于回路测试；还有一些 IP 地址用于私有网络，私有地址（Private Address）属于非注册地址，专门为组织机构内部使用。下面列出了留用的内部私有地址。

- A 类：10.0.0.0～10.255.255.255。
- B 类：172.16.0.0～172.31.255.255。
- C 类：192.168.0.0～192.168.255.255。

（3）子网掩码。IP 地址分网络地址和主机地址，那么怎么区分 IP 地址中的网络地址位和主机地址位呢？答案是用"子网掩码"。

子网掩码的作用是识别子网和判断主机属于哪一个网络。与 IP 地址相同，子网掩码长度也是 32 位，左边是网络地址位，用二进制数字"1"表示，右边是主机地址位，用二进制数字"0"表示。根据 A 类、B 类和 C 类地址的网络地址位和主机地址位，可以确定 A 类、B 类和 C 类 IP 地址默认的子网掩码分别如下。

- A 类：默认子网掩码为 255.0.0.0。
- B 类：默认子网掩码为 255.255.0.0。
- C 类：默认子网掩码为 255.255.255.0。

2. 域名地址

（1）域名系统 DNS。由于 IP 地址是数字标识，不符合人们的日常使用习惯，在使用时难以记忆和书写。因此，为方便使用，在 IP 地址的基础上又发展出一种符号化的地址系统，即 Internet 的域名系统（Domain Name System，DNS），它的作用就是为 Internet 提供主机符号名字和 IP 地址之间对应的转换服务。例如，使用字符串 www.zstu.edu.cn 表示浙江理工大学 Web 服务器的主机，其对应的 IP 地址为 220.189.211.184。

按照 Internet 上的域名管理系统规定，在 DNS 中，域名采用分层结构，就像每家每户有个层次结构的地址，即国家—城市—街道—门牌号，这样便于对域名进行维护和管理。整个域名空间就像一个倒立的分叉树，每个结点上都有一个名字，如图 9-6 所示。

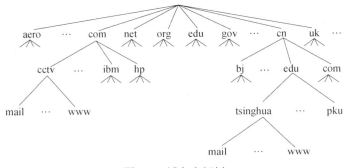

图 9-6 域名空间树

为保证域名系统的通用性，Internet 规定了一些正式的通用标准，从顶层至底层，分别为顶级域名、二级域名、三级域名，因此，域名的典型结构为：

计算机主机名.三级域名.二级域名.顶级域名

顶级域名的划分目前有两种方式：以所从事的行业领域作为顶级域名，以国家或地区代号作为顶级域名。表 9-2 列出了一些常用的顶级域名。

表 9-2　一些常用的顶级域名

域名	含义	域名	含义	域名	含义
com	商业机构	arts	文化娱乐	uk	英国
edu	教育系统	film	公司企业	us	美国
gov	政府部门	info	信息服务	jp	日本
org	非盈利组织	aero	航空运输	kr	韩国
int	国际机构	au	澳大利亚	my	马来西亚
mil	军事团体	ca	加拿大		
net	网络机构	cn	中国		

（2）域名管理。为保证域名地址的唯一性，域名地址必须由专门的机构负责管理，并按照一定的规范书写。互联网名称与数字地址分配机构（ICANN）负责管理国际通用顶级域名，并授权各国（地区）的网络信息中心负责管理其相应的国家（地区）顶级域名；中国顶级域名 cn 由 ICANN 授权我国工业和信息化部下属的中国互联网络信息中心 CNNIC 负责管理和运行。

（3）配置 DNS 服务器地址。一台需要使用域名地址来与其他主机通信的主机，需要配置正确的 DNS 地址才能正常地解析域名地址，跟 IP 地址的配置一样，配置 DNS 地址的方式有从 DHCP 服务器上自动获取 DNS 地址和手动配置 DNS 两种方式。

3. IPv6

IP 协议诞生于 20 世纪 70 年代中期，发展至今已经有 40 多年了。近年来由于互联网的迅速发展，IP 地址的需求量越来越大，使得 IPv4 的地址资源不足的问题凸显，限制了 Internet 的进一步发展。一方面是地址资源数量的限制，另一方面随着电子技术及网络技术的发展，计算机网络已进入人们的日常生活，可能身边的每一样东西都需要连入 Internet。因此，为了解决 IPv4 存在的技术缺陷和地址短缺问题，1992 年 7 月，IETF（国际互联网工程任务组）发布征求下一代 IP 协议的计划，1994 年 7 月选定 IPv6 作为下一版本的互联网协议标准。为了扩大地址空间，拟通过 IPv6 重新定义地址空间。IPv6 采用 128 位地址长度，可能的地址有 $2^{128} \approx 3.4 \times 10^{38}$ 个，几乎可以不受限制地使用 IP 地址。按保守方法估算 IPv6 实际可分配的地址在整个地球的每平方米面积上仍可分配 1 000 多个地址。

9.4.4　Internet 的服务与应用

1. WWW 服务

WWW 是 World Wide Web 的缩写，中文称"万维网"。WWW 使信息以非常灵活的方式在 Internet 上传输，因此它对 Internet 的流行起了至关重要的作用。WWW 是 Internet 上所有支持超文本传输协议 HTTP（Hyper Text Transport Protocol）的客户机和服务器的集合，采用超文本、超媒体的方式进行信息的存储与传递，并能将各种信息资源有机地结合起来，具有图文并茂的信息集成能力及超文本链接能力。用户使用 WWW 服务很容易从 Internet 上获取文本、图形、声音和动画等信息。可以说 WWW 是当今世界最大的电子资料世界，有时候 WWW 被看作是 Internet 的代名词。

1）WWW 标准

统一资源定位器（URL）、超文本传送协议（HTTP）、超文本标记语言（HTML）是 Web 的三个标准，这三个标准构成了 WWW 的核心部分。

（1）统一资源定位器（URL）。Web 浏览器要浏览一个资源，首先要知道这个资源的名称和地址，在 Web 中，这些资源都用统一资源定位器（Uniform Resource Locator，URL）来描述。URL 不仅描述了要访问的资源的名称和地址，而且还提供了访问这个资源的方法（或者称访问协议）。URL 的格式如下：

访问协议://服务器域名（或 IP 地址）[:端口]/目录/文件名

例如，在浏览器里输入一个地址，如图 9-7 所示。

图 9-7　URL 地址示例

地址栏里的 http://www.gov.cn/guoqing/index.htm 就是一个 URL 地址，这里的 http 表示通过 HTTP 协议进行访问；请求的服务器域名为 www.gov.cn；要访问的服务器的端口是默认的 80，可以省略；guoqing 是指要访问的服务器上的目录；index.htm 是要请求的目录下的文件，如果不输入，表示请求的文档是服务器上提供的默认首页，如 index.html、default.html 等。

（2）超文本传输协议（HTTP）。Web 浏览器和服务器之间的通信使用超文本传输协议（HTTP），HTTP 协议是基于客户/服务器的基本模式，即请求/回答模式。

（3）超文本标记语言（HTML）。网页设计者发布到网络上的网页能够被世界各地的用户浏览，需要使用规范化的语言进行发布。1982 年，Tim Berners-Lee 为使世界各地的物理学家能够方便地进行合作研究，建立了超文本标记语言——HTML（HyperText Markup Language）。HTML 语言是为"网页创建和其他可在网页浏览器中看到的信息"设计的结构化的标记语言。

HTML 语言最初仅有少量标记，因此实现的功能也很少。随着人们需求的增多及 Web 浏览器的发展，HTML 不断扩充和发展，其版本从最初的第一版、HTML2.0、HTML3.0 一直发展到 HTML5.0。万维网联盟（W3C）小组负责制定或修订这些标准，目前最新的标准是 HTML5.0。

2）Web 浏览器及其使用

在 WWW 服务器的客户/服务器模式中，Web 浏览器是经常使用的客户端程序，浏览器伴随着超文本标记语言的出现而出现。

在浏览器市场，近年来谷歌的 Chrome 浏览器以其简洁、稳定、快速的特点，市场占有率不断提升，已经成为排名第一的浏览器。此外，还有 Mozilla 的 Firefox（火狐）浏览器、微软新推出的 Edge 浏览器等，也占据了一定的市场份额。

2. 信息搜索服务

万维网上存储了丰富的资源，只要知道了该资源所在的网站，在浏览器中输入相应的 URL 就可以进入网站查看资源。但是，如果不知道所需的资源在哪个网站，那么就要用到搜索引擎提供的信息搜索服务。

搜索引擎是指根据一定的策略、运用特定的计算机程序搜集互联网上的信息，在对信息进行组织和处理后，为用户提供检索服务的系统。搜索引擎为用户提供所需信息的定位，包括所在的网站或网页、文件所在的服务器及目录等。搜索的结果包括网页、图片、信息及其他类型的文件，通常以列表的形式显示出来，而且这些结果通常按点击率来排名。具有代表性的中文搜索引擎网站有百度和谷歌，以及微软的必应。

搜索引擎广义上可以分为目录式搜索引擎、全文搜索引擎、元搜索引擎，狭义上就是指全文搜索引擎。

3. FTP 服务

FTP 是 File Transfer Protocol（文件传输协议）的缩写，是互联网上应用最广泛的文件传送方式，也是 Internet 最重要的服务之一。将文件从网络上的一台计算机复制到另一台计算机并不是一件很简单的事情，因为 Internet 上运行着各种不同的计算机和操作系统，使用着不同的数据存储方式，使用 FTP 协议可以减少所处理文件的不兼容性，因此所有流行的网络操作系统都支持 FTP 协议的有关功能。

1）FTP 工作原理

在 FTP 的使用当中，有"下载（download)"和"上传（upload)"两个概念，"下载"文件就是从远程主机复制文件至用户的计算机上，"上传"文件就是将文件从用户的计算机中复制到远程主机上。

2）FTP 服务器

把一台计算机作为 FTP 服务器，需要在这台机器上安装 FTP 服务器软件。有关各种 FTP 服务器软件的配置方法不在本书的探讨范围，有兴趣的读者可参阅相关文献资料。

3）FTP 客户端

在客户端，要进行 FTP 连接，需要有 FTP 客户端软件，Windows 操作系统的 IE 浏览器也可以作为 FTP 服务的客户端连接 FTP 服务器进行登录、上传和下载操作，使用的方法是在浏览器的地址栏中输入 FTP 服务器地址即可。除 Windows 自带的 FTP 客户端外，也可以使用专门的 FTP 客户端工具软件，如 FlashFXP、CuteFtp、LeapFtp 等。

4. 其他服务

现在，Internet 上提供的服务包罗万象，已经涵盖了人们生活中的方方面面，如网络社区、网上购物、即时通信、网络游戏、音视频点播、在线地图等。随着智能手机的广泛应用和移动互联网的发展，这些服务又都覆盖到了移动端，大大方便了人们的生活。

第10章　Windows 10 及 Office 2016

10.1　Windows 10 操作系统

操作系统经历了从无到有，从简单的监控程序到目前可以并发执行的多用户、多任务的高级系统软件的发展变化过程，在计算机科学的发展过程中起着重要的作用，为人们建立各种各样的应用环境奠定了重要基础。

10.1.1　Windows 10 操作系统的基本操作

Windows 10 操作系统是由美国微软公司开发的应用于计算机和平板电脑的操作系统，于 2015 年 7 月发布正式版，是目前使用较为广泛的一套操作系统，主要包括家庭版、专业版、企业版、教育版、移动版、移动企业版和物联网核心版 7 个版本。本章将重点介绍中文版 Windows 10 专业版操作系统。

1. 启动及退出

课程目的与要求：
掌握 Windows 10 的启动及退出。
课程内容与操作步骤：
1）Windows 10 的启动及登录
通常系统启动需要确保电源供电正常，各电源线、数据线及外部设备等硬件连接无误，然后按开机按钮，即可进入系统启动界面。系统进入登录界面后，用户输入账号和登录密码，密码验证通过后，Windows 10 即进入系统桌面。
2）Windows 10 的退出
退出有以下两种方法。
（1）用鼠标单击屏幕左下角"开始"菜单中的"电源"选项，其中有"睡眠""关机""重启"操作选项，如图 10-1 所示。
"关机"命令是指关闭操作系统并断开主机电源。"重启"命令是指计算机在不断电的情况下重新启动操作系统。"睡眠"命令是指自动将打开的文档和程序保存在内存中并关闭所有不必要的功能。睡眠的优点是只需几秒便可使计算机恢复到用户离开时的状态，且耗电量非

图 10-1　"睡眠""关机""重启"等操作选项

常少。对于处于睡眠状态的计算机，可通过按键盘上的任意键、单击、打开笔记本式计算机的盖子来唤醒计算机或通过按下计算机电源按钮恢复工作状态。

（2）在按下键盘"Alt+F4"组合键后，计算机会弹出如图 10-2 所示的"关闭 Windows"对话框，其中有"切换用户""注销""睡眠""关机""重启"操作选项。

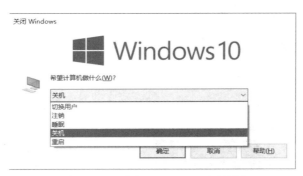

图 10-2　"关闭 Windows"对话框

"注销"命令将退出当前账户，关闭打开的所有程序，但计算机不会关闭，其他用户可以登录计算机而无须重新启动计算机。注销不可以替代重新启动，只可以清空当前用户的缓存空间和注册表等信息。

若计算机上有多个用户账户，用户可使用"切换用户"操作选项在各用户之间进行切换而不影响每个账户正在使用的程序。

2．桌面图标

图标是代表文件、文件夹、程序和其他项目的小图片，双击图标或选中图标后按 Enter 键，即可启动或打开它所代表的项目。在新安装的 Windows 10 系统桌面中，往往仅存在一个回收站图标，用户可以根据需要将常用的系统图标添加到桌面上。

课程目的与要求：

掌握添加桌面图标的操作方法。

课程效果图：

（1）在新安装的 Windows 10 系统桌面中，往往仅存在一个回收站图标，如图 10-3 所示。

（2）根据需要将常用的系统图标添加到桌面上，如图 10-4 所示。

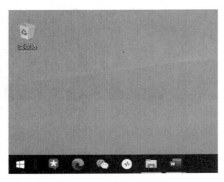

图 10-3　回收站图标

图 10-4　常用的系统图标示例

课程内容与操作步骤：

（1）在桌面空白处单击鼠标右键，在弹出的快捷菜单中选择"个性化"命令，如图 10-5 所示，打开"个性化"设置窗口。

图 10-5　快捷菜单

（2）单击"主题"→"桌面图标设置"链接，如图 10-6 所示，弹出"桌面图标设置"对话框。

（3）在打开的对话框中选择所需的系统图标，单击"确定"按钮完成设置，如图 10-7 所示。完成效果如图 10-8 所示。

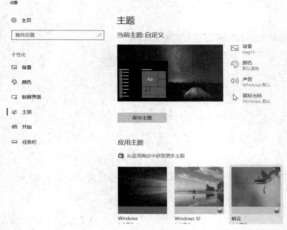

图 10-6　桌面图标设置

图 10-7　选择所需的系统图标

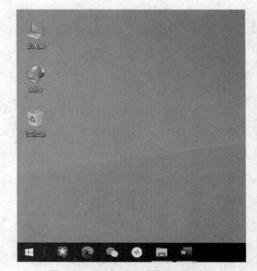

图 10-8　添加桌面图标完成效果

3."开始"菜单

"开始"按钮位于任务栏最左端，单击"开始"按钮即可打开"开始"菜单，如图 10-9 所示。"开始"菜单是运行 Windows 10 应用程序的入口，是执行程序常用的方式。Windows 10 的"开始"菜单整体上可以分成两个部分，左侧为应用程序列表、常用项目和最近添加使用过的项目；右侧则是用来固定图标的开始屏幕。通过"开始"菜单，用户可以打开计算机中安装的大部分应用程序，还可以打开特定的文件夹，如文档、图片等。

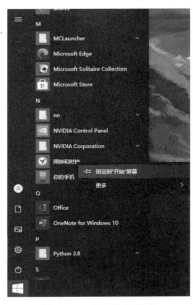

图 10-9　"开始"菜单

"开始"菜单使用小技巧：按"Ctrl+Esc"组合键或"Windows" ⊞ 键可以显示或隐藏"开始"菜单。

4. 窗口、对话框及菜单的基本操作

课程目的与要求：
（1）掌握窗口的组成、打开、关闭与排列。
（2）掌握对话框中命令按钮、文本框、下拉列表框、单选按钮、复选框等基本元素。
（3）掌握菜单选项的类型及特点。

课程内容与操作步骤：

1）窗口

窗口一般由标题栏、功能选项卡、地址栏、导航窗格、工作区、状态栏、滚动条等组成，如图 10-10 所示。当前所操作的窗口是已经激活的窗口，而其他打开的窗口是未激活的窗口。激活窗口对应的程序称为前台程序，未激活窗口对应的程序称为后台程序。

窗口的基本操作主要包括以下几个方面。

（1）打开窗口：在 Windows 10 中，双击应用程序图标，就会弹出窗口，此操作叫作打开窗口。另外，用户在图标上右击，在弹出的快捷菜单中选择"打开"命令，也可以打开窗口。

（2）关闭窗口：单击窗口右上角的"关闭"按钮，即可关闭当前打开的窗口。用户可以使用"Alt+F4"组合键进行窗口的关闭操作，也可右击位于任务栏的该窗口图标，在弹出的快捷菜单中选择"关闭窗口"命令。

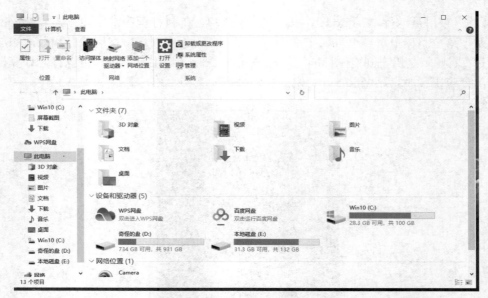

图 10-10　窗口

（3）窗口排列：当用户打开多个窗口时，桌面会变得混乱。用户可以对窗口进行不同方式的排列，方便用户对窗口的浏览与操作，提高工作效率。在任务栏空白处右击，在弹出的快捷菜单中选择"层叠窗口""堆叠显示窗口""并排显示窗口"命令，可按指定方式排列所有打开的窗口，如图 10-11 所示。

图 10-11　窗口排列命令

2）对话框

对话框中通常有命令按钮、文本框、下拉列表、单选按钮、复选框等基本元素，如图 10-12 和图 10-13 所示。

（1）命令按钮：用来确认选择执行某项操作，如"确定"和"取消"按钮等。

（2）文本框：用来输入文字或数字等。

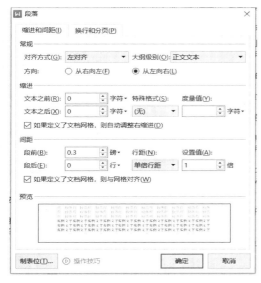

图 10-12　对话框 1

图 10-13　对话框 2

（3）下拉列表：提供多个选项，单击右侧的下拉按钮可以打开下拉列表，从中选择一项。

（4）复选框：用来决定是否选择该项功能，通常前面有一个方框，在方框中打钩表示该项被选中，可同时选择多项。

（5）单选按钮：一组选项中只能选择一个，通常前面有一个圆圈，圆圈中带有圆点表示被选中。

3）菜单

在 Windows 系统中执行命令最常用的方法之一就是选择菜单中的命令，菜单主要有"开始"菜单、下拉菜单和快捷菜单几种类型。在 Windows 10 中、▼标记常表示包含下级子菜单。

（1）"开始"菜单。单击任务栏最左端"开始"按钮即可打开"开始"菜单。"开始"菜单在前面已经做了介绍，这里不再重复。

（2）下拉菜单。单击窗口中的菜单栏选项就会出现下拉菜单，如图 10-14 所示。

（3）快捷菜单。在某一个对象上右击，弹出的菜单称为快捷菜单，如图 10-15 所示。在不同的对象上右击，弹出的快捷菜单内容也不同。

图 10-14　下拉菜单

图 10-15　快捷菜单

5. 应用程序的启动和退出

课程目的与要求：
（1）掌握应用程序的启动方法和步骤。
（2）掌握应用程序的退出方法和步骤。
课程内容与操作步骤：
1）应用程序的启动

应用程序的启动有多种方法，以下为常用的启动方法。

（1）通过快捷方式。如果该对象在桌面上设置有快捷方式，直接双击快捷方式图标即可运行软件或打开文件。

（2）通过"开始"菜单。一般情况下，软件安装后都会在"开始"菜单中自动生成对应的菜单项，用户可通过单击菜单项快速运行软件。

2）应用程序的退出

Windows10 是一款支持多用户、多任务的操作系统，能同时打开多个窗口，运行多个应用程序。应用程序使用完之后，应及时关闭退出，以释放它所占用的内存资源，减小系统负担。退出应用程序有以下几种方法。

（1）单击程序窗口右上角的"关闭✕"按钮。

（2）在程序窗口中选择"文件"→"关闭"命令。

（3）在任务栏上右击对应的程序图标，在弹出的快捷菜单中选择"关闭窗口"命令。

（4）对于出现无响应、用户无法通过正常方法关闭的程序，可以在任务栏空白处右击，在弹出的快捷菜单中选择"任务管理器"命令，通过强制终止程序或进程的方式进行关闭操作。

6. 控制面板及设置应用程序的使用

课程目的与要求：
（1）利用 Windows 控制面板进行系统配置。
（2）屏幕保护程序的设置。
课程内容与操作步骤：
（1）打开控制面板，将其查看方式设置为小图标。

操作要点：选择"开始"→"Windows 系统"→"控制面板"命令，单击窗口上方右侧的"查看方式"按钮，在弹出的下拉菜单中选择"小图标"选项。

（2）单击"控制面板"中的"鼠标"链接，将鼠标的指针方案更改为"Windows 黑色（特大）（系统方案）"。

操作要点：单击"控制面板"中的"鼠标"链接，切换到"指针"选项卡进行设置。

（3）使用"控制面板"中的"用户账户"链接，为本机创建一个新用户 Student。

操作要点：单击"控制面板"→"用户账户"→"管理其他账户"→"在电脑设置中添加新用户"→"将其他人添加到这台电脑"→"我没有这个人的登录信息"→"添加一个没有 Microsoft 账户的用户"，弹出如图 10-16 所示的对话框，输入用户名 Student、密码和提示暗语后，单击"下一步"按钮，即可完成账户的创建。

图 10-16　创建一个账户

（4）打开设置应用程序，使用其"个性化"命令，设置屏幕保护程序为"变幻线"，等待时间为 1 分钟。

操作要点：右击"开始"按钮，在弹出的快捷菜单中选择"设置"命令，即可打开"Windows 设置"窗口，如图 10-17 所示。

然后，单击"个性化"→"锁屏界面"→"屏幕保护程序设置"链接，在弹出的如图 10-18 所示的"屏幕保护程序设置"对话框中进行设置。

图 10-17　"Windows 设置"窗口

图 10-18　"屏幕保护程序设置"对话框

10.1.2　Windows 10 的常用设置

课程目的与要求：
（1）熟悉 Window10 控制面板。
（2）掌握 Windows 常规设置方法。
（3）掌握应用程序的安装与卸载。
（4）掌握输入法的设置与安装。
（5）掌握 Windows 账户管理。

课程内容与操作步骤：

1.　认识控制面板

在 Windows 10 中，控制面板和设置应用程序是用户进行个性化系统设置和管理的综合工具箱。微软已经加强了 Windows 10 的设置应用程序，以集成更多来自传统控制面板的选项。

操作要点：选择"开始"→"Windows 系统"→"控制面板"命令即可打开控制面板。

图 10-19　"控制面板"窗口

2. Windows 常规设置方法

1）更改桌面背景和主题

桌面背景是用户在系统使用过程中看到次数最多的图片，好的桌面背景会给用户一个好的学习和工作环境。

操作要点：单击"开始"→"设置"→"个性化"图标，即可打开如图 10-20 所示的"个性化"设置窗口，用户可以对桌面背景、窗口颜色和主题等进行设置。

2）更改屏幕分辨率

分辨率是屏幕图像的精密度，是指显示器所能显示像素的多少。由于屏幕上的点、线和面都是由像素组成的，显示器可显示的像素越多，画面就越精细，同样的屏幕区域内能显示的信息也越多，所以分辨率是操作系统非常重要的性能指标之一。

图 10-20　"个性化"设置窗口

操作要点：单击"开始"→"设置"→"系统"→"显示"链接，打开"显示"设置窗口，即可对显示分辨率等进行设置。

3. 应用程序的安装与卸载

1）应用程序的安装

应用程序是计算机应用的重要组成部分，在生活、工作中为了实现更多的功能，用户需要安装不同的软件。应用程序安装的主要途径如下。

（1）许多软件是以光盘形式提供的，光盘上面带有 Autorun.inf 文件，表示光盘打开后将自动打开安装向导，用户根据安装向导安装即可。

（2）直接运行安装盘中的安装程序 Setup.exe（或 Install.exe），用户根据提示安装即可。

（3）如果软件是从网络上下载的，通常整套软件被捆绑成一个.exe 可执行文件或.rar 压缩文件。对于.exe 文件，直接双击即可安装；对于.rar 文件，则需要解压缩后再安装。

2）应用程序的卸载

对于不再使用的应用程序，用户可将其卸载，以释放其所占用的磁盘空间及系统资源等。用户可通过控制面板的"程序和功能"链接进行应用程序的卸载。

操作要点：单击"开始"→"设置"→"应用"→"应用和功能"→"程序和功能"链接，打开"卸载或更改程序"窗口，如图 10-21 所示，用鼠标左键选择要卸载的程序，单击"卸载/更改"按钮。

4. 输入法的设置与安装

输入法软件可以帮助用户实现文字的输入。目前流行的汉字输入法很多，用户可以根据自己的实际情况和使用习惯等来选择输入法。

操作要点：单击"开始"→"设置"→"时间和语言"→"语言"链接，打开如图 10-22 所示的"语言"窗口。选择"中文（中华人民共和国）"选项，再单击"选项"按钮，打开如图 10-23 所示的窗口，即可对中文输入法进行添加和删除操作。

图 10-21　应用程序的卸载

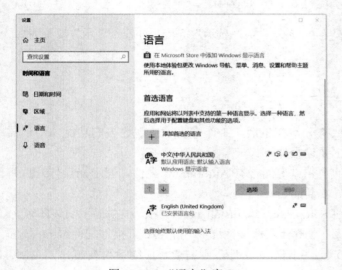

图 10-22　"语言"窗口

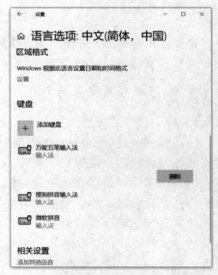

图 10-23　输入法的设置

5. 账户管理

在日常生活中，经常会出现多用户使用一台计算机的情况，设置好多用户使用环境后，不同用户使用不同的身份登录，系统就会应用该用户身份的设置，而不会影响到其他用户的设置。在整个系统中，最高权限的账户叫作管理员账户。系统通过不同的账户赋予这些用户不同的运行权限、登录界面、文件浏览权限等。

Windows 10 允许设置和使用多个账户，通过控制面板中的"用户账户"管理功能实现创建账户、更改和删除账户密码、更改账户名称等功能。

操作要点：创建新用户 user1。

（1）如图 10-24 所示打开"控制面板"窗口，单击控制面板中的"用户账户"链接，打开"用户账户"窗口，如图 10-25 所示。

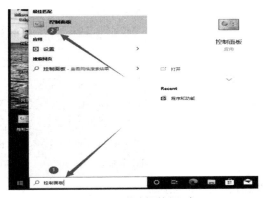

图 10-24　"控制面板"窗口　　　　　　　图 10-25　"用户账户"窗口

（2）单击"管理其他账户"→"在电脑设置中添加新用户"→"将其他人添加到这台电脑"→"我没有这个人的登录信息"→"添加一个没有 Microsoft 账户的用户"链接，弹出如图 10-26 所示的窗口，输入用户名 user1、密码和提示暗语后，单击"下一步"按钮，即可完成账户创建。

（3）单击"用户账户"窗口中的"管理其他账户"链接，选择"user1"用户，弹出如图 10-27 所示的"更改账户"窗口，可对账户的名称、密码、类型进行修改，也可删除该账户。

图 10-26　创建账户

图 10-27　"更改账户"窗口

10.1.3　Windows 10 文件管理

课程目的与要求：
（1）掌握文件的基本概念、命名规则及常规操作。
（2）掌握文件目录结构及路径。
（3）掌握文件和文件夹的基本操作。
（4）掌握常用快捷键。

课程内容与操作步骤：

1. 文件的基本概念

1）文件名

文件是一组相关信息的集合，是用来存储和管理信息的基本单位。文件名一般包括主文件名和扩展名（后缀名）两部分，一般情况下将主文件名直接称为文件名。主文件名标识文件的名称，扩展名标识文件的类型，主文件名和扩展名之间用一个"."字符间隔，如文件"Windows 10 案例.docx"，其中的"Windows 10 案例"为主文件名，"docx"为扩展名，标识文件类型为 Word 文档。Windows 10 操作系统的文件命名规则如表 10-1 所示。

表 10-1　Windows 10 操作系统的文件命名规则

命名规则	规则描述
文件名长度	包括扩展名在内最多 255 个字符的长度，不区分大小写（一般汉字相当于两个字符）
不允许包含的字符	/、\、?、:、、""、<、>、|、*
不允许命名的文件名	由系统保留的设备文件名、系统文件名等，如 Aux、Com1、Com2、Com3、Com4、Con、Lpt1、Lpt2、Lpt3、Prn、Nul
其他限制	必须要有基本名，同一文件夹下不允许同名的文件存在
可以使用	+、[ ]、空格等

另外，为文件命名时，除了要符合规定，还要考虑使用是否方便。文件的主文件名应反映文件的特点，并易记易用，顾名思义，就是便于用户识别。

2）文件类型

文件的扩展名用来区别不同类型的文件，当双击某一个文件时，操作系统会根据文件的扩展名决定调用哪一个应用软件来打开该类型的文件。表 10-2 中列出了 Windows 10 操作系统的常用文件扩展名。

表 10-2　Windows10 操作系统的常用文件扩展名

扩 展 名	文件类型
.exe、.com	可执行程序文件
.docx、.xlsx、.pptx	Microsoft Office 文件、Word 文档、表格文件、演示文档
.bak	备份文件
.bmp、.jpg、.gif、.png	图像文件
.mp3、.wav、.wma、.mid	音频文件
.rar、.zip、.Z7	压缩文件
.html、.aspx、.xml	网页文件
.bat	可执行批处理文件
.mp4、.avi、.wmv、.mov	视频文件
.sys、.ini	系统文件、配置文件
.obj	目标文件
.bas、.c、.cpp、.asm	源程序文件
.txt	文本文件

在默认情况下，Windows 10 操作系统中的文件是隐藏扩展名的，如果希望所有文件都显示扩展名，可使用以下方法进行设置。

（1）在桌面上双击"此电脑"图标，或使用快捷键"Win+E"打开"资源管理器"窗口。

（2）选择"查看"选项卡，勾选"文件扩展名"复选框，如图 10-28 所示，即可查看文件扩展名。

图 10-28　查看文件扩展名

3）文件通配符

文件通配符是指"*"和"?"符号，"*"代表任意一串字符，"?"代表任意一个字符，利用通配符"?"和"*"可使一个文件名对应多个文件，如表 10-3 所示，便于查找文件。

表 10-3　文件通配符

文 件 名	含　　　义
*.docx	表示以.docx 为扩展名的所有文件
.	表示所有文件
A*.txt	表示文件名以 A 开头，以.txt 为扩展名的文件
A*.*	表示以 A 开头的所有文件
??T*.*	表示第 3 个字符为 T 的所有文件

2. 文件目录结构和路径

1）文件目录结构

为了方便管理和查找文件，Windows 10 系统采取树形结构对文件进行分层管理。每个硬盘分区、光盘、可移动磁盘都有且仅有一个根目录（目录又称文件夹），根目录在磁盘格式化时创建，根目录下可以有若干子目录，子目录下还可以有下级子目录。文件的树形结构如图 10-29 所示。

2）路径

操作系统中使用路径来描述文件存放在存储器中的具体位置。从当前（或根）目录到达文件所在目录所经过的目录和子目录名，即构成"路径"（目录名之间用反斜杠"\"分隔）。在图 9-29 中，假设当前目录为 C:\myfile\ bak\student，则 class02.xls 文件的绝对路径表示为 C:\myfile\bak\student\class02.xls 或者\myfile\ bak\student\class02.xls；class02.xls 文件的相对路径表示为..\student\class02.xls。类似 C:\myfile\ bak\student\class01.xls 这种详细的文件描述方式又称文件说明。文件说明是文件的唯一性标识，是对文件完整的描述。

Windows 10 中存放操作系统主要文件的目录称为主目录，其路径通常是 C:\Windows。

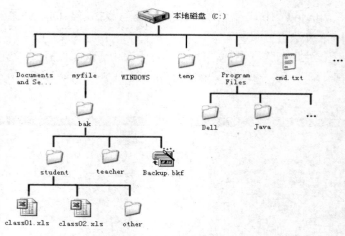

图 10-29　文件的树形结构

3. 文件及文件夹的基本操作

1）新建文件

例如，要在文件夹 TEST 中新建 t1.txt、t1.docx 文件。

操作要点：打开 TEST 文件夹，右击右侧窗格空白处，在弹出的快捷菜单中选择"新建"→"文本文档"及"Microsoft Word 文档"命令。

方法 1：首先选择目标位置，然后右击右侧窗格空白处，在弹出的快捷菜单中选择"新建"子菜单下所需的文件类型，然后命名文件。"新建"子菜单中罗列了一些常见的文件类型，如 Microsoft Word 文档，直接单击将创建 Word 文档类型的文件，也可直接应用 Microsoft Word 程序新建 Word 文档。

方法 2：首先选择目标位置，单击工具栏中的"主页"→"新建项目"右侧的下拉按钮，在弹出的下拉菜单中选择所需的文件类型，然后命名文件。

2）新建文件夹

例如，要在 D:\盘下创建一个文件夹并命名为 TEST。

方法 1：单击工具栏中的"主页"→"新建文件夹"按钮，输入文件名。

方法 2：双击"此电脑"，打开 D 盘。右击右侧窗格空白处，在弹出的快捷菜单中选择"新建"→"文件夹"命令，输入文件名。

3）选定文件（文件夹）

表 10-4 中列出了选定文件（文件夹）的具体操作方法。

表 10-4　文件（文件夹）的选定操作

选定对象	操　作
单个文件（文件夹）	直接单击即可
连续的多个文件（文件夹）	鼠标拖曳选择或先单击第一个对象，然后按住 Shift 键的同时单击最后一个对象
选择不连续的多个文件（文件夹）	按住 Ctrl 键的同时逐个单击对象
全选	鼠标拖曳选择或单击"主页"→"全部选择"按钮，也可按"Ctrl+A"组合键

4）复制和移动（剪切）文件或文件夹

复制和移动（剪切）操作包括复制（剪切）对象到剪贴板和从剪贴板粘贴对象到目的地这两个步骤。剪贴板是内存中的一块空间，Windows 剪贴板只保留最后一次存入的内容。以下为复制和移动文件或文件夹的常用操作方法。

方法 1：右击源对象，在弹出的快捷菜单中选择"复制"或"剪切"命令，然后打开目标文件夹，右击右侧窗格空白处，在弹出的快捷菜单中选择"粘贴"命令。

方法 2：首先选择源对象，单击"主页"→"复制"或"剪切"按钮，然后打开目标文件夹，单击"主页"→"粘贴"按钮。

方法 3：首先选择源对象，单击"主页"→"复制到"或"移动到"按钮，在弹出的下拉菜单中选择常用保存位置或选择"选择位置"命令，选择目标文件夹。

方法 4：当源对象和目标文件夹在同一个驱动器上时，按住 Ctrl 键（不按键）的同时直接把右侧窗格中的源对象拖动到左侧窗格的目标位置，即可实现复制（移动）操作。

方法 5：当源对象和目标文件夹在不同的驱动器上时，不按键（按住 Shift 键）直接把右侧窗格中的源对象拖动到左侧窗格的目标位置，即可实现复制（移动）操作。

方法 6：首先选择源对象，用鼠标右键将其拖动到目标文件夹，松开鼠标后在弹出的快捷菜单中选择"复制到当前位置"或"移动到当前位置"命令，即可实现复制（移动）操作。

注意：复制文件（文件夹）与移动文件（文件夹）最大的区别是，复制操作保留了源文件或文件夹，即系统中存在两份相同的文件。移动最主要的特点是唯一性，即移动过后，源文件夹中就不存在该文件了。

5）删除文件或文件夹

在整理文件或文件夹时，对于无用的文件或文件夹，可以进行删除操作。硬盘中的文件被删除后将被放入回收站，需要时可以从回收站还原文件。

（1）删除文件或文件夹。

方法 1：右击需删除的对象，在弹出的快捷菜单中选择"删除"命令，在弹出的提示对话框中单击"是"按钮。

方法 2：首先选择需删除的对象，再单击"主页"→"删除"按钮。

方法 3：首先选择需删除的对象，按 Delete 键，在弹出的提示对话框中单击"是"按钮。

方法 4：直接把需删除的对象拖到回收站中，在弹出的提示对话框中确认删除操作。

（2）永久性删除文件。首先选择对象，再按"Shift+Delete"组合键。永久性删除的文件将不会出现在回收站中，也不可恢复。

（3）恢复文件或文件夹：对于常规删除的文件或文件夹来说，如果用户出现误删除，可以使用恢复功能撤销删除操作。双击回收站图标，打开"回收站"文件夹，选择要还原的对象，单击工具栏中的"还原选定的项目"按钮或右击需还原的对象，在弹出的快捷菜单中选择"还原"命令，如图 10-30 所示。单击工具栏中的"还原所有项目"按钮可还原回收站中的全部对象。

6）清空回收站

打开回收站，单击工具栏中的"清空回收站"按钮；或者右击"回收站"图标，在弹出的快捷菜单中选择"清空回收站"命令均可对回收站进行清空操作，将回收站中所有文件及文件夹真正地删除。在回收站中右击对象，在弹出的快捷菜单中选择"删除"命令，则可永久删除该对象。

7）重命名

（1）选中需要重命名的文件或文件夹，再单击"主页"→"重命名"按钮，此时选中的文件名周围会出现一个方框，在方框中输入新的文件或文件夹名称，然后按 Enter 键或用鼠标单击窗口的其他地方，重命名确认。

（2）选中需要重命名的文件或文件夹，右击，在弹出的快捷菜单中选择"重命名"命令。

8）设置文件（文件夹）属性

文件（文件夹）属性是一些描述性的信息，可用来帮助用户查找和整理文件（文件夹）。

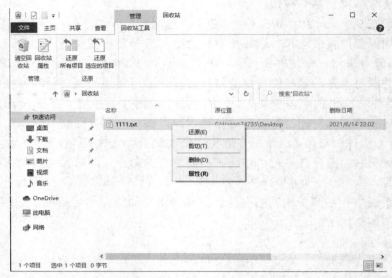

图 10-30　恢复文件或文件夹

（1）常见的文件属性。

①系统属性：系统文件具有系统属性，它将被隐藏起来。在一般情况下，系统文件不能被查看，也不能被删除，是操作系统对重要文件的一种保护，防止这些文件意外损坏。

②只读属性：对于具有只读属性的文件或文件夹，可以被查看、被应用，也能被复制，但不能被修改。

③隐藏属性：默认情况下系统不显示隐藏文件（文件夹），若在系统中更改了显示参数设置让其显示，则隐藏文件（文件夹）以浅色调显示。

④存档属性：一个文件被创建之后，系统会自动将其设置成存档属性，这个属性常用于文件的备份。

（2）设置文件（文件夹）属性。

方法 1：选中需设置属性的对象，右击，在弹出的快捷菜单中选择"属性"命令，将弹出如图 10-31 所示的对话框，选择需设置的属性，单击"确定"按钮完成设置。

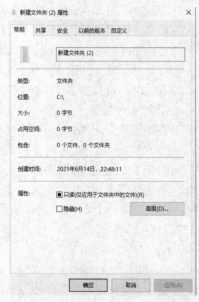

图 10-31　"新建文件夹（2）属性"
对话框

方法 2：选中需设置属性的对象，再单击"主页"→"属性"按钮，即可对其属性进行设置。

单击属性对话框中的"高级"按钮，打开"高级属性"对话框，如图 10-32 所示，可以进行高级属性的设置。

9）更改查看方式和排序方式

Windows 10 提供了多种查看文件或文件夹的方式。通常查看文件或文件夹时，还要配合将各种文件进行相应的排列，来提高文件或文件夹的浏览速度。Windows 10 提供了多种排序方式供用户选择。

图 10-32　高级属性设置

（1）更改查看方式。

方法 1：在资源管理器"查看"选项卡的"布局"选项组中选择所需的查看方式，如图 10-33 所示。

方法 2：在右侧窗格的空白处右击，在弹出的快捷菜单中选择"查看"命令的子菜单，也可选择所需的查看方式，如图 10-34 所示。

图 10-33　"查看"选项卡"布局"选项组

图 10-34　选择"查看"子菜单

（2）更改排序方式。

方法 1：单击"查看"选项卡的"排序方式"按钮，在弹出的下拉列表中选择所需的排序方式。

方法 2：在右侧窗格的空白处右击，在弹出的快捷菜单中选择"排序方式"命令的子菜单，即可选择所需的排序方式，如图 10-35 所示。

10）创建快捷方式

快捷方式是 Windows 提供的一种快速启动程序、打开文件或文件夹的方法。快捷方式实际上是一种特殊的文件，仅占用 4KB 的空间。双击快捷方式图标会触发某个程序的运行、打开文档或文件夹。快捷方式图标仅代表文件或文件夹的链接，删除该快捷方式图标不会影响实际的文件或文件夹，它不是这个对象本身，而是指向这个对象的指针。

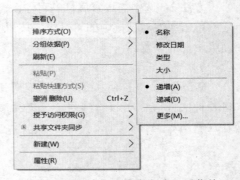

图 10-35　选择"排序方式"子菜单

创建某文档的桌面快捷方式有以下方法。

方法 1：按住 Alt 键的同时将该文档的图标拖到桌面上。

方法 2：在该文档的图标上右击，在弹出的快捷菜单中选择"发送到"→"桌面快捷方式"命令。

方法 3：在桌面的空白处右击，在弹出的快捷菜单中选择"新建"→"快捷方式"命令，弹出"创建快捷方式"对话框，如图 10-36 所示，根据提示进行创建。

图 10-36　"创建快捷方式"对话框

11）文件搜索

Windows 10 提供了强大的搜索功能，用户可高效地搜索文件。以下为搜索文件的操作步骤。

（1）在资源管理器导航窗格中选择要搜索的位置。

（2）在搜索框中输入关键字后按 Enter 键即可开始搜索。在搜索框中输入关键字时，可使用文件名通配符"*"和"?"。"*"代表任意一串字符，"?"代表任意一个字符，利用通配符"?"和"*"可使一个文件名对应多个文件。

（3）若搜索结果过多，可使用多种筛选方法进行筛选，在如图 10-37 所示的"搜索"选项卡中，在"优化"选项组中选择所需的筛选条件即可进行筛选。

图 10-37　"搜索"选项卡"优化"选项组

（4）若要搜索文件内容，可在"搜索"选项卡中的"高级选项"下拉菜单中选中"文件内容"选项，这样就会搜索文件内容中包含所输入的关键字的文件；如果也选中了"系统文件""压缩的文件夹"选项，那么会把包含关键字的系统文件和压缩文件也搜索出来。

操作任务及步骤：

假设要在 C:\Program Files 文件夹中搜索所有存储空间在 16KB～1MB 的 txt 文件，操作步骤如下。

（1）打开 C 盘，在窗口右上方的搜索框中输入"*.bmp"，按 Enter 键进行搜索，再单击"搜索"选项卡中的"大小"选项，在弹出的下拉菜单中选择"小（16KB—1MB）"。

（2）将搜索条件以 S1 为文件名保存到 TEST 文件夹中。单击"搜索"选项卡中的"保存搜索"按钮，在弹出的"另存为"对话框中设置相关选项。

（3）将搜索结果中最小的两个不同文件复制到 TEST 文件夹中。在右侧窗格空白处右击，在弹出的快捷菜单中选择"排序方式"→"大小"命令，使搜索结果按大小排序，选择最小的两个不同文件复制到 TEST 文件夹中。

12）常用热键介绍

Windows 10 系统在支持鼠标操作的同时也支持键盘操作，许多菜单功能仅利用键盘也能顺利执行。表 10-5 列出了替代鼠标操作的常用快捷键。

表 10-5　常用快捷键

快捷键组合	功　能	快捷键组合	功　能
Ctrl+C	复制	Windows+Tab	时间轴，可看到近几天执行过的任务
Ctrl+X	剪切	Windows+R	打开运行窗口
Ctrl+V	粘贴	Tab	在选项之间向前移动
Ctrl+Z	撤销	Shift+Tab	在选项之间向后移动
Delete	删除	Enter	执行活动选项或按钮所对应的命令
Shift+Delete	永久删除	Space	如果活动选项是复选框，则选中或取消选择该复选框
Ctrl+A	全选	方向键	如果活动选项是一组单选按钮，则选中某个单选按钮
Alt+Enter	查看所选项目的属性	Print Screen	复制当前屏幕图像到剪贴板
Alt+F4	关闭或者退出当前程序	Alt+Print Screen	复制当前窗口图像到剪贴板
Alt+Enter	显示所选对象的属性	Windows+E	打开资源管理器
Alt+Tab	在打开的项目之间切换	Windows+I	打开Windows 设置界面
Ctrl+Esc	显示"开始"菜单	Windows+A	打开操作中心

续表

快捷键组合	功　　能	快捷键组合	功　　能
Alt +菜单名中带下画线的字母	显示相应的菜单	F1	显示当前程序或Windows 的帮助功能
Esc	取消当前任务	F2	重命名当前选中的文件
Windows+M	最小化所有窗口	F10	激活当前程序的菜单栏

任务拓展：

请独自完成以下操作。

（1）将"文件与文件夹实验"文件夹下 MIRROR 文件夹中的文件 JOICE.BAS 的属性设置为隐藏属性。

（2）将"文件与文件夹实验"文件夹下 SNOW 文件夹中的文件夹 DRIGE 删除。

（3）将"文件与文件夹实验"文件夹下 NEWFILE 文件夹中的文件 AUTUMN.FOR 复制到"文件与文件夹实验"文件夹下 WSK 文件夹中，并重命名为 SUMMER.FOR。

（4）将"文件与文件夹实验"文件夹下 MATER 文件夹移动到"文件与文件夹实验"文件夹下 MORN 文件夹中。

（5）在"文件与文件夹实验"文件夹下 YELLOW 文件夹中建立一个新文件夹 STUDIO。

（6）将"文件与文件夹实验"文件夹下 CPC 文件夹中的文件 TOKEN.DOC 移动到"文件与文件夹实验"文件夹下 STEEL 文件夹中。

（7）为"文件与文件夹实验"文件夹中的 ANEWS.EXE 文件建立快捷方式，名为 KANEWS。

10.1.4　常用工具的使用

课程目的与要求：

（1）掌握资源管理器的启动及设置。

（2）掌握磁盘清理与磁盘碎片的整理。

（3）掌握磁盘分区与格式化。

课程内容与操作步骤：

1. 任务管理器

任务管理器提供了有关计算机性能的信息，并显示了计算机上所运行的程序和进程的详细信息。如果连接到网络，那么还可以查看网络状态并了解网络是如何工作的。在 Windows 10 中，任务管理器还提供了管理启动项的功能。因此任务管理器是维护计算机的主要手段之一。

1）启动任务管理器

方法 1：按"Ctrl+Alt+Delete"组合键，在弹出的界面中选择"任务管理器"选项。

方法 2：右击任务栏的空白处，在弹出的快捷菜单中选择"任务管理器"命令，如图 10-38 所示。

图 10-38　选择"任务管理器"命令

方法 3：按"Ctrl+Shift+Esc"组合键直接打开任务管理器。

2）终止程序、进程或服务

用户要结束一个正在运行的程序或已经停止响应的程序，只需在如图 10-39 所示的任务管理器中单击"详细信息"链接，打开如图 10-40 所示的"进程"选项卡，选择该应用程序，单击"结束任务"按钮即可。

图 10-39　单击"详细信息"链接

图 10-40　结束任务

3）打开服务

在任务管理器的"服务"选项卡中，单击"打开服务"链接，如图 10-41 所示，即可打开"服务"窗口，对计算机中的服务进行管理。

图 10-41　打开服务

4）整理自启动程序

启动 Windows 10 时通常会自动启动一些应用程序，过多的自启动程序会占用大量资源，影响开机速度，甚至有些病毒或木马也在自启动行列，因此就要取消一些没有必要的自启动程序。

用户要禁用某一个自启动的项目，只需在图 10-42 所示的"启动"选项卡中选择该启动项，单击"禁用"按钮即可，下次启动计算机时就不再自动加载该启动项。

图 10-42　禁用自启动的项目

2. 磁盘清理与磁盘碎片的整理

1）磁盘清理

在使用计算机的过程中会产生一些垃圾数据，如安装软件时带来的临时文件、上网时的网页缓存及回收站中的文件等，因此要定期进行磁盘管理，使计算机的运行速度不会因为存在太多无用文件、过多的磁盘碎片而导致缓慢。磁盘清理的操作步骤如下。

（1）双击桌面"此电脑"图标打开资源管理器，在需要整理的磁盘图标上右击，在弹出的快捷菜单中选择"属性"命令，如图 10-43 所示。

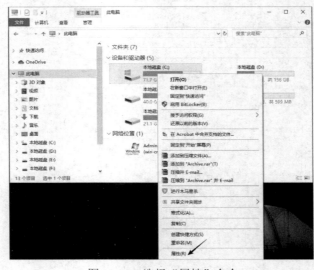

图 10-43　选择"属性"命令

（2）在弹出的"属性"对话框中选择"常规"选项卡，单击"磁盘清理"按钮，如图 10-44 所示，系统开始计算释放多少空间，之后将自动打开如图 10-45 所示的磁盘清理对话框。

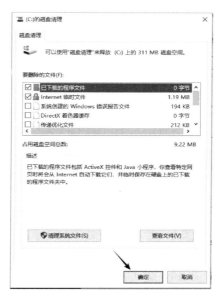

图 10-44　"本地磁盘（C:）属性"对话框　　　图 10-45　"（C:）的磁盘清理"对话框

（3）单击"清理系统文件"按钮，对系统垃圾文件进行清理。

（4）重新返回到清理界面后，选择需删除的垃圾文件，单击"确定"按钮，对垃圾文件进行清理。

2）碎片整理

长期使用计算机后，在磁盘中会产生大量不连续的文件碎片，使得读写文件的速度变慢。利用磁盘碎片整理程序使每个文件或文件夹尽可能占用卷上单独而连续的磁盘空间，可以提高磁盘文件读写的速度。碎片整理的操作步骤如下。

（1）打开资源管理器，在需要碎片整理的磁盘图标上右击，在弹出的快捷菜单中选择"属性"命令。

（2）在弹出的"属性"对话框中选择"工具"选项卡，单击"优化"按钮，打开"优化驱动器"对话框，如图 10-46 所示。

（3）选择需进行碎片整理的磁盘，单击"分析"按钮，系统进行碎片分析，单击"优化"按钮，系统会自动对磁盘进行碎片整理优化。

3. 磁盘分区与格式化

外存储器中最主要的存储设备就是硬盘。硬盘使用前必须先进行分区，磁盘分区后，还必须经过格式化才能安装操作系统、存放文件。常见的磁盘格式有：FAT（FAT16）、FAT32、NTFS、exFAT、ext2、ext3、ext4 等。在传统的磁盘管理中，将一个硬盘分为主分区和扩展分区两大类。主分区是能够安装操作系统、可以进行计算机启动的分区。

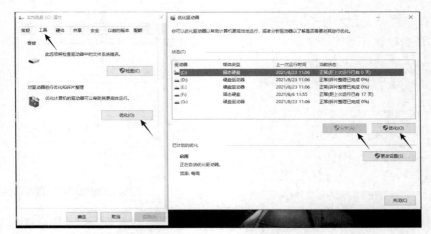

图 10-46 "工具"选项卡和"优化驱动器"对话框

1）磁盘分区

对于新硬盘，既可以借助一些第三方的软件，如 DM、FDisk、Acronis Disk Director Suite、PQMagic 等来实现分区，也可以使用由操作系统提供的磁盘管理平台来进行分区。右击"此电脑"图标，在弹出的快捷菜单中选择"管理"命令，如图 10-47 所示，打开"计算机管理"窗口，选择"磁盘管理"选项，在右侧窗格中即可看到这台计算机所有外存储器的情况。在 Windows10 中，可以使用"磁盘管理"中的"压缩"功能对硬盘进行重新分区。通过压缩现有的分区（或称卷）来创建未分配的磁盘空间，从而可以创建新分区。在磁盘管理窗格中右击未分配空间的方块，在弹出的快捷菜单中选择"新建简单卷"命令，根据提示经过指定分区大小、分配盘符、格式化等步骤后即可创建新分区。

2）将分区标记为活动分区

在磁盘管理窗格中右击需要标记为活动的主分区，在弹出的快捷菜单中选择"将分区标记为活动分区"命令，可将该分区标记为活动分区，如图 10-48 所示。每个物理硬盘上只能有一个活动分区。在基本磁盘上将某分区标记为活动分区意味着计算机将对该分区使用加载程序以启动操作系统。注意，如果某个分区不包含操作系统加载程序，请勿将其标记为活动分区，否则，将导致计算机停止工作。

图 10-47 选择"管理"命令

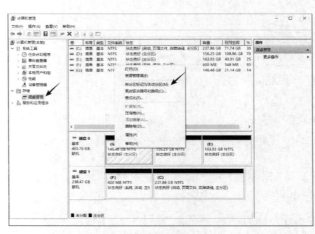

图 10-48 "计算机管理"窗口

3）格式化磁盘

（1）打开资源管理器，在需格式化的磁盘（如 D 盘）图标上右击，在弹出的快捷菜单中选择"格式化"命令，如图 10-49 所示，打开"格式化新加卷（D:）"对话框。

（2）在"格式化"对话框中单击"开始"按钮将弹出提示对话框，单击"确定"按钮即可开始格式化操作。

在如图 10-50 所示的对话框中有一个"快速格式化"复选框，此复选框的功能主要是删除目标盘上原有的文件分配表和根目录，不检测坏道，不备份数据，以提高格式化的速度，但牺牲了可靠性。正常格式化会将目标盘上的所有磁道扫描一遍，检测盘上的坏道，清除盘中的所有内容，但速度会慢一些。正常格式化后内容无法恢复，快速格式化后可以用工具软件恢复数据内容。

图 10-49　选择"格式化"命令

图 10-50　"格式化新加卷（D:）"对话框

10.2　Word 2016 文档处理与制作

10.2.1　Word 文档的基本编辑

课程目的与要求：

（1）掌握文档的创建和保存。

（2）掌握文本的输入，特别是特殊符号的输入。

（3）熟练掌握文档的编辑操作，包括选定文本、移动、复制和删除文本，查找和替换文本。

（4）熟练掌握文档排版，包括字符排版、段落排版和页面排版。

课程效果图：（图 10-51）

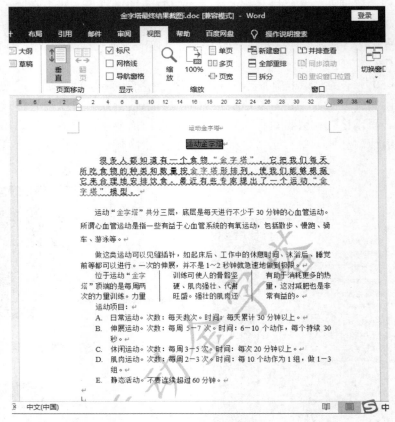

图 10-51　最终效果图

任务提出：

（1）给文章添加标题"运动金字塔"，居中；给标题设边框（单线、阴影）；给标题添加绿色底纹。

（2）把正文第一段字体设为黑体，添加波浪下画线，字符间距加宽 2 磅。

（3）设置正文第二段段前间距为 12 磅，段后间距为 8 磅，所有段落首行缩进 2 字符。

（4）把纸张设为 16 开，上页边距为 2 厘米，右页边距为 2.5 厘米。

（5）把文章中所有"金塔"替换为"金字塔"后，显示为红色。

（6）启动页眉、页脚，在页眉处居中输入"运动金字塔"。页脚靠右插入页码，数字格式为"a、b、c…"，起始页码从"c"开始。

（7）为页面添加红色（标准色）、楷体、半透明斜式水印，内容为"运动金字塔"。

（8）给正文第四段分栏：等宽 3 栏，栏宽度为 9 字符，添加分隔线。

（9）给"日常运动"到"静态活动"所有段落添加自动编号，格式为"A、B、C"。

任务实施：

任务 1：标题的设置

步骤 1：将光标放置在文档的最前段，按 Enter 键插入一个空行，输入"运动金字塔"，单击"开始"选项卡"段落"选项组中的居中对齐按钮，将标题居中，如图 10-52 所示。

图 10-52　标题居中

步骤 2：标题的格式化。选中标题，单击"开始"选项卡"段落"选项组中的"边框和底纹"按钮，打开"边框和底纹"对话框，选择"边框"选项卡，单击左边的"阴影"按钮，在"应用于"下拉列表中选择"文字"选项，单击"确定"按钮，完成标题边框的设置，如图 10-53 所示。选择"底纹"选项卡，在"填充"下拉列表中选择纯绿色，在"应用于"下拉列表中选择"文字"选项，单击"确定"按钮，完成标题底纹的设置，如图 10-54 所示。

图 10-53　标题边框的设置

图 10-54　标题底纹的设置

任务 2：文字和段落的设置

步骤 1：选中正文第一段，在"开始"选项卡的"字体"选项组中单击右下角的三角按钮，弹出"字体"对话框。在"中文字体"下拉列表中选择"黑体"，在"下画线线型"中选择"波浪线"，如图 10-55 所示。继续在"字体"对话框中选择"高级"选项卡，在"间距"下拉列表中选择"加宽"，"磅值"输入"2 磅"，如图 10-56 所示，单击"确定"按钮即可。

步骤 2：选中正文第二段，在"开始"选项卡的"段落"选项组中单击右下角的三角按钮，弹出"段落"对话框。在"缩进和间距"选项卡的"间距"处设置"段前"为"12 磅"，"段后"为"8 磅"，如图 10-57 所示。选中所有段落，打开"段落"对话框，在"缩进和间距"选项卡的"特殊"处设置段落"首行"缩进"2 字符"，如图 10-58 所示。

图 10-55　正文第一段字体设置

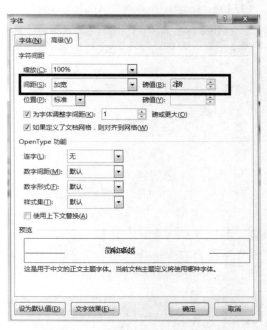

图 10-56　正文第一段字符间距设置

图 10-57　正文第二段段前段后设置

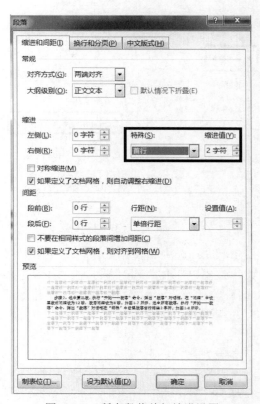

图 10-58　所有段落首行缩进设置

任务 3：页面布局的设置

步骤 1：在"布局"选项卡的"页面设置"选项组中单击右下角的三角按钮，弹出"页面设置"对话框，选择"纸张"选项卡，在"纸张大小"下拉列表中选择"16 开"纸型，如图 10-59 所示。

步骤 2：在"页面设置"对话框中选择"页边距"选项卡，在"页边距"中设置"上"页边距为"2 厘米"，"右"页边距为"2.5 厘米"，如图 10-60 所示。

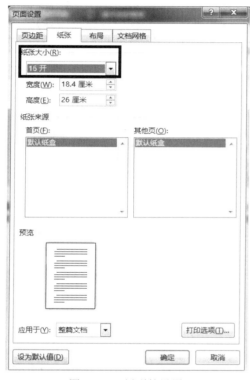

图 10-59　纸型的设置

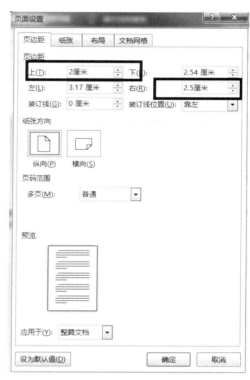

图 10-60　页边距的设置

任务 4：文字和格式替换的设置

步骤 1：将光标放置在文档的最前面，单击"开始"选项卡的"替换"按钮，弹出"替换"对话框，在"查找内容"处输入"金塔"，在"替换为"处输入"金字塔"，单击"更多"按钮，展开对话框，选择"金字塔"文字，单击"格式"按钮下拉菜单中的"字体"命令，弹出"字体"对话框，设置字体颜色为红色，单击"确定"按钮，关闭"字体"对话框，回到"替换"对话框，最后单击"全部替换"按钮即可，如图 10-61 所示。

任务 5：页眉、页脚的设置

步骤 1：页面的设置。选择"插入"→"页眉"→"编辑页眉"命令，将光标放置在文档页眉处，输入"运动金字塔"并居中即可。

步骤 2：页脚的设置。选择"插入"→"页眉"→"编辑页脚"命令，将光标放置在文档页脚处，选择"设计"→"页码"→"设置页码格式"命令，弹出"页码格式"对话框，设置

"编号格式"为小写英文字母,设置"起始页码"为"c",如图 10-62 所示,单击"确定"按钮。选择"设计"→"页码"→"页面底端"命令,在页脚靠右插入页码。

图 10-61　替换的设置

图 10-62　页码格式的设置

任务 6:水印的设置

步骤:选择"设计"→"水印"→"自定义水印"命令,弹出"水印"对话框。在对话框中选择"文字水印"单选按钮,输入文字"运动金字塔",将"字体"设置为"楷体",将颜色设置为"红色",勾上"半透明"复选框,将"版式"设置为"斜式",单击"确定"按钮即可,如图 10-63 所示。

任务 7:分栏的设置

步骤:选择正文第四段,选择"布局"→"栏"→"更多栏"命令,打开"栏"对话框,设置"栏数"为"3",宽度为"9 字符",勾选"栏宽相等"和"分隔线"复选框,如图 10-64 所示。

图 10-63　水印的设置

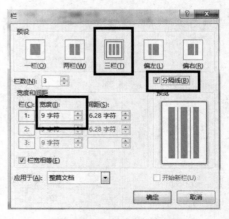

图 10-64　分栏的设置

任务 8：编号的设置

步骤：选中"日常运动"到"静态活动"的所有段落，在"开始"选项卡的"段落"选项组中单击"编号库"按钮，如图 10-65 所示，在下拉菜单中选择大写英文字母格式即可，如图 10-66 所示。

图 10-65　编号库

图 10-66　选择大写英文字母格式

能力拓展——Word 文字排版的制作

Word 文字排版要求如下。

（1）打开 Word 文档"物流.docx"。

（2）给文章添加标题"物流的目的"，给标题设置边框（单线.阴影），添加底纹为 40%的图案样式，字符间距为加宽 2 磅。

（3）把纸张设为 16 开，上页边距为 2 厘米，右页边距为 2.5 厘米。

（4）把文章中所有"系统"替换为"综合"，为"综合"添加着重号。

（5）把正文第一段字体设为黑体，字符间距为加宽 5 磅，添加波浪下画线。

（6）设置正文第二段段前间距为 2 行，段后间距为 1 行，首行缩进 2 字符，行距为 20 磅。

（7）设置正文第三段为两端对齐，悬挂缩进 1 字符，字符缩放 120%。

（8）给正文最后一段分栏：等宽 3 栏，栏宽度为 9 字符，添加分隔线。

（9）把正文第一段复制到最后一段前面（保留原格式）。

（10）启动页眉、页脚，在页眉处居中输入"物流的目的"。页脚靠左插入页码，页码格式为大写字母，起始页码从"C"开始。

（11）给正文第二段设置首字下沉 2 行，楷体。

10.2.2　制作公司简介

课程目的与要求：

（1）掌握在 word 中插入艺术字的方法。

（2）掌握文本框的使用方法。

（3）掌握图文混排的方法。

（4）掌握利用 SmartArt 图形制作组织结构图的方法。

课程效果图：（图 10-67）

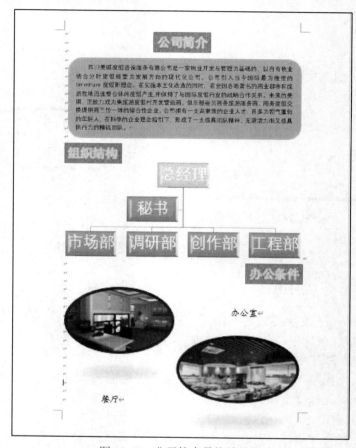

图 10-67 公司简介最终效果图

任务提出：

（1）利用艺术字输入"公司简介"的标题。

（2）利用文本框输入公司简介的内容，并对其进行格式化处理。

（3）利用艺术字输入"组织结构"的标题，并进行处理。

（4）利用 SmartArt 图形插入组织结构图，并进行处理。

（5）利用艺术字输入"办公条件"，并进行处理。

（6）利用图片插入办公条件相关图片，并进行处理。

（7）利用文本框插入办公条件的注释。

任务实施：

任务 1："公司简介"标题的插入和设置

步骤 1：将光标放置在文档最前面，不断按 Enter 键，使光标置于页面最下面，为以后对象的插入做好准备。

步骤2：将光标放置在文档的最前面，单击"插入"→"艺术字"按钮，弹出艺术字样式下拉菜单，选择第二行第三列的样式，如图10-68所示。在插入的艺术字文本框中输入"公司简介"，将其字号设置为"二号"字。选中该艺术字，单击"格式"→"环绕文字"按钮，弹出文字环绕下拉菜单，将文字环绕样式设置为"浮于文字上方"，如图10-69所示。将此艺术字用鼠标拖动到文档最上方，居中对齐。

图10-68　艺术字样式设置　　　　　　　　　图10-69　文字环绕设置

步骤3：选择该艺术字，单击"格式"→"主题样式"按钮，弹出艺术字"主题样式"下拉菜单，选择第三行第六列的主题样式，如图10-70所示。

图10-70　艺术字主题样式

任务2："公司简介"内容的插入和编辑

步骤1：将光标放置在"公司简介"标题下面，选择"插入"→"文本框"→"绘制横排文本框"命令，如图10-71所示。在"公司简介"标题下面用鼠标拖出一个文本框，把公司简介的文字复制粘贴到该文本框里面。调整文本框的大小使其宽度和页面宽度一样，使得内部的文字刚好占满文本框。

步骤 2：选中文本框内的文字，打开"段落"对话框，将文本框内的文字设置为"首行"缩进"2 字符"，如图 10-72 所示。

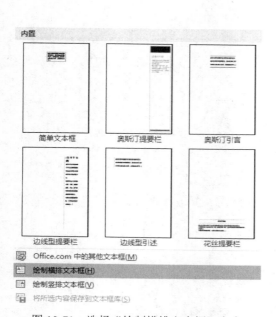

图 10-71　选择"绘制横排文本框"命令

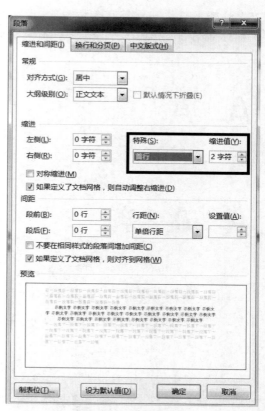

图 10-72　首行缩进设置

步骤 3：选中"公司简介"文本框，单击"格式"→"形状填充"按钮，弹出形状填充下拉菜单，如图 10-73 所示，将其填充颜色设置为浅绿色。

步骤 4：选中"公司简介"文本框，单击"格式"→"形状轮廓"按钮，弹出形状轮廓下拉菜单，如图 10-74 所示，将其轮廓颜色设置为"无轮廓"。

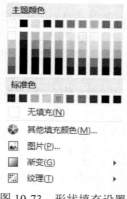

图 10-73　形状填充设置

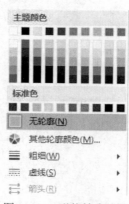

图 10-74　形状轮廓设置

步骤 5：选中"公司简介"文本框，选择"格式"→"编辑形状"→"更改形状"命令，弹出"更改形状"下拉菜单，如图 10-75 所示，将其形状设置为圆角矩形。

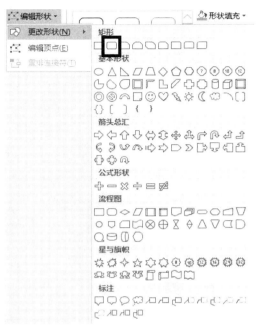

图 10-75　更改文本框形状

任务 3："组织结构"标题的插入和设置

步骤 1：将光标放置在公司简介文本框下面，单击"插入"→"艺术字"按钮，弹出艺术字样式下拉菜单，选择第二行第三列的样式。在插入的艺术字文本框中输入"组织结构"，将其字号设置为"二号"字。选中该艺术字，单击"格式"→"环绕文字"按钮，弹出文字环绕下拉菜单，将文字环绕样式设置为"浮于文字上方"。用鼠标拖动此艺术字至公司简介文本框下方，使其左对齐。

步骤 2：以下操作步骤同"任务 1：公司简介标题的插入和设置"等相关操作步骤，此处不再赘述。

任务 4：SmartArt 图形制作组织结构图

步骤 1：将光标放置在艺术字"组织结构"的下方，单击"插入"→"SmartArt"按钮，在弹出的"选择 SmartArt 图形"对话框中选择"层次结构"类型中的"组织结构图"，如图 10-76 所示。插入一个组织结构图，如图 10-77 所示。

步骤 2：选择组织结构图右下角的图形，右击，在弹出的快捷菜单中选择"添加形状"→"在后面添加形状"命令，在该图形后面再添加一个图形。在所有图形中添加文字，调整大小，如图 10-78 所示。

步骤 3：选中 SmartArt 组织结构图图形，单击"设计"→"SmartArt 样式"按钮，在弹出的 SmartArt 样式下拉菜单中选择"三维"→"嵌入"样式，如图 10-79 所示。得到三维嵌入效果，如图 10-80 所示。

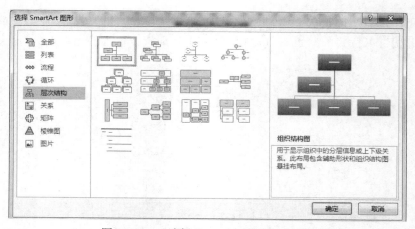

图 10-76 "选择 SmartArt 图形"对话框

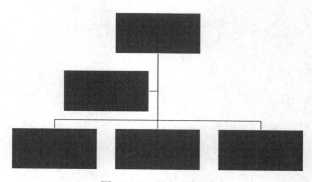

图 10-77 组织结构图

图 10-78 组织结构图添加文字

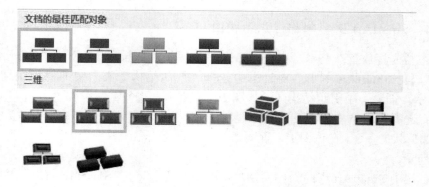

图 10-79 选择"三维"→"嵌入"样式

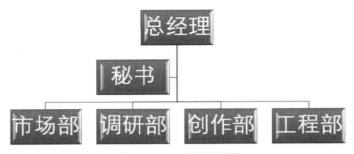

图 10-80　三维嵌入效果

步骤 4：选中 SmartArt 组织结构图图形，单击"设计"→"更改颜色"按钮，弹出更改颜色下拉菜单，选择"彩色"→"个性色 5 至 6"，如图 10-81 所示。最终效果如图 10-82 所示。

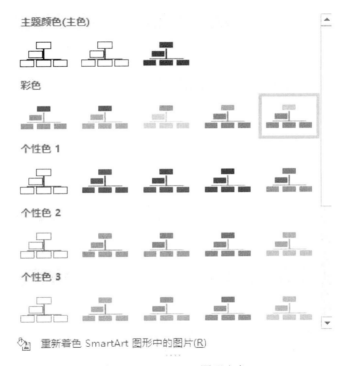

图 10-81　SmartArt 图形上色

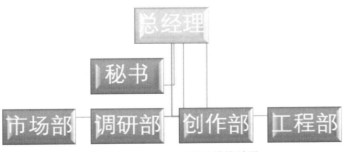

图 10-82　SmartArt 图形最终效果

任务 5："办公条件"标题的插入和设置

步骤 1：将光标放置在 SmartArt 图形下面，单击"插入"→"艺术字"按钮，弹出艺术字样式下拉菜单，选择第二行第三列的样式。在插入的艺术字文本框中输入"办公条件"，将其字号设置为"二号"字。选中该艺术字，单击"格式"→"环绕文字"按钮，弹出文字环绕下拉菜单，将文字环绕样式设置为"浮于文字上方"。用鼠标拖动此艺术字至 SmartArt 图形下方，使其右对齐。

步骤 2：以下操作步骤同"任务 1：公司简介标题的插入和设置"的相关操作步骤，此处不再赘述。

任务 6：图片的插入和编辑

步骤 1：办公室图片的插入。将光标放置在组织结构图下面，单击"插入"→"图片"按钮，在弹出的"插入图片"对话框中选择一张关于办公室的图片，单击"插入"按钮，插入文档中。选中该图片，单击"格式"→"环绕文字"按钮，弹出环绕文字下拉菜单，在其中选择"浮于文字上方"，如图 10-83 所示。更改图片大小，用鼠标将其拖动到文档相应位置。

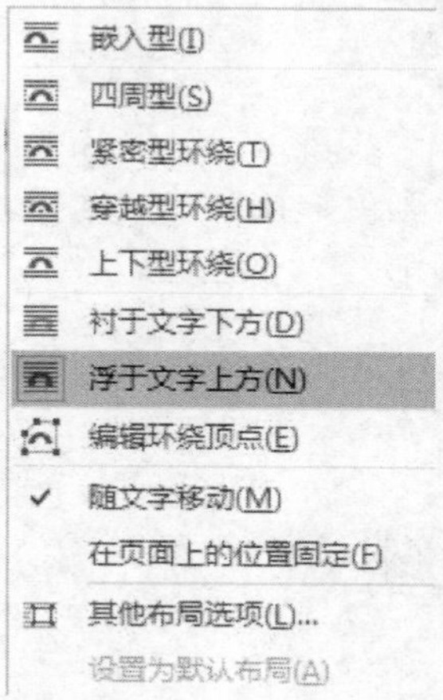

步骤 2：办公室图片的编辑。选中该图片，单击"格式"→"图片样式"按钮，弹出图片样式下拉菜单，在其中选择"棱台形椭圆，黑色"样式，如图 10-84 所示。最终效果如图 10-85 所示。

图 10-83　环绕设置

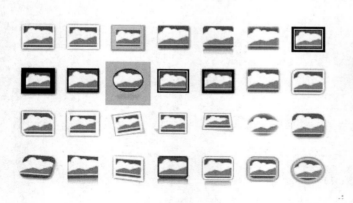

图 10-84　图片样式设置

图 10-85　办公室图片最终效果

步骤 3：餐厅图片的插入和编辑。同办公室图片的插入和编辑，此处不再赘述。

任务 7：插入文本框，给办公室和餐厅图片设置标注

步骤 1：选择"插入"→"文本框"→"绘制横排文本框"命令，分别在办公室图片的右侧和餐厅图片的左侧拖出一个横排文本框，分别输入"办公室"和"餐厅"文字，设置为"楷体""三号"字。

步骤 2：分别选中以上两个文本框，单击"格式"→"形状轮廓"按钮，弹出形状轮廓下拉菜单，选择"无轮廓"，如图 10-86 所示。

能力拓展——报纸图文混排的制作

报纸图文混排制作要求如下。

（1）文摘周报的页面设置：设置页面的页边距，上页边距为 2.5 厘米，下页边距为 2.5 厘米，左页边距为 2 厘米，右页边距为 2 厘米。设置页眉、页脚。

（2）文摘周报的版面布局。

（3）文摘周报的报头制作。插入艺术字报头，插入艺术横线，输入短文。

（4）文摘周报的艺术横线插入，艺术的水平线，插入图片和自绘图形。

（5）文摘周报的分栏，文摘周报的文本框设置。

报纸图文混排最终效果如图 10-87 和图 10-88 所示。

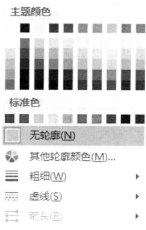

图 10-86　无轮廓设置

图 10-87　报纸第一页

图 10-88　报纸第二页

10.2.3　表格的插入和编辑

案例 1　个人简历的制作

小杨是学校计算机社团的成员，新学期来临又要招新了，社团部长请小杨制作一张个人简历表，给所有想报名的同学填写。效果如图 10-89 所示。

个人简历				
姓名		性别		
院系		年级专业		照
籍贯		政治面貌		片
生日		民族		
联系电话		宿舍地址		
相关技能	外语技能			
	计算机技能			
	文学技能			
特长爱好				
个人经历				
自我鉴定				

图 10-89　个人简历效果图

任务提出：

熟练掌握表格的插入和编辑，能根据需要完成表格的格式化，包括插入行列、删除行列、合并单元格及高度、宽度的设置等。

根据审美需求对表格中的内容进行对齐设置，并利用边框和底纹功能完成表格的美化。

任务实施：

任务 1：生成表格

步骤 1：输入标题"个人简历"，然后单击"插入"选项卡的"表格"选项组中的"表格"按钮，如图 10-90 所示，在展开的列表中选择"插入表格"命令，打开如图 10-91 所示的对话框。

图 10-90　选择"插入表格"命令　　　　　图 10-91　　"插入表格"对话框

步骤 2：在"插入表格"对话框中确定"列数"为"5"、"行数为"11"，再单击"确定"按钮即可，会插入一张如图 10-92 所示的表格。

图 10-92　插入一张 5 行 11 列表格

任务 2：设置表格中单元格的行高、列宽

调整表格中单元格的行高和列宽有两种方法。

一种是将鼠标指针放在行与行、列与列之间的表格线上，当鼠标指针变成一个控制钮时，按住鼠标左键进行拖动就可以调整表格的行高或列宽。这种方法的缺点是无法准确设置行高和列宽的值。

　　另一种方法是选中要操作的行或列，在"表格工具—布局"选项卡的"单元格大小"选项组中，可以精确设置行高和列宽的值。但是也有一个前提条件，就是被操作的行或列没有进行过合并单元格的操作，否则设置高度、宽度时会出现错误。

　　步骤 1：使用第二种方法，将第一列的宽度设置为"2 厘米"。将鼠标定位在第一列中的任意单元格内，在"表格工具—布局"选项卡的"单元格大小"选项组中设置宽度为"2 厘米"（可直接输入 2，单位默认是厘米）；选中第 2～第 4 列，设置宽度为"3 厘米"。选中第 8～第 10 行，设置高度为"2 厘米"。最终结果如图 10-93 所示。

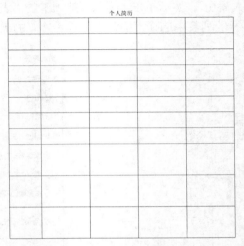

图 10-93　设置表格中单元格的行高、列宽

任务 3：合并拆分表格以调整表格的结构

　　步骤：用鼠标选择第 5 列的第 1～第 4 行，在"表格工具—布局"选项卡中，单击"合并"选项组中的"合并单元格"按钮。也可以在单元格上右击，在弹出的快捷菜单中选择"合并单元格"命令，即可将这几个单元格合并成一个单元格。参照如图 10-94 所示对其他单元格也进行合并处理。

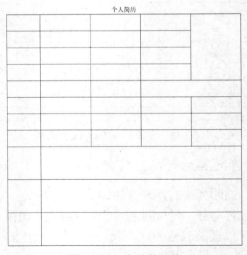

图 10-94　合并单元格

任务 4：表格及文字的对齐

按照案例开始时效果图的样式输入表格中的文字，并完成如下格式要求：①表格在页面居中；②所有文字居中对齐，其中"相关技能""特长爱好""个人经历""自我鉴定"垂直居中，"照片"垂直居中，且分散对齐占用 4 个字符位。

步骤 1：单击表格左上角的⊞图标选中整个表格，单击"开始"选项卡"段落"选项组中的"居中"按钮，将整个表格在页面居中。

步骤 2：选中表格中"相关技能""特长爱好""个人经历""自我鉴定"几组文字，选择"表格工具—布局"选项卡中"对齐方式"选项组中的"纵向"文字方向，单击"中部居中"按钮，如图 10-95 所示。

步骤 3：选中表格中"照片"文字（注意：选择文字时，不要选择到了文字后面的段落标记），用同上的方法，设置纵向、中部居中的效果。再单击"开始"选项卡"段落"选项组中的"分散对齐"按钮，弹出如图 10-96 所示对话框，将"新文字宽度"设置为"4 字符"。

图 10-95　设置"纵向"文字方向及中部居中

图 10-96　"调整宽度"对话框

全部设置完毕后，效果如图 10-97 所示。

个人简历

姓名		性别		
院系		年级专业		照
籍贯		政治面貌		片
生日		民族		
联系电话		宿舍地址		
相关技能	外语技能			
	计算机技能			
	文学技能			
特长爱好				
个人经历				
自我鉴定				

图 10-97　对齐表格及文字的效果

任务 5：利用边框和底纹美化修饰表格

将表格的外边框线设置为 1.5 磅双实线。为第 1、第 3、第 5 列的部分单元格设置"白色，背景 1，深色 5%"底纹。

步骤1：选中整个表格，在"表格工具—设计"选项卡中，单击"边框"选项组中的"边框"按钮，弹出边框下拉菜单，选择"边框和底纹"命令，如图10-98所示，打开"对框和底纹"对话框。

图 10-98　选择"边框和底纹"命令

步骤2：在"边框和底纹"对话框中，为了设置外框线为双实线，而内框线还是单实线，所以在"设置"里单击"自定义"图标，在"样式"中选择双实线、宽度为"1.5磅"，并在右侧预览中设置好，如图10-99所示。

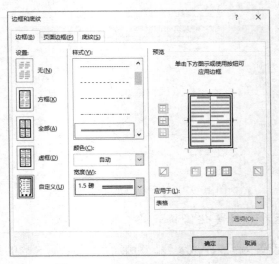

图 10-99　"边框和底纹"对话框

步骤 3：选中需要设置底纹的单元格，在"表格工具—设计"选项卡的"表格样式"选项组中单击"底纹"按钮，在弹出的下拉菜单中选择"白色，背景 1，深色 5%"底纹样式，如图 10-100 所示。

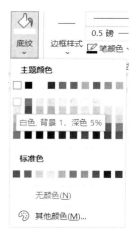

图 10-100　选择底纹样式

设置完毕后，整个表格的效果如图 10-101 所示。

个人简历				
姓名		性别		照片
院系		年级专业		
籍贯		政治面貌		
生日		民族		
联系电话		宿舍地址		
相关技能	外语技能			
	计算机技能			
	文学技能			
特长爱好				
个人经历				
自我鉴定				

图 10-101　设置边框和和底纹后效果

能力拓展：

按以下要求，制作一份毕业生个人简历，效果如图 10-102 所示。

（1）使用 A4 大小纸张，设置上、下页边距为 2 厘米，左、右页边距为 3 厘米。

（2）设置第 15 行高度为 1.5 厘米，第 16 行高度为 6 厘米。

（3）整个表格居中放置，外边框线及部分内框线为双实线。

姓名		性别		出生年月	
民族		政治面貌		身高	
学制		学历		户籍	
专业		毕业学校			
技能、特长或爱好					
外语等级		计算机			
个 人 履 历					
时 间		单位		经 历	
联 系 方 式					
通讯地址				联系电话	
E-mail				邮 编	
自 我 评 价					

图 10-102　毕业生个人简历效果图

案例 2　处理表格中的数据

将下面的文字素材转换成表格，绘制一个斜线表头，完成总分及平均分的计算，并按照总分从高到低的顺序进行排序。最终效果如图 10-103 所示。

期末成绩表

科目＼姓名	语文	数学	英语	计算机	政治	总分	平均分
王五	81	88	93	77	62	401	80.20
赵一	85	90	72	63	91	401	80.20
张三	91	71	64	83	72	381	76.20
钱二	72	88	75	62	81	378	75.60
李四	79	74	53	76	68	350	70.00

图 10-103　"期末成绩表"表格效果图

文字素材如下：

期末成绩表

姓名 语文 数学 英语 计算机 政治 总分 平均分

赵一 85 90 72 63 91

钱二 72 88 75 62 81

张三 91 71 64 83 72

李四 79 74 53 76 68

王五 81 88 93 77 62

任务提出：

能够在表格中运用公式进行计算，将表格中的数据进行排序；实现表格与文本之间的相互转换，制作斜线表头。

任务实施：

任务1：将文字转换成表格

在 Word 中，采用规范化的文字，即每项内容之间以特定的字符（如逗号、段落标记、制表位等）间隔，是可以将其转换成表格的。我们的素材中，所有的文字以空格作为间隔，可按以下方法实现快速转换成表格的操作。

步骤1：选中标题"期末成绩表"以外的所有文本。

步骤2：单击"插入"选项卡"表格"选项组中的"表格"按钮，在弹出的下拉菜单中选择"插入表格"命令，文本即会自动转换成表格。效果如图10-104所示。

期末成绩表

姓名	语文	数学	英语	计算机	政治	总分	平均分
赵一	85	90	72	63	91		
钱二	72	88	75	62	81		
张三	91	71	64	83	72		
李四	79	74	53	76	68		
王五	81	88	93	77	62		

图 10-104　将文字转换成表格

任务2：制作斜线表头

在 Word 中制作表格时，我们偶尔会制作斜线表头来更好地给数据分类、标识。一般的表格用单斜线表头即可，偶尔会用到多斜线表头。

步骤1：将表格第1行的高度设置为1.5厘米，再选择"姓名"单元格，在"表格工具—设计"选项卡"边框"选项组中单击"边框"按钮，在弹出的下拉菜单中选择"斜下框线"命令，如图10-105所示。

步骤2：添加好斜线表头后，输入文本"科目""姓名"，并通过敲空格和回车方式将文字放在相应的位置上，效果如图10-106所示。

2007版以前的 Word 可以以文本框的方式直接生成斜线表头乃至多斜线表头，但是2007版以后取消了这个功能。

图 10-105　选择"斜下框线"命令

期末成绩表

科目　　　姓名	语文	数学	英语	计算机	政治	总分	平均分
赵一	85	90	72	63	91		
钱二	72	88	75	62	81		
张三	91	71	64	83	72		
李四	79	74	53	76	68		
王五	81	88	93	77	62		

图 10-106　制作斜线表头

任务3：公式的使用

Word 的表格自带了公式的简单应用，若要对数据进行复杂的处理，还是需要用 Excel 来实现。为了便于同学们理解，我们在图 10-107 中用 A、B、C、D 等英文字母表示表格的列标，用 1、2、3、4 等数字表示表格的行号，例如，"语文"科目所在的单元格为 B1。

1）求和计算总分

步骤1：将鼠标定位在 G2 单元格，单击"表格工具—布局"选项卡"数据"选项组中的"公式"按钮，弹出如图 10-108 所示的对话框。在"公式"栏中自动插入了一个公式"=SUM (LEFT)"，这个公式表示对该单元格左侧的数字进行求和。如果有小数位数等格式上的要求，可以在"编号格式"栏里进行选择。单击"确定"按钮即可得出求和的结果。

	A	B	C	D	E	F	G	H
1	科目 姓名	语文	数学	英语	计算机	政治	总分	平均分
2	赵一	85	90	72	63	91		
3	钱二	72	88	75	62	81		
4	张三	91	71	64	83	72		
5	李四	79	74	53	76	68		
6	王五	81	88	93	77	62		

图 10-107　标示列标、行号

图 10-108　"公式"对话框

Word 表格计算公式中的方向指示词共有 4 个，分别是"LEFT""RIGHT""ABOVE" "BELOW"。"LEFT"表示向当前单元格的左边进行计算，"RIGHT"表示向当前单元格的右边进行计算，"BELOW"表示向当前单元格的下边进行计算，"ABOVE"表示向当前单元格的上边进行计算。

步骤 2：其他人的总分可以通过按 F4 功能键来快速完成。F4 功能键的作用是重复上一步操作。依次将鼠标定位到 G2、G3……单元格，按 F4 键，可以完成所有人的总分计算。

在 Word 表格中，公式无法使用 Excel 中的填充，所以大量的计算还得依靠 Excel 来实现。

2）求平均值计算平均分

步骤 1：将鼠标定位到 H2 单元格，打开"公式"对话框，将"公式"栏里的默认公式删除，只保留"="。将鼠标定位到"="后，单击"粘贴函数"下拉列表，选择"AVERAGE"选项，在"()"里填写参数"B2:F2"，单击"确定"按钮即可。

步骤 2：其他人的平均分无法使用 F4 功能键来实现计算，因为这次公式的参数是一个单元格区域地址，使用 F4 会插入重复的参数"B2:F2"，因此只能依次分别引用正确的地址来完成每个人的平均分计算。"赵一"的平均分计算公式如图 10-109 所示。

3）公式结果的更新

Word 中公式计算的结果是以域的形式保存的，如果所引用的单元格数据发生了更改，可以将光标放在公式单元格中，再按 F9 功能键即可完成公式结果的更新。

4）数据的排序

Word 表格可以对数进行排序，可以根据拼音、笔画、日期或数字对内容以升序或降序进行排序。本任务中按总分从高到低进行排序，总分相同的话，计算机分数高的人排在前面。

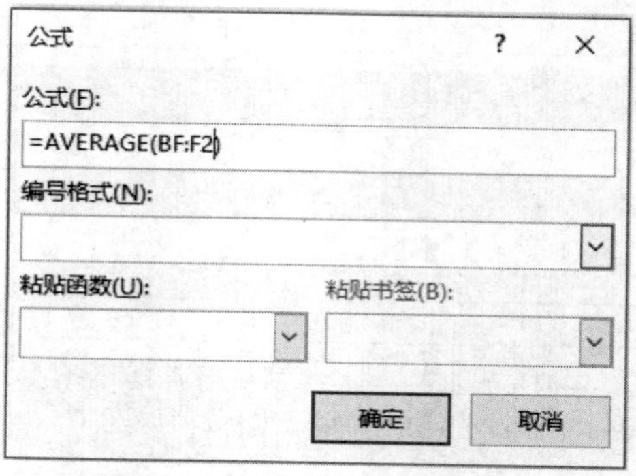

图 10-109　"赵一"的平均分计算公式

步骤 1：将鼠标定位到 G2 单元格，单击"表格工具—布局"选项卡"数据"选项组中的"排序"按钮，打开"排序"对话框，如图 10-110 所示。

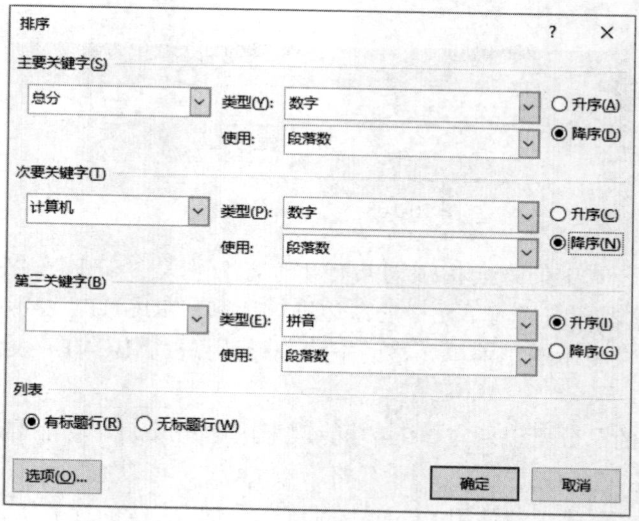

图 10-110　"排序"对话框

步骤 2：在"主要关键字"栏中选择"总分"，类型为"数字"，"降序"排序；在"次要关键字"栏中选择"计算机"，类型为"数字"，"降序"排序。

步骤 3：因为有姓名、语文、数学等标题，所以"列表"处选择"有标题行"单选按钮，单击"确定"按钮即可进行排序。排序结果如图 10-111 所示。

期末成绩表

科目　　姓名	语文	数学	英语	计算机	政治	总分	平均分
王五	81	88	93	77	62	401	80.20
赵一	85	90	72	63	91	401	80.20
张三	91	71	64	83	72	381	76.20
钱二	72	88	75	62	81	378	75.60
李四	79	74	53	76	68	350	70.00

图 10-111　排序结果

能力拓展：

某销售员销售 A、B、C 三种产品，在四个季度分别完成了一定的销售量，要求计算出总计、各季平均值及每个季度三种产品的销售总计。

表 10-6　总计、各季平均值及每个季度三种产品的销售总计

产品名	一季度	二季度	三季度	四季度	总计	各季平均值
A	105	82	97	115		
B	85	72	46	99		
C	117	93	102	85		
季度总计						

10.2.4　文档的目录、样式和模板

案例 1　毕业论文的排版

李林临近毕业，按照毕业要求需要完成毕业论文。论文指导老师给他发来了"论文编写样稿"。论文编排效果如图 10-112 所示。

图 10-112　论文编排效果

任务提出：

掌握分页符和分节符的插入，掌握页眉、页脚、页码的插入和编辑等操作，能够为奇偶页设置不同的页眉内容。

掌握样式的创建和修改，掌握目录的制作和编辑操作。

任务实施:

任务1: 制作封面

通常每个学校的论文封面会有统一的模板,同学们只要下载并修改其中的部分内容就可以使用。封面是没有页码的,效果如图 10-113 所示。

任务2: 设置页面

论文采用 A4 大小纸张,上、下页边距均为"2.54 厘米",左、右页边距为"3.17 厘米"和"2.54 厘米";装订线为"0.5 厘米"。单击"布局"选项卡"页面设置"选项组右下角的三角按钮,会打开如图 10-114 所示的对话框,按照图中的参数进行设置。

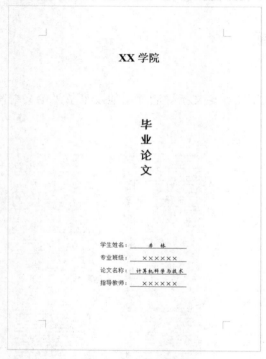

图 10-113 论文封面

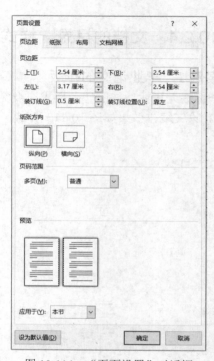

图 10-114 "页面设置"对话框

页眉、页脚距边界 1 厘米,在"插入"选项卡"页眉和页脚"选项组中单击"页眉或页脚"按钮,在弹出的下拉菜单中选择"编辑"命令,即可进入页眉和页脚的编辑状态,同时打开了"页眉和页脚工具—设计"选项卡,在该选项卡里,在"位置"选项组中设置页眉和页脚所占用的空间,如图 10-115 所示。

图 10-115 "页眉和页脚工具—设计"选项卡

任务 3：样式的使用

论文正文中包含三个级别标题和正文样式。

一级标题：字体为黑体，字号为三号，加粗，对齐方式为居中，段前、段后均为 0 行，1.5 倍行距。

二级标题：字体为楷体，字号为四号，加粗，对齐方式为左对齐，段前、段后均为 0 行，1.25 倍行距。

三级标题：字体为楷体，字号为小四，加粗，对齐方式为左对齐，段前、段后均为 0 行，1.25 倍行距。

论文正文：中文字体为宋体，西文字体为 Times New Roman，字号均为小四号，首行缩进 2 个字符，1.25 倍行距。

1）创建新样式

为了能够更方便地完成论文正文的排版要求，先将这四种论文要用到的样式提前创建好，以便使用。

步骤 1：将光标置于文档的结尾处，可以按"Ctrl+End"组合键将光标跳转到结尾。

步骤 2：单击"开始"选项卡"样式"选项组右下角的三角按钮，打开"样式"任务窗格，如图 10-116 所示。

图 10-116　"样式"任务窗格

步骤 3：单击左下角的"新建样式"按钮，打开如图 10-117 所示的对话框。在"名称"栏输入"论文正文"，单击对话框左下角的"格式"按钮，在弹出的下拉菜单中依次选择"字体"和"段落"命令，在打开的对话框中，按"中文字体为宋体，西文字体为 Times New Roman，字号均为小四号，首行缩进 2 个字符，1.25 倍行距"的要求，设置论文正文的字体和段落样式。特别要注意，在设置"段落"格式时，要取消勾选"如果定义了文档网格，则对齐到网格"复选框。

图 10-117　"根据格式化创建新样式"对话框

步骤4：使用上述方法，依次新建"论文一级标题""论文二级标题""论文三级标题"样式。需要注意的是：在"根据格式化创建新样式"对话框中，"样式基准"栏统一设置为"正文"；"后续样式基准"栏统一设置为"论文正文"。在三个标题样式的"段落"格式中，大纲级别要分别设置为"1级""2级""3级"，如图10-118所示。

图 10-118　"段落"对话框

2）修改样式

如果需要对已经设置好的样式进行修改，在"开始"选项卡"样式"选项组中，右击所要修改的样式，会弹出"修改样式"对话框。在对话框中进行修改，然后单击"确定"即可。

3）应用新样式

现在要通过"开始"选项卡"样式"选项组中添加的样式，来给各个标题和正文分别设置成对应的格式。如图10-119所示，"样式"选项组中前四个就是刚才新建的样式。

图 10-119　应用新样式

步骤1：选择所有的正文内容，包括标题，应用"论文正文"样式。

步骤2：通过鼠标将光标置于需要设置样式的标题行内，分别设置成需要的"论文一级标题""论文二级标题""论文三级标题"样式。

4）删除样式

在Word中，用户可以删除样式，但不能删除内置样式。删除样式时，在"开始"选项卡"样式"选项组中，右击所要删除的样式，在弹出的快捷菜单中选择"从样式库中删除"命令即可。

5）导航窗格的使用

完成了标题样式的应用后，文章会产生标题大纲，显示在导航窗格中，如图10-120所示。导航窗格在"视图"选项卡"显示"选项组中，勾选"导航窗格"复选框后即可出现。

任务4：分页符与分节符（下一页）的使用

在论文编排中，每一个章节（一级标题）都应该另起一页，有些初学者会通过敲回车的方式来进行换页，但是这种方法并不严谨。正确的方法是使用"分页符"或"分节符（下一页）"来实现。

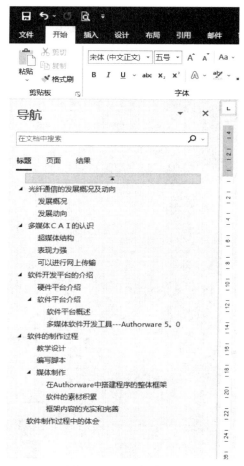

图 10-120 导航窗格

"分页符"的作用是进行分页，前后还是同一节；"分节符（下一页）"是分节，可以同一页中不同节，也可以分节的同时推后到下一页。它们的区别主要体现在页眉和页脚设置中。假设整个文章只使用同一个页眉和页脚，那么可以只使用"分页符"。

但如果在文档编排中，某几页需要横排，或者需要不同的纸张、页边距等，又或者每个章节的页眉要使用不同的内容，比如在文档编排中，封面、目录等的页眉、页脚、页码与正文部分需要不同，就需要将首页、目录等作为单独的节，那就需要使用"分节符（下一页）"，来将这几页单独设为一节，与前后内容不同节。

在本篇论文的排版中，我们需要将首页、目录、正文分为三个部分，采用单独的页眉、页脚设置，所以要用到"分节符（下一页）"。

在"布局"选项卡"页面设置"选项组中，单击"分隔符"按钮，在下拉菜单中可以找到"分页符"和"分节符（下一页）"，如图 10-121 所示。

1）使用"分节符（下一页）"

步骤 1：现在我们已经将标题样式设置好了，整编文档的状态如图 10-122 所示。

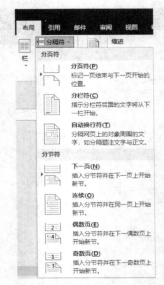

图 10-121 "分页符"和"分节符（下一页）"

图 10-122 文档状态

步骤 2：将光标定位在正文"光纤通信……"的前面，单击"布局"选项卡"页面设置"选项组中的"分隔符"按钮，在弹出的下拉菜单中选择"分节符（下一页）"。此时页面上并无什么变化，但如果进入页眉的编辑状态，会发现文章被分成了两节，如图 10-123 所示。

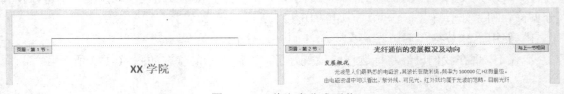

图 10-123 将文章分成两节

　　步骤 3：光标还是在原来的位置，再次选择"分节符（下一页）"，这时在封面与正文之间多出一个空白页，这是准备用来放目录的预留页面。同时文章被分为了三节，分别是第 1 节封面、第 3 节目录（尚未制作）、第 3 节正文，如图 10-124 所示。

图 10-124　将文章分成三节

2）使用"分页符"

　　利用分页符，将正文中各章分别排在新的一页。

　　步骤 1：将光标定位在第 2 章的开始处，单击"布局"选项卡"页面设置"选项组中的"分隔符"按钮，在弹出的下拉菜单中选择"分页符"命令，即可将它推后到新的一页。

　　步骤 2：用此方法依次将所有章都排在新的一页开始，如图 10-125 所示。

图 10-125　正文各章排在新的一页开始

　　如果后面设置页眉、页脚时，想让每章都使用不同的页眉、页脚，则此处仍应使用"分节符（下一页）"来完成分页的操作。

　　任务 5：利用多级列表制作多级标题

　　文档做到现在，我们有一个问题，观察图 10-126，文档中有一、二、三级标题，是不是看不出什么层次？一般长文档都是按照章节来组织内容的，可以用编号的方式来突显文档结构层次。如何为章节进行自动编号呢？这就需要用到多级列表，而多级列表又是以样式概念为基础的。

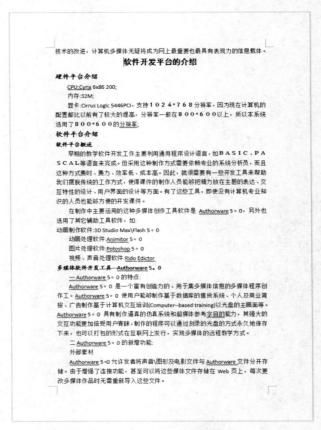

图 10-126　一、二、三级标题

　　比如毕业论文中要求章节使用多级标题，即一级标题（章）使用编号形式为"第 X章"；二级标题（节）使用编号形式为"X.Y"；三级标题（小节）使用编号形式为"X.Y.Z"。X、Y、Z 为自动编号，当文档标题进行增删时，能自动产生正确的编号。效果如图 10-127所示。

　　利用多级列表功能为标题设置自动编号的步骤如下。

　　步骤 1：单击"开始"选项卡"段落"选项组中的"多级列表"按钮，在如图 10-128 所示的下拉菜单中选择"定义新的多级列表"命令。

图 10-127　利用多级列表制作多级标题效果

图 10-128　"多级列表"下拉菜单

步骤 2：在弹出的对话框中，自行设定多级列表。先设置一级编号。在"单击要修改的级别"列表框中选择"1"；在"编号格式"选项组中设定"此级别的编号样式"为阿拉伯数字；在"输入编号的格式"文本框中编号"1"的两边自行输入文字，使编号格式为"第 1 章"，可以看到"1"是有灰色底纹的，是自动编号的域，而"第"和"章"是普通文本。单击"更多"按钮，在右侧展开的更多选项设置中，在"将级别链接到样式"下拉列表中选择"论文一级标题"，如图 10-129 所示。

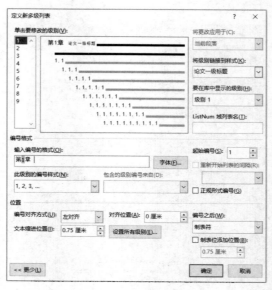

图 10-129　设置一级编号

步骤 3：设置二级编号。在"单击要修改的级别"列表框中选择"2"；将"输入编号的格式"文本框清空，首先选择"包含的级别编号来自"为"级别 1"，可以在"输入编号的格式"文本框中看到自动编号"1.1"，最后在"将级别链接到样式"下拉列表中选择"论文二级标题"。如果不想要标题有缩进效果，可以在"位置"选项组中，将"对齐位置"和"文本缩进位置"都设置为"0 厘米"，如图 10-130 所示。

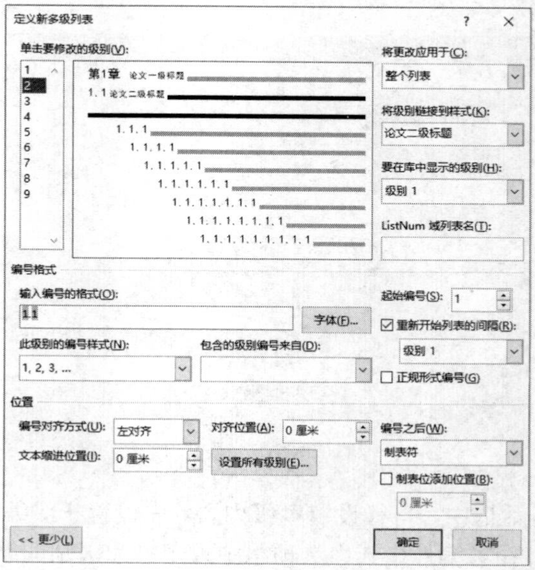

图 10-130　设置二级编号

步骤 4：设置三级编号。在"单击要修改的级别"列表框中选择"3"；将"输入编号的格式"文本框清空，首先选择"包含的级别编号来自"为"级别 2"，可以在"输入编号的格式"文本框中看到自动编号"1.1.1"，最后在"将级别链接到样式"下拉列表中选择"论文三级标题"。如果不想要标题有缩进效果，可以在"位置"选项组中，将"对齐位置"和"文本缩进位置"都设置为" 0 厘米"，如图 10-131 所示。

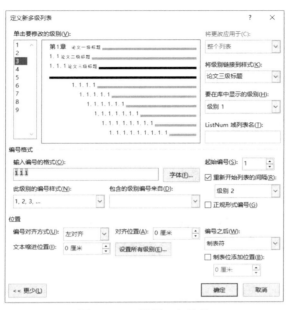

图 10-131　设置三级编号

设置完毕，可以看到文章的各级标题前都添加了自动编号。单击编号可以看到编号带有灰色底纹，这是一种域。在后面的操作中，如添加题注或页眉、页脚，若需包含章节编号，Word 就可以自动提取了。另外，因为文中的各个层次标题都设置了自动编号，在移动、删除、添加编号项时，Word 将会自动更新编号，进行长文档的编排非常方便。

任务 6：制作目录

目录的作用是列出文档中各级标题及其所在的页码，按住 Ctrl 键并单击目录中的文本，就可以快速定位到该文本所对应的位置。Word 提供了手动生成目录和自动生成目录两种方式。

一般在长文档编排过程中，选择自动生成目录，这样当文档内容发生改变时，用户只需更新目录即可。可以使用 Word 中的内置标题样式和大纲级别来创建目录。

1）创建目录

用标题样式创建目录时，首先需要按照整个文档的层次结构为将要显示在目录中的项目设置相应的标题样式。创建目录的具体步骤如下。

步骤 1：将光标定位在要插入目录的位置。

步骤 2：在"引用"选项卡中单击"目录"按钮，在弹出的下拉列表中选择"内置"组中的相应目录样式，即可在相应位置插入目录，如图 10-132 所示。选择"自动目录 1"，即可生成如图 10-133 所示的目录。

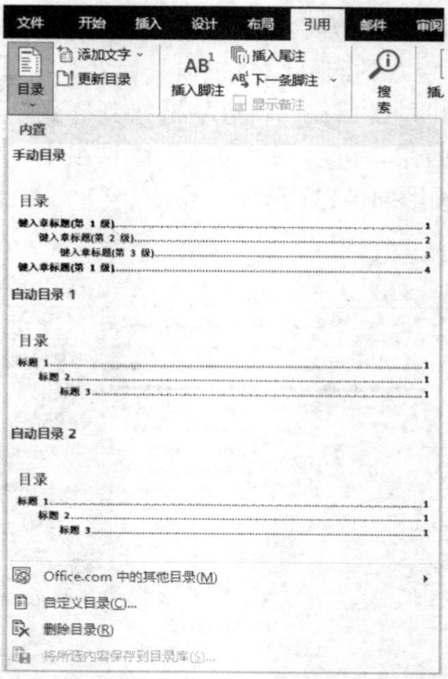

图 10-132　“目录”下拉列表

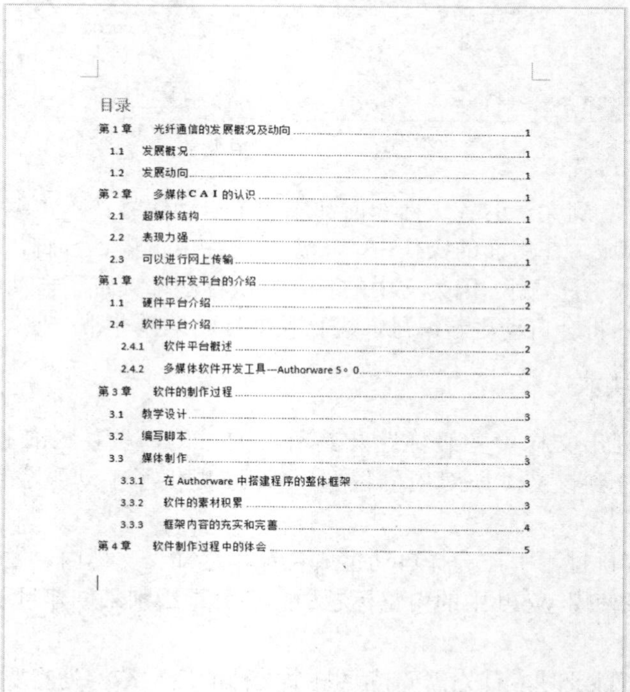

目录

图 10-133　自动目录 1 效果

步骤 3：若要对插入的目录进行自定义设置，可在图 10-132 中选择"自定义目录"命令，将打开"目录"对话框，如图 10-134 所示，在这里可以自己定义是否显示页码、页码对齐方式及制表符前导符的样式等。在"常规"组中设置目录格式及显示级别。

图 10-134　　"目录"对话框

单击对话框右下角的"选项"按钮，将弹出"目录选项"对话框，在这里可以设置文档中的哪些内容出现在目录中。若文档中有些内容不是标题样式，而又想使其出现在目录中，可以将其设为相应的大纲级别，并在"目录建自"组中勾选"大纲级别"复选框。

单击"目录"对话框的"修改"按钮，将弹出"样式"对话框，在这里可以修改目录中各级目录项的格式，其修改方法与修改样式类似。最后产生如图 10-133 所示的目录。

2）修改、删除目录

生成的目录项是以域的形式存在的。创建目录后，如果对文档进行了修改，目录中的标题和页码是不会自动更新的，需要我们手动更新目录才能保持目录和文档的一致性。更新目录的操作步骤如下。

步骤 1：将光标放置在目录的任意位置。

步骤 2：单击"引用"选项卡"目录"选项组中的"更新目录"按钮，或右击，在弹出的快捷菜单中选择"更新域"命令，打开如图 10-135 所示的"更新目录"对话框。

图 10-135　　"更新目录"对话框

步骤3：用户可根据需求，选择"只更新页码"或者"更新整个目录"单选按钮，对目录进行更新。

如果要删除目录，可在"引用"选项卡中单击"目录"按钮，在弹出的下拉列表中选择"删除目录"命令；也可以选中目录所有文字按退格键删除。

任务7：页眉、页脚的设置

页眉和页脚通常用于显示文档的附加信息，如作者名称、章节名称、页码、日期等。页眉位于页面顶部，页脚位于页面底部。

在本篇论文中，封面、目录是不设置页眉和页脚（页码）的，正文部分需要设置页眉和页码，其中奇数页页眉显示"毕业论文"，偶数页页眉显示"计算机科学与技术"。

1）插入页眉页脚

步骤1：在"插入"选项卡"页眉页脚"选项组中单击"页眉"按钮，在弹出的下拉列表中选择合适的页眉样式，如"空白"，此时页面顶端出现页眉，在文字区域输入页眉文字即可，如图10-136所示。

图10-136　插入页眉

步骤2：插入页眉的同时，Word也插入了默认样式的页脚。插入页眉或页脚后，系统自动打开"页眉和页脚工具—设计"选项卡，通过"导航"选项组的"转至页眉"或"转至页脚"按钮可以在页眉区和页脚区进行切换，如图10-137所示。

图10-137　"页眉和页脚工具—设计"选项卡

步骤3：插入页脚的操作和插入页眉类似。用户可以直接在页眉和页脚区域输入所需的文字，也可以通过"页眉和页脚工具—设计"选项卡"插入"选项组中的按钮，选择想要插入页眉和页脚中的内容，如页码、日期、时间、图片等信息。

步骤4：创建好页眉和页脚后，单击正文编辑区域或者单击"关闭页眉和页脚"按钮即可退出页眉和页脚的编辑状态。如需要再次编辑，只需双击页眉和页脚区域即可。

2）页眉、页脚的高级设置

在编辑长文档时，经常需要设置各种各样的页眉、页脚，在本篇论文中，封面、目录是不设置页眉、页脚的，而正文的奇数页与偶数页有不同的页眉、页脚，奇数页页眉是论文名称，偶数页页眉是章节名称，正文页脚为阿拉伯数字格式的页码。具体步骤如下。

步骤 1：为文档进行分节。为文档不同部分设置不同的页眉、页脚之前，必须将文档进行分节，我们在任务 4 中使用"分节符（下一页）"已经完成了这项工作。

步骤 2：设置奇偶页不同的页眉、页脚。在"页眉和页脚工具—设计"选项卡中，勾选"选项"组的"奇偶页不同"复选框。此时文档奇数页页眉、页脚区将分别显示"奇数页页眉""奇数页页脚"，偶数页页眉、页脚区分别显示"偶数页页眉""偶数页页脚"，如图 10-138 所示。

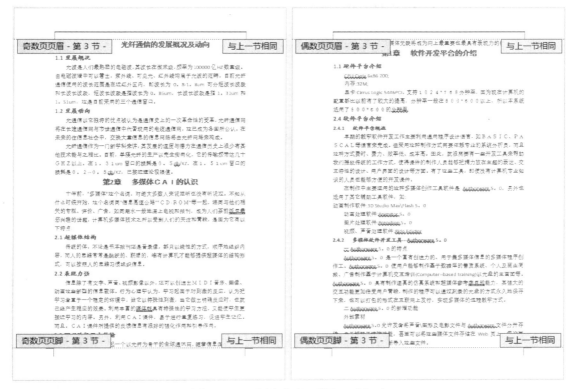

图 10-138　奇偶页不同页眉、页脚区

步骤 3：断开各节之间页眉、页脚的链接。默认情况下，各节的页眉、页脚存在链接关系，即默认使用上一节的页眉、页脚内容。当更改了某节的页眉、页脚时将影响其他节的页眉、页脚，断开节间的链接关系后，每节的页眉页脚设置便不再相互影响了。

将光标放在第 2 节（目录页）的页眉区，在"页眉和页脚工具—设计"选项卡中，单击"导航"选项组中的"链接到前一条页眉"按钮，则页眉区右侧的"与上一节相同"字样消失。再将光标定位到页脚区，将页脚区的"与上一节相同"字样去掉。

由于文档设置了奇偶页不同的页眉、页脚，在断开链接时，奇偶页页眉、页脚要分别设置。用同样的操作方法将第 1 章的奇偶页页眉、页脚区的"与上一节相同"字样去掉。

步骤 4：设置正文中的页眉，分别在奇数页页眉和偶数页页眉处输入相应的字符等。

3）插入页码

步骤：在目录页的奇数页和偶数页的页脚区中分别插入页码，如图 10-139 所示。如果有特殊格式的要求，则在图 10-139 中选择"设置页码格式"命令，打开"页码格式"对话框进行设置，如设置起始页码数、修改其他页码格式等，如图 10-140 所示。

图 10-139   插入页码

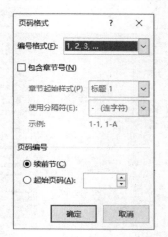

图 10-140   "页码格式"对话框

4）删除页眉、页脚

步骤：当文档中不再需要页眉时，可以将其删除。双击要删除的页眉区，进入页眉编辑状态，按"Ctrl+A"组合键选取页眉区内所有内容，按 Delete 删除键即可。

能力拓展：

本单元内容较多，操作较烦琐，课堂上没有完成的同学可以利用课外时间制作完成，为今后类似的需求做准备。

10.3　Excel 2016 电子表格制作与数据处理

10.3.1　制作员工档案表

课程目的与要求：

小李在东方公司担任行政助理，领导要求小李制作公司员工档案表，方便管理员工数据。

效果如图 10-141 所示。

图 10-141　员工档案表

任务提出：

熟练掌握电子表格的新建、打开、保存、关闭，掌握各种类型数据的录入方法，掌握工作表和单元格的编辑，能够根据需要进行表格格式设置，使得表格更加美观。

任务实施：

任务 1：启动 Excel 2016 并保存文件

启动 Excel 2016 后，系统自动新建了一个空白工作簿 1，单击"文件"选项卡中的"保存"按钮，将文件保存为"员工档案表.xlsx"。Excel 工作界面如图 10-142 所示。

任务 2：输入数据

1）输入员工编号、姓名、性别、部门、职务、身份证号、出生日期、学历

对于文本型数据可以直接输入。

步骤 1：单击 A1 单元格，输入表格标题"东方公司员工档案表"，按 Enter 键确认。

步骤 2：单击 A2 单元格，依次输入各字段名称如"员工编号""姓名""性别"等。

2）输入员工编号

单击 A3 单元格，输入"DF001"，将鼠标指针移到单元格右下角的填充柄上，当鼠标指针变成黑色十字时，按住 Ctrl 键的同时按住鼠标左键向下拖动填充数据。

3）输入身份证号

身份证号应作为文本输入，可以先输入一个英文单引号"'"再输入相应的数字，也可以先将单元格的数据类型改为文本类型。为了更快捷地输入数据，我们设置相应单元格为文本格式。

步骤 1：设置单元格数据类型为文本类型。选中 F3:F20 单元格区域，右击，在弹出的快捷菜单中选择"设置单元格格式"命令，弹出"设置单元格格式"对话框，选择"数字"选项卡"分类"列表框中的"文本"，单击"确定"按钮，如图 10-143 所示。

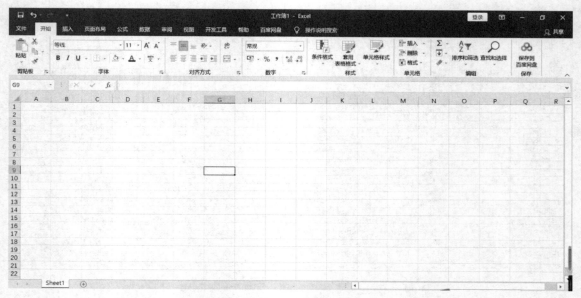

图 10-142　Excel 工作界面

图 10-143　设置单元格为文本格式

步骤 2：输入身份证号码。由于身份证号码的长度为固定的 18 位，所以可以设置文本长度为 18，设置好后再输入，可避免数据长度错误。单击"数据"选项卡中的"数据验证"按钮，弹出"数据验证"对话框，如图 10-144 所示。

4）输入部门和性别

由于员工所属部门的数据值是固定的几个，所以可以设置从下拉列表中选择输入，这样可以大大提高录入数据的速度。操作步骤如下。

图 10-144　"数据验证"对话框

步骤 1：选择"部门"列的第一个要输入数据的单元格 D3。

步骤 2：单击"数据"选项卡中的"数据验证"按钮，弹出"数据验证"对话框。

步骤 3：在"设置"选项卡"允许"下拉列表中选择"序列"，在"来源"文本框中输入各个部门的名称"管理, 人事, 销售, 研发, 行政"注意部门名称之间要用英文半角逗号分隔，如图 10-145 所示。

图 10-145　设置"部门"列下拉列表

步骤 4：选择"输入信息"选项卡，勾选 "选定单元格时显示输入信息"复选框，在"标题"文本框中输入"部门"，在"输入信息"文本框中输入"从指定下拉列表中选择输入部门"，如图 10-146 所示。

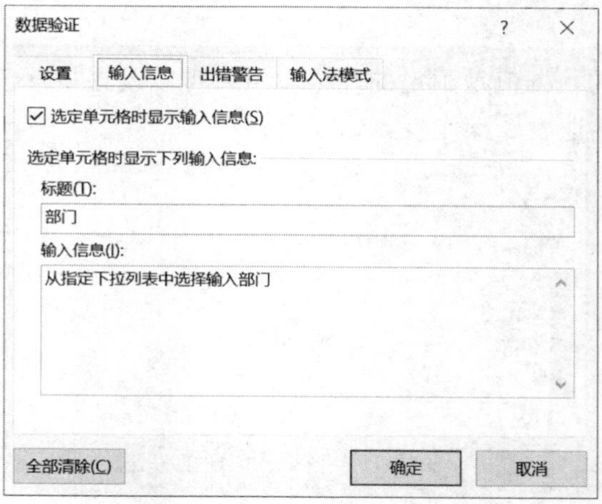

图 10-146　"输入信息"选项卡

步骤 5：选择"出错警告"选项卡，勾选 "输入无效数据时显示出错警告"复选框，在"标题"文本框中输入"部门"，在"错误信息"文本框中输入"输入数据出错！"。全部设置完成后单击"确定"按钮，如图 10-147 所示。

图 10-147　"出错警告"选项卡

步骤 6：选中 D3 单元格，将鼠标指向填充柄，按住鼠标左键向下拖动，将上述 3 个步骤的数据验证设置复制到下面其他单元格，这样，在输入每个员工的部门时，只需从指定的下拉列表中选择输入即可，即使输错也会出现错误警告信息。

步骤 7：性别的输入为"男""女"，请参照"部门"的输入的操作步骤来完成。

5）输入入职时间

先将所属列设置为"日期"格式，然后输入日期即可，可以选择"2021-5-11"或"2021/5/13"格式输入日期型数据。具体操作步骤如下。

步骤：选中"入职时间"所在列，右击，在弹出的快捷菜单中选择"设置单元格格式"命令，在弹出的"设置单元格格式"对话框中选择"数字"选项卡，然后选择"分类"列表框中的"日期"，在对话框右侧选择日期显示类型，单击"确定"按钮。

6）输入基本工资

步骤 1：在 K3:K20 单元格区域输入"基本工资"数据。

步骤 2：添加货币符号"￥"，设置 2 位小数。选中 K 列，单击"开始"选项卡"数字"选项组右下角的三角符号，弹出"设置单元格格式"对话框，选择"数字"选项卡，在"分类"列表框中选择"会计专用"选项，添加人民币货币符号，保留 2 位小数，如图 10-148 所示。

图 10-148　会计专用数据

任务 3：表格格式设置

通过合并单元格，将表名"东方公司员工档案表"置于整个表的上端、居中，并调整字体、字号。

选中 A1:M1 单元格区域，单击"开始"选项卡"对齐方式"选项组中的"合并后居中"按钮，设置表名居中，设置文字颜色为红色，字号为 14 号，字体为宋体。

调整表格各列宽度、对齐方式，添加边框线，使其更加美观，并设置纸张大小为 A4、横向，整个工作表需调整在 1 个打印页内。

1）设置列宽

步骤：将鼠标移到列号 A 上，拖动鼠标选中 A:M 列，双击列的分隔线，调整列的宽度为自动适应文本的宽度。

2）设置行高

步骤：将鼠标移到行号上，拖动鼠标选中 2 到 20 行，单击"开始"选项卡"单元格"选项组中的"格式"按钮，设置行高为 15，然后再设置第 1 行行高为 20，如图 10-149 所示。

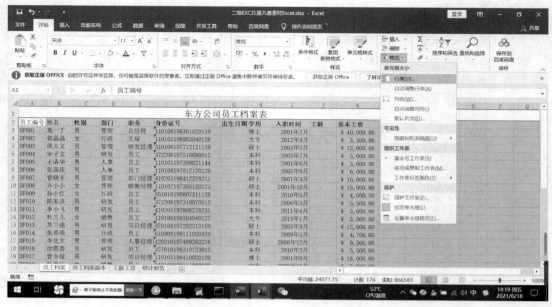

图 10-149　设置行高

3）设置边框线

步骤：单击"开始"选项卡"字体"选项组中的"边框线"下拉按钮，选择"其他边框"命令，如图 10-150 所示。在弹出的对话框中，设置外框线为深红色双线，内部线为蓝色单线，如图 10-151 所示。

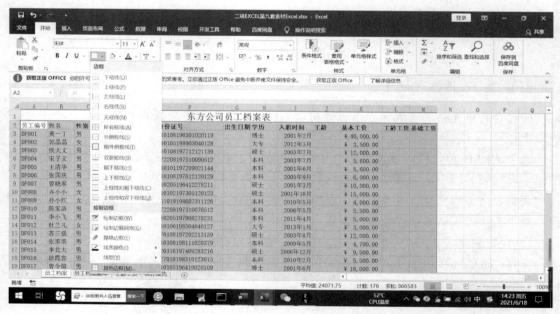

图 10-150　选择"其他边框"命令

图 10-151　设置边框线

4）设置底纹颜色

步骤：单击"开始"选项卡"样式"选项组中的"单元格样式"按钮，在下拉列表中选择"主题单元格样式"为"冰蓝-20%-着色 1"。

任务 4：复制并重命名工作表

步骤 1：把 sheet1 工作表重命名为"员工档案"。双击工作表 sheet1 标签，输入"员工档案"后按 Enter 键。或者右击 sheet1，在弹出的快捷菜单中选择"重命名"命令。

步骤 2：复制工作表。在"员工档案"工作表标签上按住 Ctrl 键向右拖拽，出现一个加号页面时松开，则生成"员工档案（2）"，将新生成的工作表重命名为"员工档案副本"，如图 10-152所示。

	A	B	C	D	E	F	G	H	I	J	K	L	M
1						东方公司员工档案表							
2	员工编号	姓名	性别	部门	职务	身份证号	出生日期	学历	入职时间	工龄	基本工资	工龄工资	基础工资
3	DF001	莫一丁	男	管理	总经理	110108196301020119		博士	2001年2月		￥ 40,000.00		
4	DF002	郭晶晶	女	行政	文秘	110105198903040128		大专	2012年3月		￥ 3,500.00		
5	DF003	侯大文	男	管理	研发经理	310108197712121139		硕士	2003年7月		￥ 12,000.00		
6	DF004	宋子文	男	研发	员工	372208197510090512		本科	2003年7月		￥ 5,600.00		
7	DF005	王清华	男	人事	员工	110101197209021144		本科	2001年6月		￥ 5,600.00		
8	DF006	张国庆	男	人事	员工	110108197812120129		本科	2005年9月		￥ 6,000.00		
9	DF007	曾晓军	男	管理	部门经理	410205196412278211		硕士	2001年3月		￥ 10,000.00		
10	DF008	齐小小	女	管理	销售经理	110102197305120123		硕士	2001年10月		￥ 15,000.00		
11	DF009	孙小红	女	行政	员工	551018198607311126		本科	2010年6月		￥ 4,000.00		
12	DF010	陈家洛	男	研发	员工	372208197310070512		本科	2006年5月		￥ 5,500.00		
13	DF011	李小飞	男	研发	员工	410205197908278231		本科	2011年4月		￥ 5,000.00		
14	DF012	杜兰儿	女	销售	员工	110106198504040127		大专	2013年1月		￥ 3,000.00		
15	DF013	苏三强	男	研发	项目经理	370108197202213159		硕士	2003年8月		￥ 12,000.00		
16	DF014	张乖乖	男	行政	员工	610308198111020379		本科	2009年5月		￥ 4,700.00		
17	DF015	李北大	男	管理	人事行政	420316197409283216		硕士	2006年12月		￥ 9,500.00		
18	DF016	徐霞客	男	研发	员工	327018198310123015		本科	2010年2月		￥ 5,500.00		
19	DF017	曾令煊	男	研发	项目经理	110105196410020109		博士	2001年6月		￥ 18,000.00		
20	DF018	杜学江	女	销售	员工	110103198111090028		中专	2008年12月		￥ 3,500.00		

员工档案　员工档案副本　工龄工资　统计报告　＋

图 10-152　复制工作表

能力拓展：

请参考员工档案表的制作方法，制作如图 10-153 所示的员工工资表。

东方公司2014年3月员工工资表

序号	员工工号	姓名	部门	基础工资	奖金	补贴	扣除病事假	应付工资合计	扣除社保	应纳税所得额	应交个人所得税	实发工资
1	DF001	包宏伟	管理	40,600.00	500.00	260.00	230.00	41,130.00	460.00	37,170.00	7,504.50	33,165.50
2	DF002	陈万地	管理	3,500.00		260.00	352.00	3,408.00	309.00			3,099.00
3	DF003	张惠	行政	12,450.00	500.00	260.00		13,210.00	289.00	9,421.00	1,350.25	11,570.75
4	DF004	闫朝霞	人事	6,050.00		260.00	130.00	6,180.00	360.00	2,320.00	127.00	5,693.00
5	DF005	吉祥	研发	6,150.00		260.00		6,410.00	289.00	2,621.00	157.10	5,963.90
6	DF006	李燕	管理	6,350.00	500.00	260.00		7,110.00	289.00	3,321.00	227.10	6,593.90
7	DF007	李娜娜	管理	10,550.00		260.00		10,810.00	206.00	7,104.00	865.80	9,738.20
8	DF008	刘康锋	研发	15,550.00	500.00	260.00	155.00	16,155.00	308.00	12,347.00	2,081.75	13,765.25
9	DF009	刘鹏举	销售	4,100.00		260.00		4,360.00	289.00	571.00	17.13	4,053.87
10	DF010	倪冬声	研发	5,800.00		260.00	25.00	6,035.00	289.00	2,246.00	119.60	5,626.40
11	DF011	齐飞扬	销售	5,050.00		260.00		5,310.00	289.00	1,521.00	47.10	4,973.90
12	DF012	苏解放	研发	3,000.00		260.00		3,260.00	289.00	–		2,971.00
13	DF013	孙玉敏	管理	12,450.00	500.00	260.00		13,210.00	289.00	9,421.00	1,350.25	11,570.75
14	DF014	王清华	行政	4,850.00		260.00		5,110.00	289.00	1,321.00	39.63	4,781.37
15	DF015	谢如康	管理	9,800.00		260.00		10,060.00	309.00	6,251.00	695.20	9,055.80

图 10-153　员工工资表

10.3.2　公式与函数

课程目的与要求：

小李在东方公司担任行政助理，现在小李需要将公司员工档案表中的其他信息计算出来。请利用 Excel 的公式与函数帮小李完善员工档案表。完成后的效果如图 10-154 所示。

图 10-154　"员工档案表"完整效果图

任务提出：

熟练掌握 Excel 中常用函数、IF 函数、VLOOKUP 函数、公式的使用，掌握单元格的相对引用和绝对引用，掌握公式的使用方法，能根据实际情况灵活选用所需函数解决实际问题。

（1）利用 Mid 函数，根据身份证号提取出生日期。

（2）利用日期函数计算工龄。

（3）计算工龄工资，掌握单元格的绝对引用和相对引用。

（4）计算基础工资，掌握公式的使用。

（5）利用 IF 函数，计算补贴。

（6）利用 VLOOKUP 函数，计算职务工资。

（7）计算总工资、最高工资、最低工资、平均工资、员工人数。

任务实施：

任务 1：计算出生日期

步骤：单击 G3 单元格，在编辑栏输入公式 "=MID(F3,7,4)&"年"&MID(F3,11,2)&"月"&MID (F3,13,2)&"日""，按 Enter 键，然后双击填充柄复制公式得出其他结果，如图 10-155 所示。

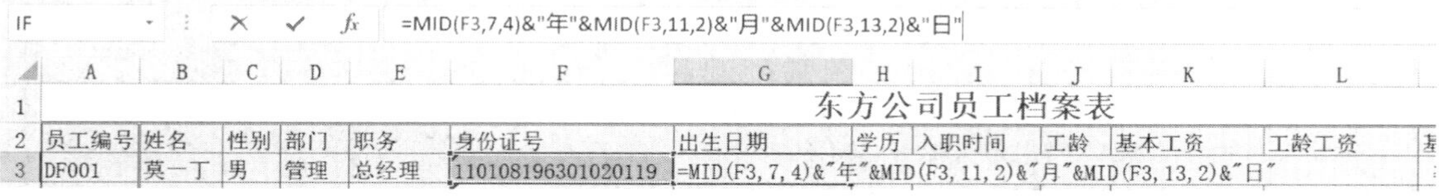

图 10-155　输入公式

函数 MID(F3,7,4)表示：从 F3 单元格的第 7 位开始，提取 4 位出来，即提取了出生年份。

文本运算符 "&"（与号）：可将两个或多个文本值串起来产生一个连续的文本值。例如：输入"祝你"&"快乐、开心！"（注意：文本输入时需加英文引号）会生成 "祝你快乐、开心！"。

1）认识公式和函数

公式是对工作表中的数据进行计算的表达式。要输入公式必须先输入 "="，然后在其后输入表达式，否则 Excel 会将输入的内容作为文本型数据处理。表达式由运算符和参与运算的操作数组成。运算符可以是算术运算符、比较运算符、文本运算符和引用运算符，操作数可以是常量、单元格引用和函数等。

函数是预先定义好的表达式，它必须包含在公式中。每个函数都由函数名和参数组成，其中函数名表示将执行的操作（如求平均值函数 AVERAGE），参数表示函数将作用的值的单元格地址，通常是一个单元格区域（如 A2:B7 单元格区域），也可以是更为复杂的内容。在公式中合理地使用函数，可以完成诸如求和、逻辑判断和财务分析等众多数据处理功能。

2）公式的输入与编辑

要输入公式，可以直接在单元格中输入，也可以在编辑栏中输入，输入方法与输入普通数据相似。公式的输入要以 "=" 开头。单击需要得到结果的单元格，在单元格中输入等号后输入操作数和运算符，按 Enter 键得到结果，然后使用填充柄复制公式（拖动单元格右下角的填充柄到合适位置）。

也可在输入等号后单击要引用的单元格，然后输入运算符，再单击要引用的单元格（引用的单元格周围会出现不同颜色的边框线，它与单元格地址的颜色一致，便于用户查看）。

移动和复制公式的操作与移动、复制单元格内容的操作方法是一样的。所不同的是，移动公式时，公式内的单元格引用不会更改；而复制公式时，单元格引用会根据所用引用类型而变化，即系统会自动改变公式中引用的单元格地址。

要修改公式，可单击含有公式的单元格，然后在编辑栏中进行修改，或双击单元格后直接在单元格中进行修改，修改完毕按 Enter 键确认。

删除公式是指将单元格中应用的公式删除，而保留公式的运算结果。

任务 2：计算工龄

步骤：单击 J3 单元格，输入公式"=INT((TODAY()-I3)/365)"，算出第一个结果后，用填充柄快速算出其他结果。

TODAY()为日期函数，表示获取系统当前的日期。

INT()函数为向下取整函数，结果只保留整数部分。

Excel 中的常用函数如图 10-7 所示。

表 10-7　Excel 常用函数

函数类型	函　　数	使用范例
常用	SUM（求和）、AVERAGE（求平均值）、MAX（求最大值）、MIN（求最小值）、COUNT（计数）等	=AVERAGE(A2:A7) 表示求 A2:A7 单元格区域中数字的平均值
逻辑	IF（如果）、AND（与）、OR（或）	=IF(A3>=B5，A3*2，A3/B5) 使用条件判断 A3 是否大于 B5，如果条件为真，得到结果 A3*2，否则结果为 A3/B5
查找与引用	VLOOKUP（查找）、ROW（返回行号）	=ROW(A10) 表示返回引用单元格所在行的行号
日期与时间	DATE（日期）、HOUR（小时）、SECOND（秒）、TIME（时间）	=DATE(C2,D2,E2) 表示返回 C2、D2、E2 单元格所代表日期的序列号

任务 3：计算工龄工资

步骤：单击 L3 单元格，输入公式"=J3*工龄工资!$B$3"计算出结果。

"工龄工资!$B$3"表示绝对引用"工龄工资"工作表中 B3 单元格的数据。

1）相同或不同工作簿、工作表中的引用

（1）引用不同工作表间的单元格。在同一工作簿中，不同工作表中的单元格可以相互引用，它的表示方法为："工作表名称!单元格或单元格区域地址"，如"Sheet2!F8:F16"。

（2）引用不同工作簿中的单元格。在当前工作表中引用不同工作簿中的单元格的表示方法为：

[工作簿名称.xlsx]工作表名称!单元格（或单元格区域）地址

2）相对引用、绝对引用和混合引用

（1）相对引用，是指引用单元格的相对地址，其引用形式为直接用列标和行号表示单元格，如"B5"；或用引用运算符表示单元格区域，如"B5:D15"。该方式下如果公式所在单元格的位置改变，引用也随之改变。默认情况下，公式使用相对引用，如前面讲解的复制公式就是如此。

引用单元格区域时，应先输入单元格区域起始位置的单元格地址，然后输入引用运算符，再输入单元格区域结束位置的单元格地址。

（2）绝对引用，是指引用单元格的精确地址，与包含公式的单元格位置无关，其引用形式为在列标和行号的前面都加上"$"符号。例如，若在公式中引用"\$B\$5"单元格，则不论将公式复制或移动到什么位置，引用的单元格地址的行和列都不会改变。

（3）混合引用。引用中既包含绝对引用又包含相对引用的称为混合引用，如"A\$1"或"\$A1"等，用于表示列变行不变或行变列不变的引用。当公式所在单元格的位置改变时，相对引用改变，而绝对引用不变。

任务 4：计算基础工资

步骤：单击 M3 单元格，输入公式"=K3+L3"，计算出基础工资，再双击填充柄计算出其他单元格的数据。

任务 5：计算职务工资

步骤 1：给单元格区域命名。选中工龄工资表的 A6:B13 单元格区域，在名称框中输入"职务工资"，按 Enter 键，如图 10-156 所示。

图 10-156　给单元格区域命名

步骤 2：利用 VLOOKUP 查找函数计算职务工资。单击 N3 单元格，输入"=vlookup()"，然后单击编辑栏左边的"fx"按钮，弹出"函数参数"对话框。按如图 10-157 所示进行设置。第 1 个参数为查询值；第 2 个参数为查询范围；第 3 个参数为查询结果在查询范围的第几列；第 4 个参数表示查询方式，为 0 表示精确查询。本任务要求是根据员工的职务查找他相应的职务工资，而职务和职务工资的对应关系在"工龄工资表"中。

注意：①查询值必须为查询范围的首列。②如果查询范围没有命名，则需要绝对引用该区域。

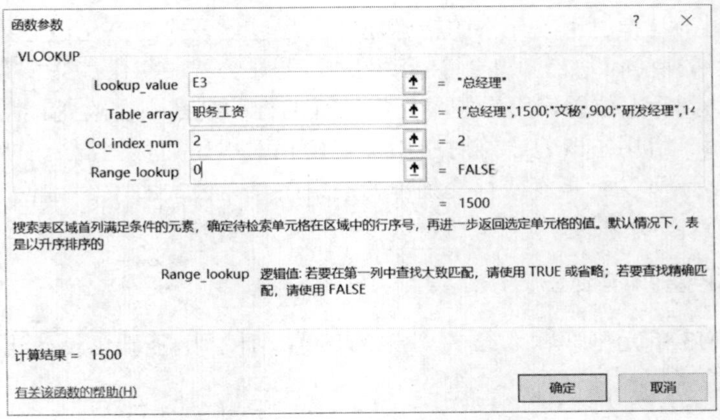

图 10-157　VLOOKUP 函数

任务 6：计算补贴

补贴的计算规则：男同志补贴为 1 000 元，女同志补贴为 1 100 元。使用 IF 条件判断函数可以计算出结果。

步骤：单击 O3 单元格，输入"=if()"，然后单击编辑栏左边的" fx"按钮，弹出"函数参数"对话框，按图 10-158 进行设置。

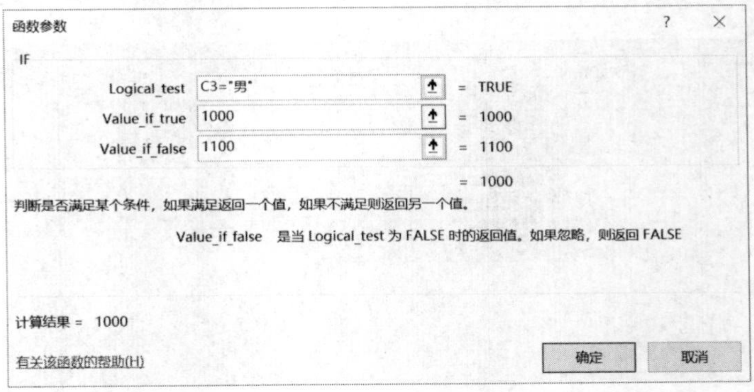

图 10-158　IF 函数

第 1 个参数为需要进行判断的条件表达式，只有 TRUE 和 FALSE 两种结果；第 2 个参数为满足条件时返回的值；第 3 个参数为条件不满足时返回的值。

运算符是用来对公式中的元素进行运算而规定的特殊符号。Excel 包含 4 种类型的运算符：算术运算符、比较运算符、文本运算符和引用运算符。

（1）算术运算符：如表 10-8 所示，有 6 个，其作用是完成基本的数学运算，返回值为数值。例如，在单元格中输入"=4+3^2"后按 Enter 键，结果为 13。

表 10-8　算术运算符

算术运算符	含义	算术运算符	含义
+	加	/	除
-	减	%	百分比
*	乘	^	乘方

（2）比较运算符：如表 10-9 所示，有 6 个，用于实现两个值的比较，结果是逻辑值"TRUE"（真）或"FALSE"（假）。例如，在单元格中输入"=3>2"，结果为 TRUE。

表 10-9　比较运算符

比较运算符	含义	比较运算符	含义
>	大于	>=	大于等于
<	小于	<=	小于等于
=	等于	<>	不等于

（3）文本运算符"&"（与号）：可将两个或多个文本值串起来产生一个连续的文本值。

（4）引用运算符：如表 10-10 所示，有 3 个，它们的作用是将单元格区域进行合并计算。

表 10-10　引用运算符

引用运算符	含　义	实　例
:（冒号）	区域运算符，用于引用单元格区域	A1:B5
,（逗号）	联合运算符，用于引用多个单元格区域	A1:B5,D6:F6
空格	交叉运算符，用于引用两个单元格区域的交叉部分	B7:D7　C6:C8

公式中的运算符优先级为：引用运算符（冒号、空格、逗号）、算术运算符（%、^、*、/、+、−）、文本连接符（&）、比较运算符（=、<、>、<=、>=、<>）。

运算符必须是英文半角状态下输入，公式的运算对象尽量引用单元格地址，以便于复制引用公式。

任务 7：计算总工资

步骤：选择 P3 单元格，然后单击"开始"选项卡"编辑"选项组中的"求和"按钮，在弹出的下拉列表中选择"求和"命令，如图 10-159 所示。在编辑栏中将括号中的参数改为"M3:O3"，然后按 Enter 键即可，如图 10-160 所示。

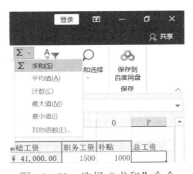

图 10-159　选择"求和"命令

图 10-160　修改求和函数参数

任务 8：计算最高工资、最低工资、平均工资、员工个数

步骤 1：选择 P22 单元格，然后单击"开始"选项卡"编辑"选项组中的"求和"按钮，在弹出的下拉列表中选择"最大值"命令，在编辑栏中将括号中的参数改为"P3:P20"，然后按 Enter 键即可。

步骤 2：选择 P23 单元格，然后单击"开始"选项卡"编辑"选项组中的"求和"按钮，在弹出的下拉列表中选择"最小值"命令，在编辑栏中将括号中的参数改为"P3:P20"，然后按 Enter 键即可。

步骤 3：选择 P24 单元格，然后单击"开始"选项卡"编辑"选项组中的"求和"按钮，在弹出的下拉列表中选择"平均值"命令，在编辑栏中将括号中的参数改为"P3:P20"，然后按 Enter 键即可。

步骤 4：选择 P25 单元格，然后单击"开始"选项卡"编辑"选项组中的"求和"按钮，在弹出的下拉列表中选择"计数"命令，在编辑栏中将括号中的参数改为"P3:P20"，然后按 Enter 键即可。注意这里的计数函数 COUNT 只能统计数值型数据的个数，不能统计文本型单元格的个数。

计算结果如图 10-161 所示。

N	O	P
800	1000	¥ 8,250.00
800	1000	¥ 8,400.00
800	1000	¥ 8,550.00
1100	1000	¥ 13,100.00
1000	1100	¥ 18,050.00
800	1100	¥ 6,450.00
800	1000	¥ 8,050.00
800	1000	¥ 7,300.00
800	1100	¥ 5,300.00
1200	1000	¥ 15,050.00
800	1000	¥ 7,100.00
1300	1000	¥ 12,500.00
800	1000	¥ 7,850.00
1200	1000	¥ 21,200.00
800	1100	¥ 6,000.00

最高工资	¥ 43,500.00
最低工资	¥ 5,300.00
平均工资	¥ 12,102.78
员工个数	18

图 10-161 计算结果

能力拓展：

小李是东方公司的会计，利用自己所学的办公软件进行记账管理，为节省时间，同时又确保记账的准确性，她使用 Excel 编制了 2021 年 3 月员工工资表"Excel.xlsx"。

请你根据下列要求帮助小李对该工资表进行整理和分析（提示：本题中若出现排序问题则采用升序方式）。

（1）通过合并单元格，将表名"东方公司 2021 年 3 月员工工资表"置于整个表的上端、居中，并调整字体、字号。

（2）在"序号"列中分别填入 1 到 15，将其数据格式设置为数值、保留 0 位小数、居中。

（3）将"基础工资"（含）往右各列设置为会计专用格式、保留 2 位小数、无货币符号。

（4）调整表格各列宽度、对齐方式，使其更加美观，并设置纸张大小为 A4、横向，整个

工作表需调整在 1 个打印页内。

（5）参考"工资薪金所得税率.xlsx"，利用 IF 函数计算"应交个人所得税"列。（提示：应交个人所得税=应纳税所得额×对应税率−对应速算扣除数）

（6）利用公式计算"实发工资"列，公式为：实发工资=应付工资合计−扣除社保−应交个人所得税。

结果如图 10-162 所示。

	序号	员工工号	姓名	部门	基础工资	奖金	补贴	扣除病事假	应付工资合计	扣除社保	应纳税所得额	应交个人所得税	实发工资
					东方公司2021年3月员工工资表								
3	1	DF001	包宏伟	管理	40,600.00	500.00	260.00	230.00	41,130.00	460.00	37,170.00	7,504.50	33,165.50
4	2	DF002	陈万地	管理	3,500.00		260.00	352.00	3,408.00	309.00			3,099.00
5	3	DF003	张惠	行政	12,450.00	500.00	260.00		13,210.00	289.00	9,421.00	1,350.25	11,570.75
6	4	DF004	闫朝霞	人事	6,050.00		260.00	130.00	6,180.00	360.00	2,320.00	127.00	5,693.00
7	5	DF005	吉祥	研发	6,150.00		260.00		6,410.00	289.00	2,621.00	157.10	5,963.90
8	6	DF006	李燕	管理	6,350.00	500.00	260.00		7,110.00	289.00	3,321.00	227.10	6,593.90
9	7	DF007	李娜娜	管理	10,550.00		260.00		10,810.00	206.00	7,104.00	865.80	9,738.20
10	8	DF008	刘康锋	研发	15,550.00	500.00	260.00	155.00	16,155.00	308.00	12,347.00	2,081.75	13,765.25
11	9	DF009	刘鹏举	销售	4,100.00		260.00		4,360.00	289.00	571.00	17.13	4,053.87
12	10	DF010	倪冬声	研发	5,800.00		260.00	25.00	6,035.00	289.00	2,246.00	119.60	5,626.40
13	11	DF011	齐飞扬	销售	5,050.00		260.00		5,310.00	289.00	1,521.00	47.10	4,973.90
14	12	DF012	苏解放	研发	3,000.00		260.00		3,260.00	289.00			2,971.00
15	13	DF013	孙玉敏	管理	12,450.00	500.00	260.00		13,210.00	289.00	9,421.00	1,350.25	11,570.75
16	14	DF014	王清华	行政	4,850.00		260.00		5,110.00	289.00	1,321.00	39.63	4,781.37
17	15	DF015	谢如康	管理	9,800.00		260.00		10,060.00	309.00	6,251.00	695.20	9,055.80

图 10-162　"工资表"效果图

10.3.3　制作员工档案分析表

课程目的与要求：

小容在南方公司担任行政助理，领导要求小容年底完成公司员工档案信息的分析和汇总，效果如图 10-163 所示。

南方公司员工档案表

员工编号	姓名	性别	部门	职务	身份证号	学历	入职时间	基本工资
DF007	曾晓军	男	管理	部门经理	410205196412278211	硕士	2001年3月	10000
DF015	李北大	男	管理	人事行政经	420316197409283216	硕士	2006年12月	9500
DF008	齐小小	女	管理	销售经理	110102197305120123	硕士	2001年10月	15000
DF003	侯大文	男	管理	研发经理	310108197712121139	硕士	2003年7月	12000
DF001	莫一丁	男	管理	总经理	110108196301020119	博士	2001年2月	40000
DF002	郭晶晶	女	行政	文秘	110105198903040128	大专	2012年3月	3500
DF009	孙小红	女	行政	员工	551018198607311126	本科	2010年5月	4000
DF014	张乖乖	男	行政	员工	610308198111020379	本科	2009年5月	4700
DF019	齐飞扬	男	行政	员工	210108197912031129	本科	2007年1月	4500
DF022	张桂花	女	行政	员工	110107198010120109	高中	2010年3月	2500
DF005	王清华	男	人事	员工	110101197209021144	本科	2001年6月	5600
DF006	张国庆	男	人事	员工	110108197812120129	本科	2005年9月	6000
DF027	孙玉敏	女	人事	员工	410205197908078231	本科	2011年1月	3800
DF028	王清华	女	人事	员工	110104198204140127	本科	2011年1月	4500
DF012	杜兰儿	女	销售	员工	110106198504040127	大专	2013年1月	3000
DF018	杜学江	女	销售	员工	110103198111090028	中专	2008年12月	3500
DF024	张国庆	男	销售	员工	110108197507220123	本科	2010年3月	5200
DF013	苏三强	男	研发	项目经理	370108197202213159	硕士	2003年8月	12000
DF017	曾令煊	男	研发	项目经理	110105196410020109	博士	2001年6月	18000
DF004	宋子文	男	研发	员工	372208197510090512	本科	2003年7月	5600
DF010	陈家洛	男	研发	员工	372208197310070512	本科	2006年5月	5500
DF011	李小飞	男	研发	员工	410205197908278231	本科	2011年4月	5000

（1）排序

图 10-163　效果图

南方公司员工档案表

员工编号	姓名	性别	部门	职务	身份证号	学历	入职时间	基本工资
DF008	齐小小	女	管理	销售经理	110102197305120123	硕士	2001年10月	15000
DF030	符合	女	研发	员工	610008197610020379	本科	2011年1月	6500
DF031	吉祥	女	研发	员工	420016198409183216	本科	2011年1月	8000
DF032	李娜娜	女	研发	员工	551018197510120013	本科	2011年1月	7500

（2）筛选

	A	B	C	D	E	F	G	H	I
1	南方公司员工档案表								
2	员工编号	姓名	性别	部门	职务	身份证号	学历	入职时间	基本工资
4					部门经理 平均值				10000
6					人事行政经理 平均值				9500
8					文秘 平均值				3500
11					项目经理 平均值				15000
13					销售经理 平均值				15000
15					研发经理 平均值				12000
43					员工 平均值				5403.704
45					总经理 平均值				40000
46					总计平均值				7597.143

（3）分类汇总

图 10-163　效果图（续）

任务提出：

熟练掌握数据统计基本技能，包括筛选、排序、分类汇总的使用。

任务实施：

　　任务 1：使用排序功能对"员工档案"按'部门'分组显示表格中的数据

　　步骤 1：单击"员工档案"工作表，将光标定位于需排序数据中的任意一个单元格内。

　　步骤 2：单击"数据"选项卡"排序和筛选"选项组中的'排序'按钮，打开"排序"对话框，如图 10-164 所示，在"主要关键字"下拉列表中选择"部门"，并在"次序"下拉列表中选择"升序"。

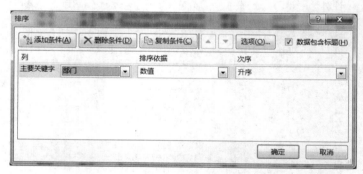

图 10-164　"排序"对话框

　　步骤 3：单击"确定"按钮，结果如图 10-165 所示。

　　任务 2：使用筛选数据功能显示符合要求的数据

　　1）自动筛选"女"员工且"基本工资"大于等于 5 000 的数据

　　步骤 1：单击"数据"选项卡"排序和筛选"选项组中的"筛选"按钮，这时会在数据表的每个标题处出现倒三角按钮。

南方公司员工档案表

员工编号	姓名	性别	部门	职务	身份证号	学历	入职时间	基本工资
DF007	曾晓军	男	管理	部门经理	410205196412278211	硕士	2001年3月	10000
DF015	李北大	男	管理	人事行政经	420316197409283216	硕士	2006年12月	9500
DF008	齐小小	女	管理	销售经理	110102197305120123	硕士	2001年10月	15000
DF003	侯大文	男	管理	研发经理	310108197712121139	硕士	2003年7月	12000
DF001	莫一丁	男	管理	总经理	110108196301020119	博士	2001年2月	40000
DF002	郭晶晶	女	行政	文秘	110105198903040128	大专	2012年3月	3500
DF009	孙小红	女	行政	员工	551018198607311126	本科	2010年5月	4000
DF014	张乖乖	男	行政	员工	610308198111020379	本科	2009年5月	4700
DF019	齐飞扬	男	行政	员工	210108197912031129	本科	2007年1月	4500
DF022	张桂花	女	行政	员工	110107198010120109	高中	2010年3月	2500
DF005	王清华	男	人事	员工	110101197209021144	本科	2001年6月	5600
DF006	张国庆	男	人事	员工	110109197812120129	本科	2005年9月	6000
DF027	孙玉敏	女	人事	员工	410205197908078231	本科	2011年1月	3800
DF028	王清华	女	人事	员工	110104198204140127	本科	2011年1月	4500
DF012	杜兰儿	女	销售	员工	110106198504040127	大专	2013年1月	3000
DF018	杜学江	女	销售	员工	110103198111090028	中专	2008年12月	3500
DF024	张国庆	男	销售	员工	110108197507220123	本科	2010年3月	5200
DF013	苏三强	男	研发	项目经理	370108197202213159	硕士	2003年8月	12000
DF017	曾令煊	男	研发	项目经理	110105196410020109	博士	2001年6月	18000
DF004	宋子文	男	研发	员工	372208197510090512	本科	2003年7月	5600
DF010	陈家洛	男	研发	员工	372208197310070512	本科	2006年5月	5500
DF011	李小飞	男	研发	员工	410205197908278231	本科	2011年4月	5000

图10-165　排序后效果图

步骤2：单击"性别"列右侧的倒三角按钮，在打开的下拉列表中取消勾选"全选"复选框，只勾选"女"复选框，如图10-166所示，即可将"女"员工的数据显示出来。结果如图10-167所示。

图10-166　选择"女"员工

南方公司员工档案表

员工编号	姓名	性别	部门	职务	身份证号	学历	入职时间	基本工资
DF008	齐小小	女	管理	销售经理	110102197305120123	硕士	2001年10月	15000
DF002	郭晶晶	女	行政	文秘	110105198903040128	大专	2012年3月	3500
DF009	孙小红	女	行政	员工	551018198607311126	本科	2010年5月	4000
DF022	张桂花	女	行政	员工	110107198010120109	高中	2010年3月	2500
DF027	孙玉敏	女	人事	员工	410205197908078231	本科	2011年1月	3800
DF028	王清华	女	人事	员工	110104198204140127	本科	2011年1月	4500
DF012	杜兰儿	女	销售	员工	110106198504040127	大专	2013年1月	3000
DF018	杜学江	女	销售	员工	110103198111090028	中专	2008年12月	3500
DF030	符合	女	研发	员工	610008197610020379	本科	2011年1月	6500
DF031	吉祥	女	研发	员工	420016198409183216	本科	2011年1月	8000
DF032	李娜娜	女	研发	员工	551018197510120013	本科	2011年1月	7500
DF034	闫朝霞	女	研发	员工	120108197606031029	本科	2011年1月	4500

图 10-167　显示"女"员工数据

步骤 3：单击"基本工资"列右侧的倒三角按钮，在打开的下拉列表中选择"数字筛选"→"大于等于"命令，打开"自定义自动筛选方式"对话框，在对话框中设置"大于或等于""5 000"的条件，如图 10-168 所示。

图 10-168　设置大于等于 5000 的条件

步骤 4：单击"确定"，结果如图 10-169 所示。

南方公司员工档案表

员工编号	姓名	性别	部门	职务	身份证号	学历	入职时间	基本工资
DF008	齐小小	女	管理	销售经理	110102197305120123	硕士	2001年10月	15000
DF030	符合	女	研发	员工	610008197610020379	本科	2011年1月	6500
DF031	吉祥	女	研发	员工	420016198409183216	本科	2011年1月	8000
DF032	李娜娜	女	研发	员工	551018197510120013	本科	2011年1月	7500

图 10-169　筛选数据效果

2）在上面的筛选结果中筛选"职务"是"员工"的数据

提示：条件区域和数据区域中间必须要有一行以上的空行隔开。在表格与数据区域空两行的位置处输入高级筛选的条件，如图 10-170 所示。

步骤 1：把鼠标定位在要进行筛选的数据区域内，单击"数据"选项卡"筛选"选项组中的"高级"按钮。经过这样定位后，程序会自动找到你要筛选的区域，否则需要你自己设置数据筛选区域。

南方公司员工档案表

员工编号	姓名	性别	部门	职务	身份证号	学历	入职时间	基本工
DF008	齐小小	女	管理	销售经理	110102197305120123	硕士	2001年10月	15000
DF030	符合	女	研发	员工	610008197610020379	本科	2011年1月	6500
DF031	吉祥	女	研发	员工	420016198409183216	本科	2011年1月	8000
DF032	李娜娜	女	研发	员工	551018197510120013	本科	2011年1月	7500
			性别	职务	基本工资			
			女	员工	>=5000			

图 10-170　条件区域与数据区域空两行

步骤 2：此时会弹出"高级筛选"对话框。在此对话框中的"列表区域"就自动判断出了要进行高级筛选的区域，如果有错可以重新获取。选择"条件区域"，如图 10-171 所示。

图 10-171　"高级筛选"对话框

步骤 3：单击"确定"按钮，结果如图 10-172 所示。

南方公司员工档案表

员工编号	姓名	性别	部门	职务	身份证号	学历	入职时间	基本工资
F030	符合	女	研发	员工	610008197610020379	本科	2011年1月	6500
F031	吉祥	女	研发	员工	420016198409183216	本科	2011年1月	8000
F032	李娜娜	女	研发	员工	551018197510120013	本科	2011年1月	7500
			性别	职务	基本工资			
			女	员工	>=5000			

图 10-172　高级筛选结果

任务 3：使用分类汇总功能统计每个职务的平均基本工资

步骤 1：单击"数据"选项卡中的"分类汇总"按钮，对"职务"列进行排序（升序、降序都可）。

步骤 2：使用分类汇总功能分组统计每个职务的平均"基本工资"。将光标定位于需分类汇总数据中的任意一个单元格内，单击"数据"选项卡"分级显示"选项组中的"分类汇总"按钮，打开"分类汇总"对话框，设置"分类字段"为"职务"，"汇总方式"为"平均值"，"选定汇总项"为"基本工资"，如图 10-173 所示。

步骤 3：单击"确定"按钮，结果如图 10-174 所示。

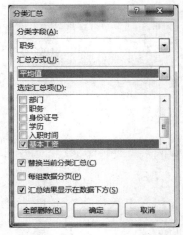

图 10-173 分类汇总"对话框

1 2 3		A	B	C	D	E	F	G	H	I
	1	南方公司员工档案表								
	2	员工编号	姓名	性别	部门	职务	身份证号	学历	入职时间	基本工资
+	4					部门经理 平均值				10000
+	6					人事行政经理 平均值				9500
+	8					文秘 平均值				3500
+	11					项目经理 平均值				15000
+	13					销售经理 平均值				15000
+	15					研发经理 平均值				12000
+	43					员工 平均值				5403.704
+	45					总经理 平均值				40000
-	46					总计平均值				7597.143

图 10-174 分类汇总结果

步骤 4：此时，只需单击数据左上角的 1 2 3 图标，即可将相应级别的数据全部显示出来或隐藏起来。例如，单击 2 图标即可将 3 级明细数据全部隐藏，再次单击 3 图标即可将 3 级明细数据全部显示出来。

提示：此时单击数据左边的 + 或 - 图标可以显示或隐藏其右边相对应的数据。如需清除分类汇总，只需重新打开"分类汇总"对话框，然后在对话框中单击"全部删除"按钮即可。

能力拓展：

参考"员工档案分析表"，完成"员工工资表"中实发工资排序，筛选出工资大于 10 000 的所有员工，并求出各部门员工实发平均工资。结果如图 10-175 所示。

序号	员工工号	姓名	部门	基础工资	奖金	补贴	扣除病事假	应付工资合计	扣除社保	应纳税所得额	应交个人所得税	实发工资
	DF001	包宏伟	管理	40600	500	260	230	41130	460	37170	1115.1	39554.9
	DF008	刘康锋	研发	15550	500	260	155	16155	308	12347	370.41	15476.59
	DF003	张惠	行政	12450	500	260		13210	289	9421	282.63	12638.37
	DF013	孙王敏	管理	12450	500	260		13210	289	9421	282.63	12638.37
	DF007	李娜娜	管理	10550		260		10810	206	7104	213.12	10390.88
	DF015	谢如康	管理	9800		260		10060	309	6251	187.53	9563.47
	DF006	李燕	管理	6350	500	260		7110	289	3321	99.63	6721.37
	DF005	吉祥	研发	6150		260		6410	289	2621	78.63	6042.37
	DF004	闫朝霞	人事	6050		260	130	6180	360	2320	69.6	5750.4
	DF010	倪冬声	研发	5800		260	25	6035	289	2246	67.38	5678.62
	DF011	齐飞扬	销售	5050		260		5310	289	1521	45.63	4975.37
	DF014	王清华	行政	4850		260		5110	289	1321	39.63	4781.37
	DF009	刘鹏举	销售	4100		260		4360	289	571	17.13	4053.87
	DF002	陈万地	管理	3500		260	352	3408	309	0	0	3099
	DF012	苏解放	研发	3000		260		3260	289	0	0	2971

（1）排序

图 10-175 排序、筛选、分类汇总结果

	A	B	C	D	E	F	G	H	I	J	K	L	M
1	南方公司员工工资表												
2	序号	员工	姓名	部门	基础	奖金	补贴	扣除病事	应付工资合	扣除社保	应纳税所得	应交个人所得税	实发工资
3		DF001	包宏伟	管理	40600	500	260	230	41130	460	37170	1115.1	39554.9
4		DF008	刘康锋	研发	15550	500	260	155	16155	308	12347	370.41	15476.59
5		DF003	张惠	行政	12450	500	260		13210	289	9421	282.63	12638.37
6		DF013	孙王敏	管理	12450	500	260		13210	289	9421	282.63	12638.37
7		DF007	李娜娜	管理	10550		260		10810	206	7104	213.12	10390.88
8													
9													

（2）筛选

	A	B	C	D	E	F	G	H	I	J	K	L	M	N
1	南方公司员工工资表													
2	序号	员工工	姓名	部门	基础工资	奖金	补贴	扣除病事假	应付工资合计	扣除社保	应纳税所得额	应交个人所得税	实发工资	
7				研发 平均值									7542.145	
.0				销售 平均值									4514.62	
.2				人事 平均值									5750.4	
.5				行政 平均值									8709.87	
22				管理 平均值									13661.33	
23				总计平均值									9622.397	
24														

（3）分类汇总

图 10-175　排序、筛选、分类汇总结果（续）

10.3.4　图表分析员工档案表

课程目的与要求：

小容在南方公司担任行政助理，领导要求小容年底完成公司员工档案信息的分析和汇总，使用图表查看、分析数据，效果如图 10-176～图 10-178 所示。

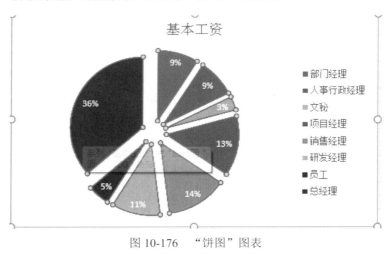

图 10-176　"饼图"图表

求和项:基本工资	列标签 ▼								
行标签 ▼	部门经理	人事行政经理	文秘	项目经理	销售经理	研发经理	员工	总经理	总计
管理	10000	9500			15000	12000		40000	86500
行政			3500				15700		19200
人事							19900		19900
销售							11700		11700
研发				30000			98600		128600
总计	10000	9500	3500	30000	15000	12000	145900	40000	265900

入职时间　（全部）▼

图 10-177　数据透视表

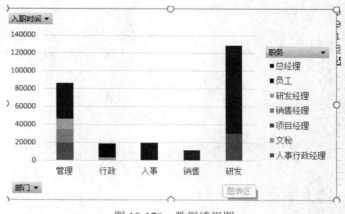

图 10-178　数据透视图

任务提出：

熟练掌握使用图表查看数据，使用数据透视表（图）分析数据。

任务实施：

任务 1：利用图表在分类汇总基础上，查看不同职务的平均基本工资占比情况

利用分类汇总结果，创建"柱形图"图表查看不同职务的平均基本工资情况。

步骤 1：单击"插入"选项卡"图表"选项组中的"柱形图" ⅱ 按钮，选择"二维柱形图"，如图 10-179 所示。

图 10-179　选择"二维柱形图"

步骤 2：单击"设计"选项卡"数据"选项组中的"选择数据"按钮，打开"选择数据源"对话框，如图 10-180 所示。

步骤 3：单击"确定"按钮，生成的二维柱形图如图 10-181 所示。

步骤 4：单击"图表工具—设计"选项卡中的"添加图表元素"按钮，在弹出的下拉列表中选择"图例"→"右侧"命令；修改纵坐标值，在"图表工具—格式"选项卡中选择"垂直（值）轴"，然后单击"设置所选内容格式"按钮，在右侧窗格中将"单位"→"主要"设置为"10000"，单击"确定"按钮，生成的柱形图效果如图 10-182 所示。

图 10-180　"选择数据源"对话框

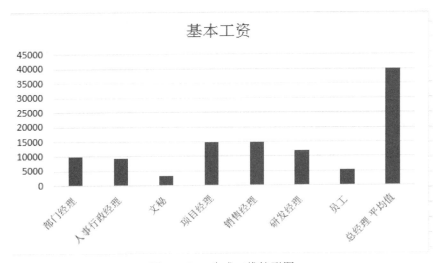

图 10-181　生成二维柱形图

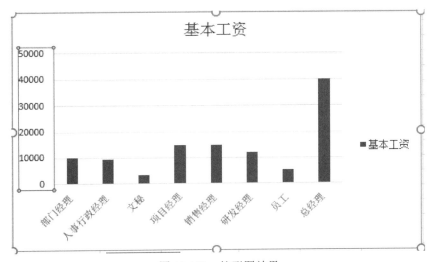

图 10-182　柱形图效果

任务2：快速修改图表，使用"饼图"查看不同职务的平均基本工资情况

步骤1：选择图表，单击"图表工具—设计"选项卡"类型"选项组中的"更改图表"按钮，打开"更改图表类型"对话框，选择"饼图"图表类型，如图10-183所示。

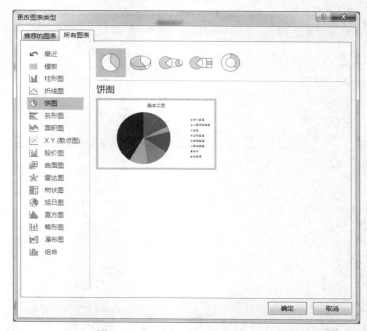

图10-183　选择"饼图"图表类型

步骤2：单击"确定"按钮，生成的饼图如图10-184所示。

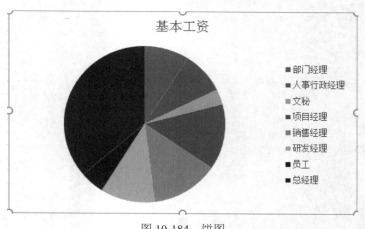

图10-184　饼图

步骤3：选择图表，在"图表工具—设计"选项卡中单击"数据标签"按钮，在右侧的"设置数据标签格式"窗格中，设置百分比，如图10-185所示。

步骤4：选择图表，在"图表工具—格式"选项卡中选择"系列基本工资"，在右侧的"设置数据系列格式"窗格中，修改"饼图分离程度"为"17%"，如图10-186所示。

图 10-185　"设置数据标签格式"窗格

图 10-186　"设置数据系列格式"窗格

步骤 5：单击"确定"按钮，修改后的饼图如图 10-187 所示。

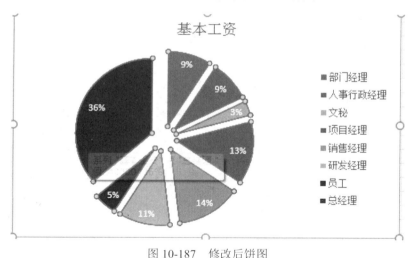

图 10-187　修改后饼图

任务 3：利用数据透视表（图）查看不同角度信息

步骤 1：插入数据透视表，在"创建数据透视表"对话框中选择数据区域，如图 10-188 所示。

步骤 2：在右侧的"数据透视表字段"窗格中，将"入职时间"设置为"筛选器"，"行"字段为"部门"，"列字"段为"职务"，"值"字段为"求和项：基本工资"，如图 10-189 所示。生成的数据透视表如图 10-190 所示。

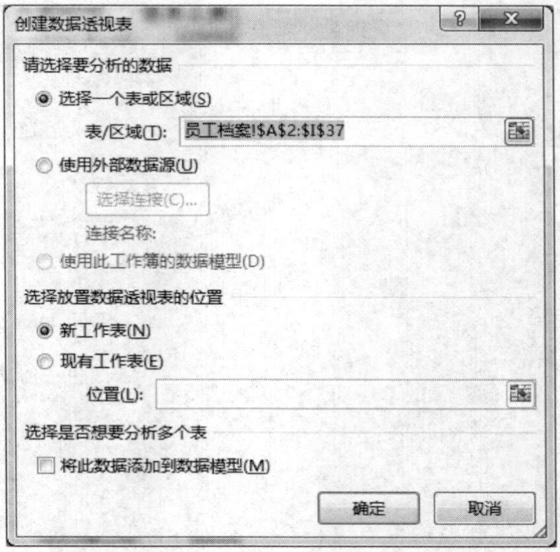

图 10-188　选择数据区域

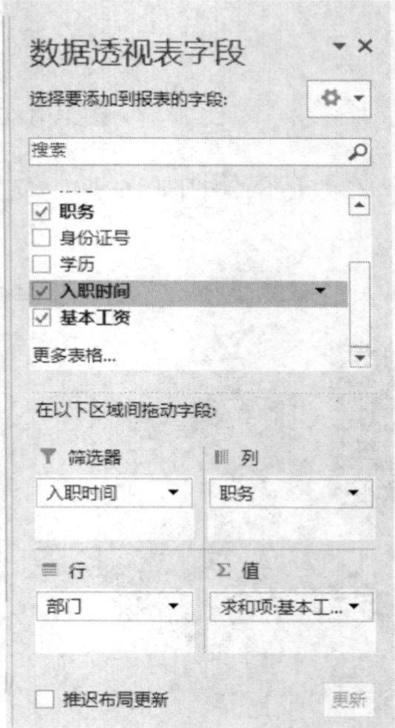

图 10-189　选择字段

入职时间	（全部）								
求和项:基本工资	列标签								
行标签	部门经理	人事行政经理	文秘	项目经理	销售经理	研发经理	员工	总经理	总计
管理	10000	9500		15000	12000			40000	86500
行政		3500					15700		19200
人事							19900		19900
销售							11700		11700
研发			30000				98600		128600
总计	10000	9500	3500	30000	15000	12000	145900	40000	265900

图 10-190　数据透视表

步骤 3：单击数据透视表内的任意位置，功能区即可显示"数据透视表设计"选项卡，单击"数据透视图"按钮，即可打开"插入图表"对话框，在对话框中选择所需图表的类型与子类型，即可为"数据透视表"生成相应的"数据透视图"，如图 10-191 所示。

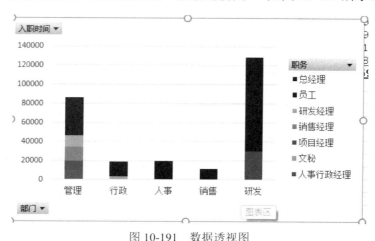

图 10-191　数据透视图

能力拓展：

使用图表分析"员工档案表"，使用"带数据标记的折线图"查看各部门员工实发工资的平均值，如图 10-192 所示。

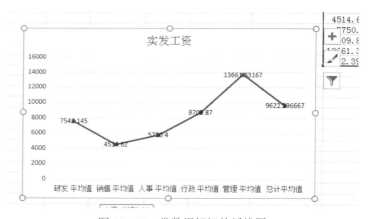

图 10-192　带数据标记的折线图

10.4　PowerPoint 2016 演示文稿制作

10.4.1　制作中国古代诗词大赛

课程目的与要求：

社团将举行"中国古代诗词大赛"，需要制作大赛安排表，效果如图 10-193 所示。

图 10-193 "中国古代诗词大赛" PPT 效果

任务提出:

熟练掌握演示文稿的新建、打开、保存、关闭等操作。在演示文稿的制作中,应用版式、插入图片、艺术字、背景设置、母版等,制作出精美的幻灯片。

任务实施:

任务 1:启动 Powerpoint 2016 并保存文件

启动 Powerpoint 2016 后,选择"文件"→"新建"→"空白演示文稿"命令,生成演示文稿。单击"文件"→"另存为"按钮,打开"另存为"对话框,将文件保存为"欢迎参加诗歌大赛.pptx",效果如图 10-194 所示。

图 10-194 保存 PPT 操作

任务 2:PowerPoint 2016 演示文稿的编辑

步骤 1:新建 5 张幻灯片。

方法一:选择"开始"→"新建幻灯片"→"标题幻灯片"命令,创建一张新的幻灯片。然后用同样的方法再创建 5 张幻灯片。

方法二:直接在第 1 张幻灯片下按 5 次"Ctrl+M"组合键,新建 5 张幻灯片。

步骤 2:编辑第 1 张幻灯片。选择第 1 张幻灯片的标题文本框,输入标题"中国古代诗词大赛",设置字体为"宋体",字号为"72 号",在副标题文本框输入"环院第三期诗歌总决赛",设置为"宋体 20 号字",效果如图 10-195 所示。

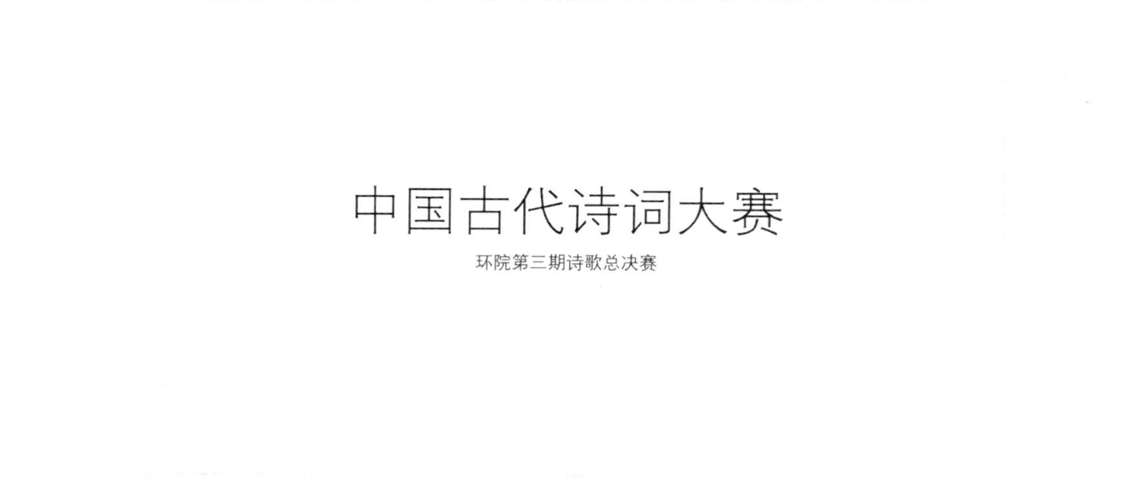
中国古代诗词大赛
环院第三期诗歌总决赛

图 10-195　第 1 张幻灯片效果图

步骤 3：编辑第 2 张幻灯片。选择“插入”→“表格”→“插入表格”→“插入表格”命令，弹出“插入表格”对话框。在对话框中设置“行数”为“7”，“列数”为“5”，单击“确定”按钮，如图 10-196 所示。

插入表格
?
列数(C):
5
行数(R):
7
确定
取消

图 10-196　“插入表格”对话框

选中第一列的第 2、第 3 行，单击“表格工具—布局”选项卡中的“合并单元格”按钮。用同样的方法，分别把第一列的第 3、第 4 行和第 5、第 6 行合并为一个单元格。

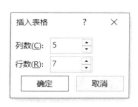

在“表格工具—设计”选项卡中，选择“表格样式”→“中度样式 2—强调 1”，设置表格的样式，效果如图 10-197 所示。

比赛时间安排表

时间 组别	第一组	第二组	第三组	第四组
唐诗组	上午（9：00—11：00） 通信传业	上午（9：00—11：00） 通信传业	上午（9：00—11：00） 互联网专业	上午（9：00—11：00） 动漫专业
	下午（9：00—11：00） 数字媒体专业	下午（9：00—11：00） 园林专业	下午（9：00—11：00） 服装设计专业	下午（9：00—11：00） 家具设计专业
宋词组	上午（9：00—11：00） 通信传业	上午（9：00—11：00） 通信传业	上午（9：00—11：00） 互联网专业	上午（9：00—11：00） 动漫专业
	下午（9：00—11：00） 数字媒体专业	下午（9：00—11：00） 园林专业	下午（9：00—11：00） 服装设计专业	下午（9：00—11：00） 家具设计专业
元曲组	上午（9：00—11：00） 通信传业	上午（9：00—11：00） 通信传业	上午（9：00—11：00） 互联网专业	上午（9：00—11：00） 动漫专业
	下午（9：00—11：00） 数字媒体专业	下午（9：00—11：00） 园林专业	下午（9：00—11：00） 服装设计专业	下午（9：00—11：00） 家具设计专业

图 10-197　第 2 张幻灯片效果图

步骤 4：编辑第 3 张幻灯片。在标题文本框输入"比赛规则"，设置为"黑体""44 号字""加粗"。输入正文比赛规划内容，设置为"微软雅黑""24 号字"，效果如图 10-198 所示。

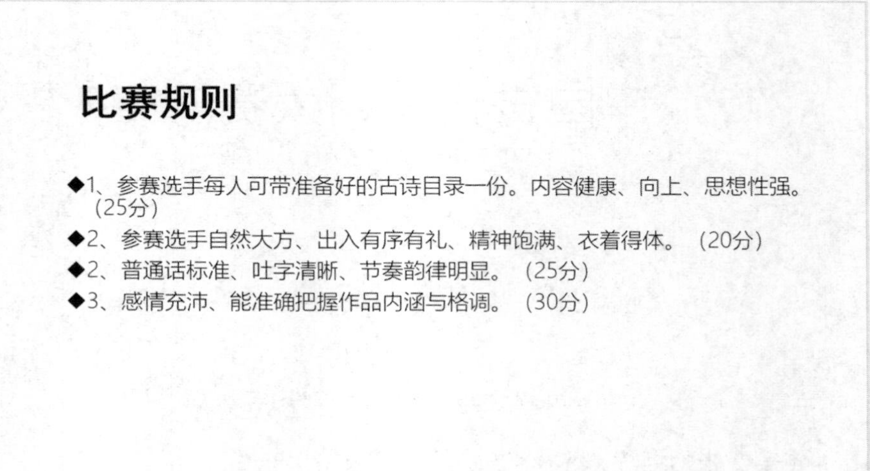

比赛规则

◆1、参赛选手每人可带准备好的古诗目录一份。内容健康、向上、思想性强。
 （25分）
◆2、参赛选手自然大方、出入有序有礼、精神饱满、衣着得体。 （20分）
◆2、普通话标准、吐字清晰、节奏韵律明显。 （25分）
◆3、感情充沛、能准确把握作品内涵与格调。 （30分）

图 10-198　第 3 张幻灯片效果图

步骤 5：编辑第 4 张幻灯片。在标题文本框输入"比赛环境"，然后单击"插入"→"图片"按钮，在弹出的对话框中找到"桌面"图片插入幻灯片中，效果如图 10-199 所示。

比赛环境

图 10-199　第 4 张幻灯片效果图

步骤 6：编辑第 5 张幻灯片。单击"插入"→"艺术字"按钮，选择"填充，白色，边框 5，橙色，主题色 2"，输入"欢迎您的加入"，并设置为"88 号字""加粗"。再次单击"插入"→"艺术字"按钮，选择"填充，蓝色，主题 5，边框 5，橙色"，输入"中国古代诗词大赛"，并设置为"48 号字""加粗"，效果如图 10-200 所示。

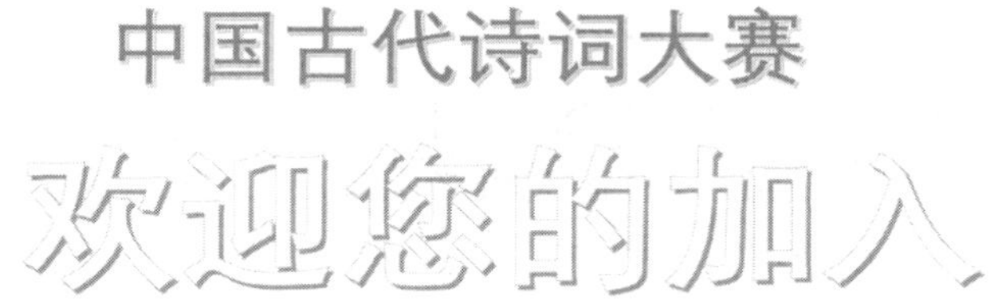

中国古代诗词大赛
欢迎您的加入

图 10-200　第 5 张幻灯片效果图

任务 3：统一演示文稿的风格

方法一：利用系统自带的"设计模板"统一演示文稿的风格。在"设计"选项卡中选择"肥皂"主题，效果如图 10-201 所示。

图 10-201　演示文稿风格

方法二：设置母版，统一演示文稿的风格。在"设计"选项卡中选择"Office 主题"主题。单击"视图"→"幻灯片母版"→"背景样式"→"纯色填充"按钮，在弹出的下拉列表中选择"设置背景格式"命令，打开背景格式对话框，选择"填充"→"图案填充"→"点线 20%"→"全部运用"命令，效果如图 10-202 所示。

选择"标题幻灯片版式"，设置主标题为"蓝色"，设置副标题为"黑色""宋体""加粗"。

图 10-202　统一演示文稿风格

能力拓展：

请参考诗词大赛 PPT 的制作方法，完成如图 10-203 所示的演示文稿。

图 10-203　"标志设计"演示文稿

10.4.2　演示文稿的动画制作

课程目的与要求：

小明在赣州南方公司担任人事助理，人事部门要对新招收的员工进行岗前培训，请小明利用 PowerPoint2016 制作演示文稿来协助完成这次任务，根据需要制作公司新员工上岗培训 PPT。效果如图 10-204 所示。

任务提出：

熟练掌握添加动画效果的操作、幻灯片动画效果的设置，幻灯片切换效果的设置，使 PPT 效果更加美观。

图 10-204　"新员工上岗培训"演示文稿

任务实施：

任务 1：添加动画

步骤 1：打开新员工上岗培训 PowerPoint2016 演示文稿，选择第一张"标题幻灯片"中主标题占位符，在"动画"选项卡的"动画"选项组中，单击下拉按钮，弹出"动画效果"下拉列表。

步骤 2：在列表"进入"类型中选择"飞入"效果，单击"效果选项"按钮，在弹出的下拉列表中选择"幻灯片中心"选项，完成第一个动画设置，效果如图 10-205 所示。

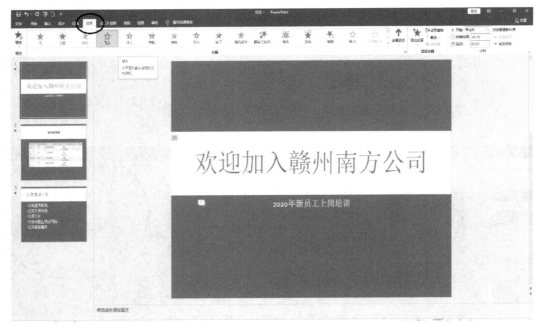

图 10-205　动画设置效果

步骤 3：每设置一步幻灯片会自动将动画效果演示一遍，如想再观看效果，可单击"预览"按钮。如想观看全屏效果，可单击　"幻灯片放映"按钮。

步骤 4：单击"高级动画"选项组的"添加动画"按钮，打开"动画效果"列表，如图 10-206所示，在"强调"中选择"放大/缩小"选项。

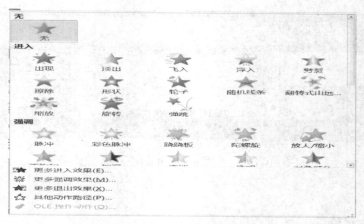

图 10-206　设置动画效果

任务 2：设置动画效果

步骤 1：在"动画窗格"中共有 6 个动画设置。单击主标题占位符，"动画窗格"中的"1""2"被选中，说明主标题被设置了两个动画效果。单击"动画窗格"中的"1"，"动画"功能区显示出动画效果是"缩放"，在"计时"功能区中单击"开始"栏的下拉按钮，在弹出的下拉列表中选择"与上一动画同时"选项，"持续时间"调整为"02.00"。单击"动画窗格"中的"2"，设置"开始"为"上一动画同时"，"持续时间"调整为"02.00"，"延时"为"00.00"。

步骤 2：单击副标题占位符，选中副标题的 4 个动画设置，设置"开始"为"与上一动画同时"，"持续时间"调整为"02.00"。分别单击这几个动画设置，按前后顺序将"延时"分别设置为"04.00""06.00""08.00""10.00"，完成设置后的"动画窗格"如图 10-207 所示。（把鼠标放在"动画窗格"左边线上，当指针变成双箭头时，按住鼠标左键拖动，可调整"动画窗格"的宽度。）

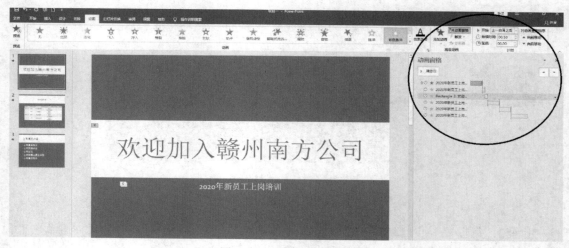

图 10-207　设置动画效果

任务 3：设置幻灯片的切换效果

单击"切换"选项卡，里面有很多切换方式，如图 10-208 所示。单击其中一个切换方式之后就能看到动画效果了。单击"效果选项"按钮可以弹出下拉列表，如图 10-209 所示。"效果选项"右边的"声音"按钮，意思是切换幻灯片时的声音，持续时间就是切换时动画持续时间。换片方式可以选择"单击鼠标时"或"设置自动换片时间"，如图 10-210 所示。最后单击"应用到全部"按钮即可。如果想每张幻灯片都有自己的效果，则需要每张都设置一下。

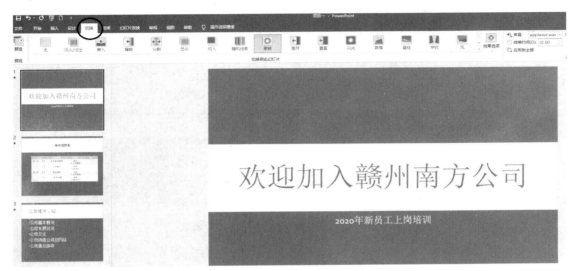

图 10-208　幻灯片切换设置

图 10-209　"效果选项"下拉列表

图 10-210　换片方式的设置

能力拓展：

制作文本类型的演示文稿（材料自备）。运用所学知识，制作完整、美观的演示文稿，应完成以下内容：完成各种字体、字号、段落格式和颜色的设置；每张幻灯片中含有动画效果、幻灯片的切换效果；增添表格、图表和 SmartArt。

10.4.3 演示文稿的放映和输出

课程目的与要求：

小明为了使演示文稿尽善尽美，需要对演示文稿进行放映方式等功能设置，让此演示文稿更加完善。效果如图 10-211 所示。

图 10-211 "上岗培训表"演示文稿

任务提出：

熟练掌握演示文稿的放映方式，能够打印演示文稿，能够创建讲义和打包成 CD，使得演示文稿更加完善。

任务实施：

任务 1：设置演示文稿的放映方式

步骤 1：单击"幻灯片放映"选项卡的"设置幻灯片放映"按钮，弹出"设置放映方式"对话框，如图 10-212 所示。

步骤 2：放映类型包括"演讲者放映""观众自行浏览""在展台浏览"等，主要的区别是是否能充满全屏幕。可以选择放映全部幻灯片，也可以设置从多少页到多少页放映，其他的不进行放映。

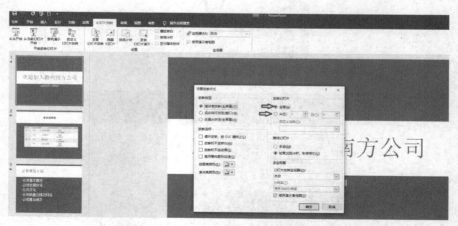

图 10-212 "设置放映方式"对话框

步骤 3：可以在"放映选项"中选择是否加旁白，旁白可以在 PPT 中写入，如果勾选"放映时不加旁白"复选框，那么观众在观看时就不会出现旁白。也可以用激光笔来进行 PPT 展示，可以设置激光笔的颜色，主要有红、绿、蓝三种颜色，如图 10-213 所示。

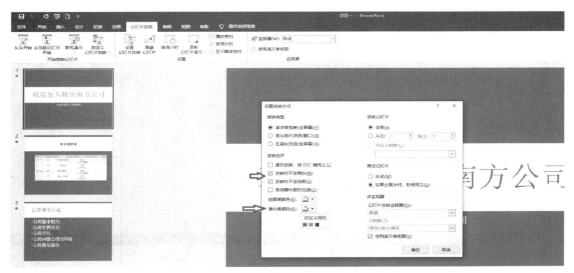

图 10-213　旁白和激光笔设置

步骤 4：在换片方式上，如果不希望 PPT 自动放映，可以勾选"手动"单选按钮，那么 PPT 就不会自动放映幻灯片了，如图 10-214 所示。

图 10-214　手动换片设置

任务 2：创建讲义和打包成 CD

步骤 1：幻灯片制作完成后一般要用多媒体设备放映出来，但也可以根据需要将其转换为 word 文档。在"文件"选项卡中单击"导出"按钮，在下拉列表中选择"创建讲义"命令，单击"创建讲义"按钮，如图 10-215 所示，弹出"创建讲义"对话框。

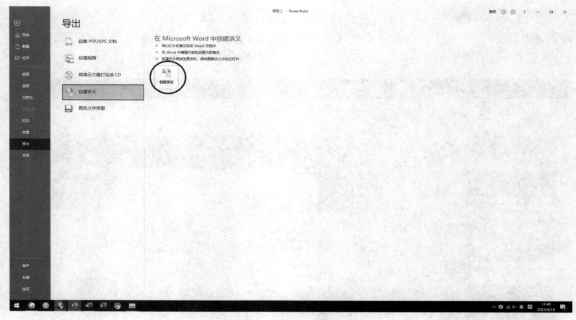

图 10-215　创建讲义

步骤 2：弹出"发送到 Microsoft Word"对话框，如图 10-216 所示。如勾选"只使用大纲"之外的其他单选按钮，在下方的"将幻灯片添加到 Microsoft Word 文档"中勾选"粘贴链接"单选按钮，则当演示文稿被修改时相应的讲义中的幻灯片也会自动更新。

步骤 3：勾选"只使用大纲"单选按钮，单击"确定"按钮后生成一个 Word 文档，保存该文档。文档中的内容与幻灯片中大纲视图中的内容一致，只显示除图片、表格、图表外的文字内容，如图 10-217 所示。

图 10-216　"发送到 Microsoft Word"对话框

·欢迎加入赣州南方公司↵
·2020年新员工上岗培训↵
　　·培训课程表↵
·公司情况介绍↵
·公司基本概况↵
·公司发展状况↵
·公司文化↵
·公司销售业绩及网络↵
·公司售后服务 ↵
↵

图 10-217　"只使用大纲"效果图

步骤 4：选择"文件"→"导出"→"将演示文稿打包成 CD"命令，打开"打包成 CD"对话框，如图 10-218 所示。单击"复制到文件夹"按钮，打开"复制到文件夹"对话框，如图 10-219 所示。在"文件夹名称"文本框中输入"2020 年新员工上岗培训"，在"位置"文本框中输入路径，单击"确定"按钮。演示文稿即被打包成 CD 并保存到"C:\User\dell\Documents\"。

图 10-218　"打包成 CD"对话框

图 10-219　"复制到文件夹"对话框

任务 3：打印演示文稿

步骤 1：选择"文件"→"打印"命令，进入打印设置界面，选择打印机的类型，选择打印的范围是打印全部幻灯片还是整个演示文稿。

步骤 2：在右边可以预览打印的效果，设置打印"份数"，再单击"打印"按钮，如图 10-220 所示。

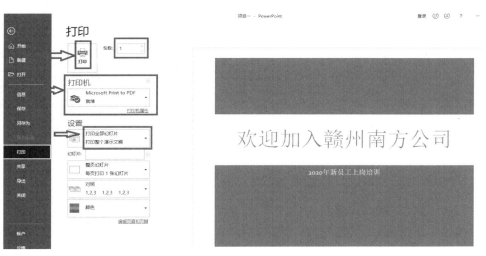

图 10-220　打印设置

能力拓展：

收集"我的家乡"相关资料，并结合自身感受制作以"我的家乡"为主题的演示文稿。要求：图文并茂，运用之前学过的动画和幻灯片切换设置，同时要设置演示文稿的放映方式，并且打印出演示文稿，上讲台给大家介绍。